普通高等教育"十二五"规划教材

内燃机排放与控制

主编　张翠平　王　铁
参编　胡准庆　徐妙侠　杜慧勇
　　　孟忠伟　朱建军　许和变
主审　杨庆佛

U0255048

机械工业出版社

本书共分9章，主要内容包括：环境污染与内燃机排放污染物、内燃机排放污染物的生成机理与影响因素、汽油机机内净化技术及后处理净化技术、柴油机机内净化技术及后处理净化技术、排放污染物的测试技术、汽车排放法规及测试规范、车用低排放燃料及新型动力系统。本书反映了内燃机排放污染物控制的新技术和新方法，为读者全面、系统地了解内燃机排放知识提供帮助。

本书可作为高等院校车辆工程、内燃机及相近专业本科生和研究生有关课程的教材或教学参考书，还可供从事内燃机排放科技工作的人员参考。

图书在版编目（CIP）数据

内燃机排放与控制/张翠平，王铁主编 . —北京：机械工业出版社，2012.10（2025.1 重印）
普通高等教育"十二五"规划教材
ISBN 978 - 7 - 111 - 40032 - 5

Ⅰ. ①内… Ⅱ. ①张… ②王… Ⅲ. ①内燃机—排气—净化—高等学校—教材 Ⅳ. ①TK401

中国版本图书馆 CIP 数据核字（2012）第 241379 号

机械工业出版社（北京市百万庄大街 22 号　邮政编码 100037）
策划编辑：蔡开颖　责任编辑：尹法欣　王海霞
版式设计：霍永明　责任校对：常天培
封面设计：张　静　责任印制：邸　敏
北京富资园科技发展有限公司印刷
2025 年 1 月第 1 版第 6 次印刷
184mm×260mm · 12.5 印张 · 309 千字
标准书号：ISBN 978 - 7 - 111 - 40032 - 5
定价：35.00 元

电话服务　　　　　　　　　网络服务
客服电话：010-88361066　　机 工 官 网：www.cmpbook.com
　　　　　010-88379833　　机 工 官 博：weibo. com/cmp1952
　　　　　010-68326294　　金 书 网：www.golden-book.com
封底无防伪标均为盗版　　机工教育服务网：www.cmpedu.com

前　言

　　汽车在诞生后的100多年中，虽然在制造工艺等取得了巨大的进步，但作为其动力装置的发动机技术却没有发生根本性的变化。目前，以汽油机、柴油机为代表的内燃机仍是各种道路机动车发动机的主流技术。随着机动车保有量的增加，在城市，特别是在拥挤的街道上，汽车尾气污染日益严重，成为人类健康和自然环境的最大威胁之一，给城市和区域空气质量带来了巨大压力。为此，各国相继制定了有关内燃机排放污染物的标准，日益严格的排放法规促使汽车发动机排放污染控制技术迅速发展。

　　本书贯穿"节能减排、绿色环保"的主题，形成了由"生成机理、机内净化、机外控制、测试技术、排放法规"五个基础平台组成的内燃机排放与控制基本内容体系。本书内容注重教学的启发性和适用性，体现教学方法的科学性，注意知识的循序渐进及理论联系实际。本书的主要内容包括：环境污染与内燃机排放污染物、内燃机排放污染物的生成机理与影响因素、汽油机机内净化技术及后处理净化技术、柴油机机内净化技术及后处理净化技术、排放污染物的测试技术、汽车排放法规及测试规范、车用低排放燃料及新型动力系统。

　　本书内容将基础性、系统性、实用性和先进性进行了有机结合，不仅有比较成熟的理论及应用技术成果，而且包含了内燃机排放与控制的最新技术和法规，与内燃机排放与控制的发展相适应，立足于学科发展的前沿。

　　本书由太原理工大学牵头编写，由张翠平、王铁任主编。太原理工大学王铁编写第1章，太原理工大学张翠平编写第2章和第8章，北京交通大学胡准庆编写第3章，重庆科技学院徐妙侠编写第4章，河南科技大学杜慧勇编写第5章，西华大学孟忠伟编写第6章，太原理工大学许和变编写第7章，太原理工大学朱建军编写第9章，全书由张翠平统稿，太原理工大学杨庆佛教授担任主审。

　　本书在编写过程中参考了大量的文献和资料，在此，对原作者一并表示深切的谢意。

　　由于编者水平有限，书中难免有某些不足或误漏，殷切期望广大读者予以批评指正。

编　者

目　　录

第1章　环境污染与内燃机排放污染物

1.1　环境污染与保护

环境是人类赖以生存的基本条件，是社会得以持续稳定发展的物质基础。人类在从环境中获取所需的物质和能量，使社会物质文明高度发展的同时，也造成了对环境的污染和对生态系统的破坏，带来了一系列如人口、粮食、能源、资源和环境等方面的社会问题。目前，全球环境问题表现为森林植物破坏、水土流失严重、土地沙漠化扩大、生物多样性减少、大气污染日益严重、温室效应加剧、大气臭氧层被破坏、酸雨蔓延、能源危机、水污染加剧、各种自然灾害频繁发生等。总之，生态平衡遭到破坏，环境不断恶化，将严重危害人体健康，长此发展下去，最终将使自然界失去供养人类生存的能力。因此，环境问题已成为国际性的热点问题，引起了人们的严重关注。

在诸多环境问题中，大气污染是一个十分严重的问题。大气是人类生存所不可缺少的基本物质条件，但人类活动和自然过程产生的某些物质进入到大气中，使大气固有的成分中增加了新的有害成分，而一旦这些有害成分积累到足够的浓度，达到足够的时间，就会对人类活动、动植物及环境造成危害。

世界上的许多城市都曾出现过很严重的空气污染事件。例如，1952 年 12 月 5 日至 9 日，伦敦上空受强冷空气的控制，形成逆温层，连续五天被烟雾笼罩，大气中颗粒物的质量浓度高达 $4.5\mathrm{mg/m^3}$。成千上万的市民感到胸部憋闷，咳嗽呕吐，心血管、呼吸系统疾病的发病率迅速上升，期间死亡 4000 多人，造成了震惊世界的"伦敦烟雾事件"。

从 1943 年开始，美国洛杉矶在每年的 5 月与 10 月期间经常出现烟雾几天不散的严重污染事件。前后经过七八年，到了 20 世纪 50 年代，人们才发现洛杉矶烟雾是由汽车排放物造成的，通常称为光化学烟雾。此后，在北美、日本、澳大利亚和欧洲部分地区也先后出现这种烟雾。1955 年，洛杉矶又出现"光化学烟雾事件"，由于汽车排气造成大气中的臭氧含量严重超标，造成大批森林枯黄死亡，成千上万人患上红眼病，呼吸系统疾病的发病率迅速上升，65 岁以上的老人在几天内死亡 400 多人。

这些典型的大气污染事件表明，大气污染问题的出现与人类对能源的利用有着密切的关系。

1. 大气污染的一般分类

大气污染按其污染的范围可分为局部污染、区域性污染和全球性污染。

（1）局部污染　出现在一个城市或更小区域范围内的空气污染称为局部污染，如北京、广州、兰州等城市的空气污染，其范围一般小于 $100\mathrm{km^2}$。

（2）区域性污染　区域性污染是指范围在 $500\mathrm{km^2}$ 以上的地区出现的空气污染，以及这些污染物的跨国输送，最典型的是酸雨问题，如北美、欧洲、中国西南三大酸雨区。

（3）全球性污染　污染范围在数千平方千米以上的大气环境问题称为全球性污染。例如，温室气体排放引起的全球气候变化，以及空调制冷剂和有机溶剂在使用中排放的氯氟烃（CFCs）对地球平流层臭氧的破坏等。

2. 大气污染源

大气污染的污染源可分为天然污染源和人为污染源。天然污染源是指自然界向大气排放污染物的地点或地区。例如，排放灰尘、二氧化硫、硫化氢等污染物的活火山，自然逸出瓦斯气，土壤和岩石的风化，以及发生森林火灾、地震等自然灾害的地方。人为污染源按人们社会活动的功能可分为生活污染源、工业污染源和交通污染源等。其中，交通运输业是最主要的污染源之一，汽车、火车、轮船、飞机等交通工具都需要燃烧燃料，排放废物，从而对大气造成污染，其中又以汽车为甚。汽车成为主要的运输和代步工具后，其在提高社会生产效率，改善人们生活质量的同时，也消耗了大量的能源，排放的尾气也成了主要的交通污染源。与固定污染源相比，汽车尾气排放的高度位于人的呼吸带中，排出的污染物长时间在城市的街道、楼群中滞留，对人们健康的危害最直接。可以说，汽车是一个流动的污染源。

1.2 环境空气质量标准

为了改善环境空气质量，防止生态遭到破坏，创造清洁适宜的环境，保护人体健康，我国根据《中华人民共和国环境保护法》和《中华人民共和国大气污染防治法》制定了《环境空气质量标准》（GB 3095—1996）；2012 年，根据社会经济发展状况和环境保护的要求，又对该标准进行了适时修订。《环境空气质量标准》（GB 3095—2012）规定了环境空气功能区分类、标准分级、污染物项目、平均时间及浓度限值、监测方法、数据统计的有效性规定及实施与监督等内容。其分期实施的时间要求为：2012 年，京津冀、长三角、珠三角等重点区域及直辖市和省会城市；2013 年，113 个环境保护重点城市和国家环保模范城市；2015年，所有地级以上城市；2016 年 1 月 1 日，全国实施新标准。

GB 3095—1996 规定的污染物项目包括二氧化硫（SO_2）、总悬浮物颗粒（TSP）、可吸入颗粒物（PM_{10}）、氮氧化物（NO_x）、碳氧化物等，GB 3095—2012 修订的主要内容有：

1）调整了环境空气功能区分类，将三类区并入二类区。

2）增设了细颗粒物 $PM_{2.5}$（粒径小于等于 $2.5\mu m$）的浓度限值和臭氧 O_3 的 8h 平均浓度限值。

3）调整了可吸入颗粒物 PM_{10}（粒径小于等于 $10\mu m$）、二氧化氮、铅和苯并 [a] 芘等的浓度限值。

4）调整了数据统计的有效性规定。

GB 3095—2012 将环境空气功能区分为两类：一类区为自然保护区、风景名胜区和其他需要进行特殊保护的区域；二类区为居住区、商业交通居民混合区、文化区、工业区和农村地区。一类区适用一级浓度限值，二类区适用二级浓度限值，具体值见 GB 3095—2012。

GB 3095—2012 涉及的主要术语和定义如下。

环境空气（Ambient Air）：指人群、植物、动物和建筑物所暴露的室外空气。

总悬浮颗粒物（Total Suspended Particle，TSP）：指环境空气中空气动力学当量直径小于等于 $100\mu m$ 的颗粒物。

可吸入颗粒物（Particulate Matter，PM_{10}）：指环境空气中空气动力学当量直径小于等于 $10\mu m$ 的颗粒物。

细颗粒物（Particulate Matter，$PM_{2.5}$）：指环境空气中空气动力学当量直径小于等于 $2.5\mu m$ 的颗粒物。

铅（Pb）：指存在于总悬浮颗粒物中的铅及其化合物。

苯并［a］芘 Benzo［a］Pyrene（BaP）：指存在于可吸入颗粒物（粒径小于等于 $10\mu m$）中的苯并［a］芘。

为保证监测数据的准确性、连续性和完整性，确保全面、客观地反映监测结果，GB 3095—2012 对数据统计的有效性进行了规定：任何情况下，有效的污染物浓度数据均应符合 GB 3095—2012 的最低要求，否则应视为无效数据。

近年来，我国实施了城市空气质量日报制度，采用根据国家空气质量标准制定的空气质量指数（Air Quality Index，简称 AQI）来表示空气质量状况。空气质量指数将常规监测的几种空气污染物的浓度简化成为单一的概念性指数值形式，并分级表征空气污染程度和空气质量状况，适合于表示城市的短期空气质量状况和变化趋势。目前，计入空气质量指数的项目有 SO_2、NO_2、PM_{10}、$PM_{2.5}$、O_3、CO 六项。随着环境保护工作的深入和监测技术水平的提高，将调整增加其他污染项目，以便更为客观地反映空气质量状况。我国城市空气质量指数对应的污染物质量浓度限值见表 1-1。

表 1-1　空气质量指数对应的污染物质量浓度限值

空气质量指数	污染物质量浓度/(mg/m³)					
AQI	SO_2（日均值）	NO_2（日均值）	PM_{10}（日均值）	CO（小时均值）	O_3（小时均值）	$PM_{2.5}$（日均值）
50	0.050	0.080	0.050	5	0.120	0.035
100	0.150	0.120	0.150	10	0.200	0.075
200	0.800	0.280	0.350	60	0.400	0.150
300	1.600	0.565	0.420	90	0.800	0.250
400	2.100	0.750	0.500	120	1.000	0.350
500	2.620	0.940	0.600	150	1.200	0.500

空气质量指数划分为 0～50、51～100、101～150、151～200、201～300 和大于 300 六挡，对应于空气质量的六个级别，指数越大，级别越高，说明污染越严重，对人体健康的影响也越明显。

空气质量指数为 0～50，空气质量级别为一级，空气质量状况属于优。此时不存在空气污染问题，对公众的健康没有任何危害。

空气质量指数为 51～100，空气质量级别为二级，空气质量状况属于良。此时空气质量被认为是可以接受的，除极少数对某种污染物特别敏感的人以外，对公众健康没有危害。

空气质量指数为 101～150，空气质量级别为三级，空气质量状况属于轻度污染。此时，对污染物比较敏感的人群，如儿童和老年人、呼吸道疾病或心脏病患者，以及喜爱户外活动的人，他们的健康状况会受到影响，但对健康人群基本没有影响。

空气质量指数为 151～200，空气质量级别为四级，空气质量状况属于中度污染。此时，几乎每个人的健康都会受到影响，对敏感人群的不利影响尤为明显。

空气质量指数为 201～300，空气质量级别为五级，空气质量状况属于重度污染。此时，每个人的健康都会受到比较严重的影响。

空气质量指数大于 300，空气质量级别为六级，空气质量状况属于严重污染。此时，所有人的健康都会受到严重影响。

1.3 大气污染与汽车

作为交通工具的机动车是人类工业文明发展的产物，自 19 世纪末世界上第一辆汽油机汽车诞生以来，经历了一个多世纪的发展，机动车已经成为人类现代生活中不可缺少的组成部分。汽车工业的发展不仅为解决交通问题创造了条件，而且带动了与汽车相关产业的发展，进而推动了国民经济的增长和就业机会的增加。

我国于 2009 年出台了《汽车产业调整和振兴规划》，受购置税优惠、以旧换新、汽车下乡、节能惠民产品补贴等多种鼓励性消费政策叠加效应的影响，2009 年和 2010 年我国的汽车产销量连续两年创全球历史新高。汽车业的发展也使我国的燃油消耗量快速增长，目前，我国的石油消耗量位居世界第二，石油产品进口量大幅增长，消费对外依存度继续提高。

1993 年，我国首度成为了石油净进口国，石油对外依存度由 1993 年的 6% 到 2006 年突破 45%，其后均以每年 2 个百分点左右的速度攀升，2007 年为 47%，2008 年为 49%，2009 年我国的原油对外依存度为 52%，首次突破 50% 警戒线。2000 年，我国石油净进口量为 7491 万 t，2005 年为 1.36 亿 t；2009 年，我国生产原油 1.89 亿 t，净进口原油量却达到 1.99 亿 t；2010 年，我国进口原油 2.39 亿 t，石油对外依存度约为 55%。预计到 2020 年，我国的石油需求量将为 4.5 亿～6.1 亿 t，届时我国对石油的进口依存度将达到 60%～70%，国家能源安全将面临严峻挑战。与此同时，汽车也给社会带来了环境问题。

环境保护部发布的《中国机动车污染防治年报（2010 年度）》首次公布了我国机动车污染物的排放情况。其结果显示，2009 年我国首次成为世界汽车产销第一大国，机动车污染日益严重，机动车尾气排放成为我国大中城市空气污染的主要来源。2009 年，全国汽车产销量分别达到 1379.1 万辆和 1364.5 万辆，同比增长 48.3% 和 46.2%；机动车保有量接近 1.7 亿辆，同比增长 9.3%，与 1980 年相比，全国机动车保有量增加了 25 倍。其中，汽车 6209.4 万辆，摩托车 9453.1 万辆。按汽车排放控制水平分类，达到国Ⅲ及以上排放标准的汽车占汽车总保有量的 25.4%，达到国Ⅱ标准的占 31.8%，达到国Ⅰ标准的占 25.7%，其余 17.1% 的汽车还达不到国Ⅰ排放标准。

据统计，2010 年我国的汽车产销量双双超过 1800 万辆，同比分别增长 32.44% 和 32.37%，稳居全球产销量第一位。随着机动车保有量的增加，在城市，特别是在拥挤的街道上，汽车尾气污染将日益严重，并成为人类健康和自然环境的最大威胁，给城市和区域空气质量带来巨大的压力。据研究，目前大气中 38.5% 的一氧化碳（CO）、21.7% 的碳氢化合物（Hydrocarbon，HC）、87.6% 的氮氧化物（NO_x）、6.2% 的二氧化硫（SO_2）、32% 的颗粒物（PM）均来自汽车废气排放，而这些气体均对人体有害。在城市大气中，61% 的 CO、87% 的 HC、55% 的 NO_x 均来自汽车废气排放。因此，解决汽车尾气排放对人类危害的问题，已成为世界各国汽车业多年来研究的重要课题之一。

经过近30年的努力，我国的机动车环保管理工作取得了较大的进展，实施严格规范机动车排放标准的减排效果显著。1980年~2009年，全国汽车污染物排放量呈逐年上升趋势：1980年~2000年，污染物排放量与汽车保有量呈线性关系增长；2000年后，污染物排放量增速有所减缓，这与不断实施严格机动车排放标准和淘汰高排放的"黄标车"有关。2009年，占汽车保有量17.1%的国Ⅰ标准的汽车，其排放的四种主要污染物占总排放量的50%以上；占汽车保有量25.4%的国Ⅲ及以上排放标准的汽车，其排放量不足总排放量的5%。

1.4　汽车发动机排放污染物及其危害

1.4.1　汽车发动机排放污染物的种类

在汽车诞生的100多年里，虽然取得了巨大的技术进步，但作为动力装置的发动机技术却没有发生根本性的变化。目前，以汽油机、柴油机为代表的内燃机仍是各种道路机动车发动机的主流技术。

内燃机用碳氢化合物燃料在燃烧室内完全燃烧时，如果不考虑燃料中的微量杂质，将只产生二氧化碳（CO_2）和水蒸气。内燃机排出的水分不会对地球水循环构成重大影响；至于CO_2，过去人们并不认为它是一种污染物，但因为含碳化石燃料的大量使用，使地球的碳循环失衡，大气中CO_2的体积分数已从工业时代开始时的2.8×10^{-4}增加到现在的3.6×10^{-4}左右，加剧了"温室效应"，从而引起了全人类的关注。

实际上，燃料在内燃机中不可能完全燃烧。这是因为内燃机一般转速很高，燃料燃烧过程占用的时间极短，燃料与助燃的空气不可能混合得完全均匀，燃料的氧化反应不可能完全进行。因此排气中会出现不完全燃烧产物，如CO和未完全燃烧甚至完全未燃烧的HC。对于点燃式内燃机，为了提高其全负荷转矩，不得不使用过量空气系数小于1的浓混合气，导致了CO的排放量剧增；内燃机冷起动时，燃料蒸发得不好，很大一部分燃料未经燃烧即被排出，导致了HC排放量的剧增。内燃机最高燃烧温度往往可达2000℃以上，使空气中的氮在高温下氧化生成各种氮氧化物，内燃机排放的氮氧化物绝大部分是NO，少量是NO_2，一般用NO_x表示。

在压燃式内燃机中，可燃混合气是在燃烧前和燃烧中的极短时间内形成的，其混合不均程度比点燃机更严重。缺氧的燃料在高温高压环境下会发生裂解、脱氢，最后生成碳烟粒子。这些碳烟粒子在降温过程中会吸附各种未燃烧或不完全燃烧的重质HC和其他凝聚相物质，进而构成压燃式内燃机的重要污染物——颗粒物。

通常，汽车排放的污染物以及与交通源相关的主要污染物有：CO、NO_x、HC和PM等。事实上，全球因燃烧矿物燃料而产生的CO、NO_x和HC的排放量，几乎有50%来自汽油机和柴油机。为此，世界各国都制定了严格的排放法规，以限制内燃机排出的CO、NO_x、HC和PM。

1.4.2　一氧化碳

一氧化碳（CO）无色无味，是一种窒息性的有毒气体。由于其和血液中有输氧能力的血红蛋白（Hb）的亲和力比氧气（O_2）和Hb的亲和力大200~300倍，因而，CO能很快地与 Hb 结合形成碳氧血红蛋白（HbCO），使血液的输氧能力大大降低。高浓度的 CO 能够引起人体生理和病理上的变化，使心脏、大脑等重要器官严重缺氧，引起头晕、恶心、头痛等症状，严重时会造成心血管工作困难，甚至死亡。不同体积分数的 CO 对人体健康的影响见表 1-2。空气中 CO 的体积分数超过 0.1% 时，就会导致头痛、心慌等中毒病状；超过 0.3% 时，则可在 30min 内致人死亡。

表 1-2　不同体积分数的 CO 对人体健康的影响

φ_{CO}（$\times 10^{-6}$）	对人体健康的影响	φ_{CO}（$\times 10^{-6}$）	对人体健康的影响
5~10	对呼吸道患者有影响	120	1h 接触，中毒，血液中 HbCO 的含量 >10%
30	人滞留 8h，视力及神经系统出现障碍，血液中 HbCO 的含量达到 5%	250	2h 接触，头痛，血液中 HbCO 的含量达到 40%
		500	2h 接触，剧烈心痛、眼花、虚脱
40	人滞留 8h，出现气喘	3000	30min 即死亡

1.4.3　碳氢化合物

碳氢化合物（HC）包括碳氢燃料及其不完全燃烧产物、润滑油及其裂解和部分氧化产物，如烷烃、烯烃、环烷烃、芳香烃、醛、酮和有机酸等多种复杂成分。烷烃基本上无味，它在空气中存在的含量对人体健康不产生直接影响。烯烃略带甜味，有麻醉作用，对粘膜有刺激，经代谢转化会变成对基因有毒的环氧衍生物；烯烃有很强的光化活性，与 NO_x 一起在日光中紫外线的作用下将形成具有很强毒性的"光化学烟雾"。芳香烃有芳香味，同时有危险的毒性，例如，苯在浓度较高时可能引起白血病，有损肝脏和中枢神经系统的作用；多环芳烃（PAH）及其衍生物有致癌作用。醛类是刺激性物质，其毒性随分子质量的减小而增大，且因出现双键而增强。来自内燃机排气的醛类主要是甲醛（HCHO）、乙醛（CH_3CHO）和丙烯醛（$CH_2==CHCHO$），它们都刺激眼粘膜、呼吸道，并对血液有毒害。在工作环境中连续暴露的最大允许体积分数分别为：HCHO 是 2×10^{-6}，CH_3CHO、$CH_2==CHCHO$ 是 0.1×10^{-6}。

1.4.4　氮氧化物

氮氧化物（NO_x）主要是指 NO 及 NO_2。汽车尾气中 NO_x 的排放量取决于气缸内的燃烧温度、燃烧时间和氧浓度等因素。燃烧过程中排放的 NO_x 可能有 95% 以上是 NO，NO_2 只占少量。NO 是无色无味的气体，只有轻度刺激性，毒性不大，高浓度时会造成中枢神经的轻度障碍，NO 可被氧化成 NO_2。NO_2 是一种红棕色的气体，对眼、鼻、呼吸道及肺部有强烈的刺激作用，对人体的危害很大。NO_2 与血液中血红蛋白的结合能力比 CO 还强，因而对血液输氧能力的阻碍作用远高于 CO，NO_2 进入人体后和血液中的血红蛋白 Hb 结合，使血液的输氧能力下降，会损害心脏、肝、肾等器官，其具体影响见表 1-3。NO_x 在大气中反应生成硝酸，成为酸雨的主要来源之一。同时，HC 和 NO_x 在大气环境中受强烈的太阳光紫外线照射后，会生成新的污染物——光化学烟雾。

表 1-3　不同体积分数 NO_2 对人体健康的影响

φ_{NO_2}（$\times 10^{-6}$）	对人体健康的影响	φ_{NO_2}（$\times 10^{-6}$）	对人体健康的影响
1	闻到臭味	80	3min，感到胸闷、恶心
5	闻到强烈臭味	150	30～60 min 内因肺水肿而死亡
10～15	10min，眼、鼻、呼吸道受到刺激	250	很快死亡
50	1min 内人呼吸困难		

1.4.5　光化学烟雾

　　光化学烟雾（Photochemical Smog）是排入大气的氮氧化物和碳氢化合物受太阳光中紫外线的作用而产生的一种具有刺激性的浅蓝色烟雾。它具有强氧化性，能使橡胶开裂，刺激人的眼睛，伤害植物的叶子，并使大气能见度降低。它包含臭氧（O_3）、醛类、硝酸酯类（PAN）等多种复杂化合物，如图 1-1 所示。这些化合物都是光化学反应生成的二次污染物。当遇到不利于扩散的气象条件时，烟雾会积聚不散，从而造成大气污染事件。

　　在光化学反应中，O_3 的质量分数约占85% 以上。日光辐射强度大是形成光化学烟雾的重要条件，因此，每年的夏季是光化学烟雾的高发季节；在一天中，下午 2 时前后是光化学烟雾达到峰值的时刻。在汽车排气污染严重

图 1-1　光化学烟雾的形成过程

的城市，大气中臭氧浓度的增高，可视为光化学烟雾形成的信号。

　　光化学烟雾对人体最突出的危害是刺激眼睛和上呼吸道粘膜，引起眼睛红肿和喉炎。当大气中臭氧的质量浓度达到 200～1000μg/m³ 时，会引起哮喘发作，导致上呼吸道疾病恶化，同时也刺激眼睛，使视觉敏感度和视力下降；当其质量浓度为 400～1600μg/m³ 时，人体只要接触 2h 就会出现气管刺激症状，引起胸骨下疼痛和肺通透性的降低，使机体缺氧；其质量浓度再升高，就会出现头痛，并使肺部气道变窄，出现肺气肿。若接触时间过长，还会损害中枢神经，导致思维紊乱或引起肺水肿等，其具体影响见表 1-4。

表 1-4　不同体积分数的 O_3 对人体健康的影响

φ_{O_3}（$\times 10^{-6}$）	对人体健康的影响	φ_{O_3}（$\times 10^{-6}$）	对人体健康的影响
0.02	开始嗅到臭味	1	1h 会引起气喘，2h 会引起头痛
0.2	1h 闻到臭味	5～10	全身痛，麻痹，引起肺气肿
0.2～0.5	3～6h 视力下降	50	30min 即死亡

植物受到 O_3 的损害，开始时表皮褪色，呈蜡质状，经过一段时间后色素发生变化，叶片上出现红褐色的斑点。PAN 使叶子背面呈银灰色或古铜色，影响植物的生长，降低植物对病虫害的抵抗力。O_3、PAN 等还能造成橡胶制品的老化、脆裂，使染料褪色，并损害油漆涂料、纺织纤维和塑料制品等。另外，光化学烟雾还会促进酸雨的形成，使建筑物和机器等受到腐蚀。

另外，光化学烟雾还会使大气的能见度降低。这主要是由于污染物质在大气中形成的光化学烟雾气溶胶所引起的，这种气溶胶颗粒物的大小一般为 $0.3 \sim 1.0 \mu m$。由于这样大小的颗粒物不易因重力的作用而沉降，能较长时间地悬浮于空气中，长距离地迁移；而且与人视觉能力可及的光波波长一致，并能散射太阳光，从而明显地降低了大气的能见度。因而妨害了汽车与飞机等交通工具的安全运行，导致交通事故增多。

所以，必须采取一系列综合性的措施来预防和减轻光化学烟雾对人类造成的损害，但需要区别的是对流层臭氧与平流层臭氧。由内燃机排放产生的 O_3 是在近地面（$0 \sim 12m$）的对流层大气中出现的，称为对流层臭氧，其对生态系统的危害极大；而平流层臭氧层距地面高达 10km，能吸收太阳的紫外线辐射，对人类和动植物起到非常有益的保护作用。

1.4.6 颗粒物

颗粒物（Particulate，PT 或 Particulate Matter，PM）的主要成分是碳烟、有机物质及少量的铅化合物、硫氧化物等。颗粒物对人体健康的影响主要取决于颗粒物的浓度、人体在空气中暴露的时间及粒径的大小。柴油机排气中颗粒物的含量比汽油机高 30 ~ 60 倍，因而一般说到颗粒物都是指柴油机颗粒物。

碳烟是柴油发动机燃料燃烧不完全的产物，主要是指直径为 $0.1 \sim 10 \mu m$ 的多孔性炭粒。燃烧中各种各样的不完全燃烧产物可以多种形式附着在多孔的、活性很强的炭粒表面，这些附着在炭粒表面的物质种类繁多，其中有些是致癌物质，并因含有少量的带有特殊臭味的乙醛，而往往引起人们的恶心和头晕等症状。另外，碳烟会影响道路上的能见度。

发动机废气中的铅化合物是为了改善汽油的抗爆性而加入的，它们以颗粒的形式排入大气中，是污染大气的有害物质。当人们吸入含有铅颗粒物的空气时，铅逐渐在人体内积累，当积累量达到一定程度时，铅将阻碍血液中红血球的生成，使心、肺等处发生病变，侵入大脑时则会引起头痛，甚至引发一些精神病的症状。铅还会使汽车尾气净化装置——催化转化器中的催化剂中毒，影响其使用寿命。我国早在 2000 年起就全面禁止使用含铅汽油。

汽车内燃机尾气中硫氧化物的主要成分为二氧化硫（SO_2），主要来源于石油中较重组分（柴油、重油等）的燃烧。SO_2 是一种无色、有臭味的气体，性质活泼，能引起氧化作用，也参与还原反应，并可溶于水形成亚硫酸。SO_2 对人体健康有很大的影响，它刺激人体的眼和鼻粘膜等呼吸器官，引起鼻咽炎、气管炎、支气管炎、肺炎及哮喘病、肺心病等。当汽车使用催化净化装置时，就算很少量的 SO_2 也会逐渐在催化剂表面堆积，造成所谓的催化剂中毒，不但影响催化剂的使用寿命，还会危害人体健康。SO_2 还是形成酸雨的主要成分，也是影响城市能见度的主要原因之一。

颗粒物的粒径大小是决定其对人体健康危害程度的一个重要因素。

1）粒径越小，越不易沉积，长期漂浮在大气中容易被人吸入体内，而且容易深入肺部。一般粒径在 $100 \mu m$ 以上的颗粒物会很快在大气中沉降；$10 \mu m$ 以上的颗粒物可以滞留在呼吸道中；5～10μm 的颗粒物大部分会在呼吸道中沉积，被分泌的粘液吸附，可以随痰排出；小于 5μm 的颗粒物能深入肺部；0.01～0.10μm 的颗粒物，50% 以上将沉积在肺腔中，引起各种尘肺病。柴油机排气中的颗粒物，其粒径一般小于 0.3μm，可长期悬浮在大气中而不沉降，会深入人的肺部造成机械性超负荷，损伤肺内各种通道的自净机制，促进其他污染物的毒害作用。

2）粒径越小，粉尘的比表面积越大，物理、化学活性越强。此外，颗粒物的表面可以吸附空气中的各种有害气体及其他污染物，而成为它们的载体，被吸入人体，也会对人体造成损害。

1.4.7　二氧化碳

二氧化碳（CO_2）是一种无色气体，略带刺激性气味，本身并没有毒性，能溶于水，是完全燃烧的产物。大气中含有 CO_2 气体时，在上空形成气层，吸收地球表面的红外辐射，又以其长波辐射的形式，将其能量返回地球表面，这就像将地球罩在温室里，使地面实际损失的能量比其长波辐射返回的能量要少，从而对地面起到保温作用，故称之为温室效应。本来这种温室效应对地球是有利的，假如没有这种效应，地球上的温度将相当低。但是，如果大气层中的 CO_2 气体的含量过高，则会产生对地球和人类生活不利的影响，即使地球表面的平均温度每年上升得较快，导致全球气候变暖，给人类带来海平面上升、气候失调、水灾及风灾等自然灾害，破坏自然界的生态平衡。

CO_2 在新鲜空气中的体积分数约为 0.03%，过多的 CO_2 对人体最主要的危害是刺激人的呼吸中枢，导致呼吸急促，引起头痛、神志不清等症状，表 1-5 所列为空气中 CO_2 的含量对人体的影响。

表 1-5　空气中不同体积分数的 CO_2 对人体的影响

φ_{CO_2}（%）	症　状	φ_{CO_2}（%）	症　状
2.5	经数小时无任何症状	8.0	呼吸困难
3.0	无意识呼吸的次数增加	10.0	意识不清，不久导致死亡
4.0	出现局部刺激症状	20.0	数秒后瘫痪，心脏停止跳动
6.0	呼吸次数增加		

CO_2 对环境的主要危害是会引起温室效应，据统计，道路交通排放的 CO_2 约占全球 CO_2 总排放量的 20%，占温室气体总排放量的 12%，所以说汽车是碳排放的一个重要来源。为了缓解温室效应所造成的严重后果，世界各国正在开发各种高性能的发动机，以降低燃料消耗和 CO_2 排放量，同时还在积极开发使用各种非化石燃料的动力装置，如太阳能、氢燃料、核能等。如何采取有效措施降低汽车的碳排放量已成为我国当前面临的一个十分严峻的课题。

1.5　污染物的评定指标

为了评定内燃机对环境的污染程度或排放特性，常采用下列评定指标。

1. 排放物的含量

在一定排气容积中，有害排放物所占的容积（或质量）比例称为排放物的含量。通常表示体积分数的单位有%、10^{-6} 和 10^{-9}。含量较大时可用%，含量较小时用 10^{-6}，而含量极小时用 10^{-9}。常用的表示质量浓度的单位有 kg/m^3、kg/L、mg/L 和 mg/m^3。质量浓度一般用于表征内燃机固态污染物的排放，如柴油机颗粒物的排放。考虑到排放量的数量级，常用的单位为 mg/m^3。

2. 质量排放量

内燃机排放物的浓度表示内燃机在某工况下的排放严重程度，这种指标为内燃机的研究和开发工作者广泛应用。但在环境保护实践中，要求对污染源的环境污染物进行总量控制，以保护环境品质。因此，作为污染源的内燃机或使用内燃机的车辆，要确定其运转单位时间的排放量，称为质量排放量 G_i（常用单位为 g/h）；或者按某标准进行一次测试的排放量，称为循环工况排放质量或工况质量排放量（常用单位为 g/test），或者计算使用内燃机的车辆按规定的工况组合（称为测试循环）行驶后折算到单位里程的污染物排放量（常用单位为 g/km）。

设发动机某种有害排放物的体积分数为 x_i（10^{-6}），排放质量流量为 q_{mi}（g/h），则二者之间的关系为

$$q_{mi} = q_{Vg} x_i \rho_i \times 10^3 \tag{1-1}$$

式中　q_{Vg}——排气体积流量（m^3/h）；

ρ_i——污染物的密度（kg/m^3）。

3. 比排放量

内燃机单位功率每小时（$kW \cdot h$）排放出的污染物的质量称为比排放量（g），其单位为 $g/(kW \cdot h)$ 表示，即

$$g = \frac{q_{mi}}{P_e} \tag{1-2}$$

式中　P_e——发动机有效功率（kW）。

发动机的比排放量可以客观地评价不同种类、不同大小内燃机的排放性能。比排放量可以根据测得的发动机功率、排气流量、污染物浓度或摩尔分数、污染物密度等数据进行计算。这个指标与燃油消耗率类似，也可以称为污染物排放率。

第2章 内燃机排放污染物的生成机理与影响因素

2.1 一氧化碳的生成机理

一氧化碳（CO）是烃燃料在燃烧过程中生成的中间产物，汽车排放污染物中 CO 的产生是燃油在气缸中燃烧不充分所致。根据燃烧化学，烃燃料完全燃烧的产物为 CO_2 和 H_2O，即

$$C_mH_n + \left(m + \frac{n}{4}\right)O_2 \rightarrow mCO_2 + \frac{n}{2}H_2O \tag{2-1}$$

当空气量不足时，则有部分燃料不能完全燃烧，生成 CO 和 H_2，即

$$C_mH_n + \frac{m}{2}O_2 \rightarrow mCO + \frac{n}{2}H_2 \tag{2-2}$$

烃燃料在燃烧过程中要经过一系列的中间过程，所生成的中间产物如不能被进一步氧化，就可能以部分氧化的形式排出。CO 就是烃燃料在燃烧过程中形成的一种不完全氧化物，其形成过程可表示为

$$RH \rightarrow R \rightarrow RO_2 \rightarrow RCHO \rightarrow RCO \rightarrow CO \tag{2-3}$$

式中　RH——烃燃料分子；

　　　 R——烃基；

　　 RO_2——过氧烃基；

　 RCHO——醛基；

　　 RCO——酰基。

CO 形成过程的主要反应归结为 RCO 的热分解或氧化，其反应方程为

$$RCO \rightarrow CO + R \tag{2-4}$$

$$RCO + \begin{Bmatrix} O_2 \\ OH \\ O \\ H \end{Bmatrix} \rightarrow CO + \cdots \tag{2-5}$$

生成的 CO 主要通过式（2-6）接着反应氧化为 CO_2

$$CO + OH \Longleftrightarrow CO_2 + H \tag{2-6}$$

上述反应的正向和逆向反应的速率都很高，一般情况下可以达到瞬时化学平衡，因此，在内燃机的膨胀过程中，只要氧化活化基 OH 供应充分，高温下形成的 CO 在温度下降时仍能很快转变为 CO_2。然而在供氧不足的浓混合气情况下，由于 OH 基被 H 夺走而束缚在 H_2O 中，高温下形成的 CO 就会留在燃气中并最终排出发动机外。由此可见，CO 的排出浓度基

本上受空燃比 A/F 或过量空气系数 ϕ_a 所支配。图 2 - 1 所示为 11 种不同 H/C 比值的燃料在汽油机中燃烧后，排气中 CO 的摩尔分数 x_{CO} 与空燃比 A/F 及过量空气系数 ϕ_a 的关系。

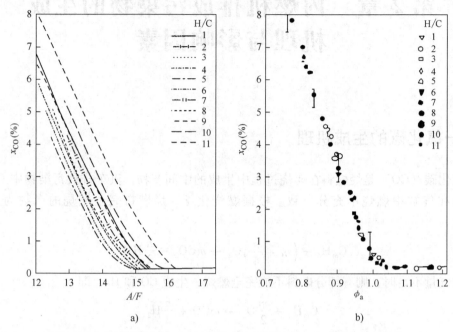

a)　　　　　　　　　　　　　　b)

图 2 - 1　汽油机排气中 x_{CO} 与空燃比 A/F 及过量空气系数 ϕ_a 的关系

从图 2 - 1 可以看出，在浓混合气中（$\phi_a < 1$），CO 的排放量随 ϕ_a 的减小而增加，这是由缺氧引起的不完全燃烧所致；在稀混合气中（$\phi_a > 1$），CO 的排放量很小，只有在 $\phi_a = 1.0 \sim 1.1$ 时，CO 的排放量才随 ϕ_a 值的不同有较复杂的变化。

在膨胀和排气过程中，气缸内的压力和温度下降，CO 氧化成 CO_2 的过程不能用相应的平衡方程精确计算。燃烧终了时的 CO 浓度一般取决于燃气温度，但由于发动机膨胀过程中缸内温度下降很快，其温度下降速度远快于气体中各成分建立新的平衡过程的速度，因此实际的 CO 浓度要高于排气温度相对应的化学平衡浓度，即产生"冻结"现象。根据经验，汽油机排气中的 CO 浓度近似等于 1700K 时的 CO 平衡浓度。

柴油机排气中 CO 的生成和汽油机一样，其排放量主要与混合气的质量及浓度有关。总的来说，柴油机是在稀混合气下运转的，在大部分运转工况下，其过量空气系数为 $1.5 \sim 3$，故其 CO 排放量要比汽油机低得多。但是，柴油机的特征是燃料与空气混合不均匀，其燃烧空间总有局部缺氧和低温的地方，且反应物在燃烧区停留的时间较短，不足以彻底完成燃烧过程而生成 CO 并排放，只有在大负荷接近冒烟界限（$\phi_a = 1.2 \sim 1.3$）时，CO 的排放量才急剧增加。

2.2　碳氢化合物的生成机理

内燃机排放的总碳氢化合物（Total Hydrocarbon，THC）包括种类繁多的化合物，它们在大气对流层的光化学反应中有不同的活性，对人类健康的危害程度也不同。THC 中含有很大一部分甲烷（CH_4），甲烷是化学性质很不活跃的气体，对臭氧的生成影响很小，用催化剂净化的难度却很大。所以，美国的排放标准中有无甲烷碳氢化合物（Nonmethane Hydrocarbon，NMHC）这一指标，他们认为用 NMHC 描述 HC 对环境的危害比 THC 更确切。除 NMHC 之外，还有含氧有机化合物，如醇类、醛类、酮类、酚类、酯类及其他衍生物（尤其是当内燃机使用含氧代用燃料时，这些排放物较多），它们往往更具有活性。NMHC 和羰酰类有机化合物统称无甲烷有机气体（Nonmethane Organic Gas，NMOG），羰酰类为醛类和酮类有机化合物，美国加州空气资源局（CARB）规定了其 13 种成分。对汽油机来说，羰基化合物一般只占 THC 排放物的百分之几；而在柴油机中，醛类就可能占 THC 的 10% 左右，而醛类中的甲醛约占 20%，使柴油机排气比汽油机更具刺激性。

但同时，甲烷也是导致温室效应的气体，其致热势是 CO_2 的 32 倍。因此，对 HC 排放的限制中是否要考虑甲烷排放的问题，国际上的观点并不统一。美国采用 NMHC 作为 HC 排放的评价指标，而包括中国、日本和欧洲各国在内的大部分国家，都将 THC 作为 HC 排放的评价指标。不同排放法规对 HC 的定义及其适用范围见表 2-1。

表 2-1　不同排放法规对 HC 的定义及其适用范围

名称	定义	适用范围
总碳氢化合物（THC）	所有碳氢化合物成分的总量	中国、日本和欧洲等大多数国家
无甲烷碳氢化合物（NMHC）	除去甲烷的碳氢化合物成分	美国联邦及其他适用国
无甲烷有机气体（NMOG）	无甲烷碳氢化合物加羰酰类	美国加州 LEV 法规

2.2.1　车用汽油机未燃 HC 的生成机理

汽油机燃烧室中 HC 的生成主要有以下几条途径：第一是多种原因造成的不完全燃烧；第二是燃烧室壁面的淬熄效应；第三是燃烧过程中的狭隙效应；第四是燃烧室壁面润滑油膜和沉积物的吸附和解吸作用。

1. 不完全燃烧（氧化）

在以预均匀混合气为燃料的汽油机中，HC 与 CO 一样，也是一种不完全燃烧（氧化）的产物。大量试验表明，碳氢燃料的氧化根据其温度、压力、混合比、燃料种类及分子结构的不同而有着不同的特点。各种烃燃料的燃烧实质是烃的一系列氧化反应，这一系列氧化反应有随着温度而拓宽的一个浓限和稀限，混合气过浓或过稀及温度过低，将可能导致燃烧不完全或失火。

发动机在冷起动和暖机工况下，由于其温度较低，混合气不够均匀，导致燃烧变慢或不稳定，火焰易熄灭；发动机在怠速及高负荷工况下，可燃混合气的浓度处于过浓状态，加之怠速时残余废气系数大，将造成不完全燃烧或失火；汽车在加速或减速时，会造成暂时的混合气过浓或过稀现象，也会产生不完全燃烧或失火。即使当空燃比大于 14.7 时，由于油气混合不均匀，造成局部过浓或过稀现象，也会因不完全燃烧而产生 HC 的排放。更为极端的情况是发动机的某些气缸缺火，使未燃烧的可燃混合气直接排入排气管，造成未燃 HC 的排放急剧增加，故汽油机点火系统的工作可靠性对减少未燃 HC 的排放量是至关重要的。

2. 壁面淬熄效应

在燃烧过程中，燃气温度高达 2000℃ 以上，而气缸壁面温度在 300℃ 以下，因而靠近壁面的气体受低温壁面的影响，其温度远低于燃气温度，且气体的流动性也较弱。壁面淬熄效应是指壁面对火焰的迅速冷却导致化学反应变缓，当气缸壁上薄薄的边界层内的温度降低到混合气自燃温度以下时，导致火焰熄灭，结果火焰不能一直传播到燃烧室壁表面，边界层内的混合气未燃烧或未燃烧完全就直接进入排气而形成未燃 HC。此边界层称为淬熄层，当发动机正常运转时，其厚度在 0.05 ~ 0.4mm 之间变动，在小负荷或温度较低时淬熄层较厚。

在正常运转工况下，淬熄层中的未燃 HC 在火焰前锋面掠过后，大部分会扩散到已燃气体主流中，在缸内基本被氧化，只有极少一部分成为未燃 HC 排放。但在发动机冷起动、暖机和怠速等工况下，因燃烧室壁面的温度较低，形成的淬熄层较厚，同时已燃气体的温度较低及混合气较浓，使 HC 的后期氧化作用减弱，因此壁面淬熄是此类工况下未燃 HC 的重要来源。

3. 狭隙效应

在内燃机的燃烧室内有如图 2-2 所示的各种狭窄的间隙，如活塞、活塞环与气缸壁之间的间隙、火花塞中心电极与绝缘子根部周围的狭窄空间和火花塞螺纹之间的间隙、进排气门与气门座面形成的密封带狭缝、气缸盖垫片处的间隙等。当间隙小到一定程度时，若火焰不能进入便会产生未燃 HC。

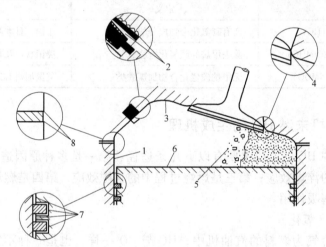

图 2-2　汽油机燃烧室内未燃 HC 的可能来源
1—润滑油膜的吸附及解吸　2—火花塞附近的狭隙和死区　3—冷激层
4—气门座死区　5—火焰熄灭（如混合气太稀、湍流太强）
6—沉积物的吸附及解吸　7—活塞环和环岸死区　8—气缸盖衬垫缸孔死区

在压缩过程中，缸内压力上升，未燃混合气挤入各间隙中，这些间隙的容积很小但具有很大的面容比，因此进入其中的未燃混合气通过与温度相对较低的壁面进行热交换而很快被冷却。燃烧过程中缸内压力继续上升，又有一部分未燃混合气进入各间隙。当火焰到达间隙处时，火焰有可能进入间隙，使其内的混合气得到全部或部分燃烧（当入口较大时）；但火焰也有可能因淬冷而熄灭，使间隙中的混合气不能燃烧。随着膨胀过程的开始，气缸内的压力不断下降，当缝隙中的压力高于气缸压力时，进入缝隙中的气体将逐渐流回气缸。但这时气缸内的温度已下降，氧的含量也很低，流回缸内的可燃气再被氧化的比例不大，大部分会原封不动地排出气缸。狭隙效应造成的 HC 排放可占 HC 排放总量的 50% ~ 70%，因此狭隙效应被认为是 HC 生成的最主要来源。

4. 润滑油膜和沉积物对燃油蒸气的吸附与解吸

在发动机的进气过程中，气缸壁面的润滑油膜及沉积在燃烧室内的多孔性积炭会溶解和吸收进入气缸的可燃混合气中的 HC 蒸气，直至达到其环境压力下的饱和状态。这一溶解和吸收过程在压缩和燃烧过程中的较高压力下继续进行。在燃烧过程中，当燃烧室燃气中的 HC 浓度由于燃烧而下降至很低时，油膜或沉积物中的燃油蒸气开始逐步脱附释放出来，向已燃气体解吸，此过程将持续到膨胀和排气过程。一部分解吸的燃油蒸气与高温的燃烧产物混合并被氧化，其余部分与较低温度的燃气混合，因不能氧化并随已燃气体排出气缸而成为 HC 排放源。据研究，这种由油膜和积炭吸附产生的 HC 排放占总量的 35% ~ 50%。

这种类型的 HC 排放与燃油在润滑油或沉积物中的溶解度成正比。使用不同的燃料和润滑油，对 HC 排放量的影响不同，如使用气体燃料则不会生成这种类型的 HC。润滑油温度升高，使燃油在其中的溶解度下降，于是降低了润滑油在 HC 排放中所占的比例。另外，实验表明，当发动机使用含铅汽油时，燃烧室积炭可使 HC 排放量增加 7% ~ 20%，消除积炭后，HC 排放量明显降低。

5. HC 的后期氧化

在内燃机燃烧过程中未燃烧的 HC，在以后的膨胀和排气过程中会不断从间隙容积、润滑油膜、沉积物和淬熄层中释放出来，重新扩散到高温的燃烧产物中被全部或部分氧化，这一过程称为 HC 的后期氧化，其主要包括：

（1）气缸内未燃 HC 的后期氧化　在排气门开启前，气缸内的燃烧温度一般超过 950℃。若此时气缸内有氧可供后期氧化（如当 $\phi_a > 1$ 时），则 HC 的氧化将很容易进行。

（2）排气管内未燃 HC 的氧化　排气门开启后，缸内未被氧化的 HC 将随排气一同排入排气管，并在排气管内继续氧化，其氧化条件为：

1）管内有足够的氧气。

2）排气温度高于 600℃。

3）停留时间大于 50 ms。

2.2.2　车用柴油机未燃 HC 的生成机理

柴油机与汽油机的燃烧方式和所用燃料不同：柴油机在接近压缩终了时才喷射燃油，燃油和空气混合物分布不均匀；柴油机的燃料以高压喷入燃烧室后，直接在缸内形成可燃混合气并很快燃烧，燃料在气缸内停留的时间较短，因此缝隙容积内和气缸壁附近多为新鲜空气。换言之，缝隙容积和激冷层对柴油机未燃 HC 排放量的影响相对汽油机来说小得多。这是柴油机未燃 HC 排放浓度一般比汽油机低得多的主要原因。

燃料在空气中不能燃烧或不能完全燃烧，主要是因为温度或压力过低，混合气浓度过浓或过稀，甚至超出了富燃极限或稀燃极限。其中包括局部温度和瞬时温度过低，局部浓度和瞬时浓度过浓和过稀等，所有这些原因都是 HC 的成因。

2.2.3　非排气 HC 的生成机理

在汽车排放到大气中的 HC 总量中，当未采取防治措施时，约 60% 是在燃烧过程中产生并经排气管排出的，20% 来自曲轴箱窜气，20% 来自燃油系统蒸发，后两者总称为非排气 HC。

1. 曲轴箱窜气

曲轴箱窜气是指在压缩和燃烧过程中，由活塞与气缸壁之间的间隙窜入曲轴箱的油气混合气和已燃气体，并与曲轴箱内的润滑油蒸气混合后，由通风口排入大气的污染气体。柴油机窜气中的未燃成分较少，而汽油机属于预均质混合气燃烧，因而其窜气中含有较浓的未燃HC。

2. 燃油系统蒸发

从汽油机和其他轻质液体燃料发动机的燃油系统，即从燃油箱、燃油管接头等处蒸发的燃油蒸气，如果进入大气，同样会构成HC排放物，称为蒸发排放物。汽油配售、储存和加油系统如无特别防止蒸发的措施，则会产生大量蒸发排放物。由于汽油的挥发性远强于柴油，因而一般所说的燃油蒸发污染主要是指汽油车。

燃油蒸发也是一种燃料损失，因而也称为蒸发损失。汽油车的蒸发损失主要来源于两种情况：连续停车时由昼夜温差造成的昼间换气损失，以及行驶期间由温度及行驶工况变化造成的运转损失。

2.3 氮氧化物的生成机理

氮氧化物（NO_x）包括NO、NO_2、N_2O_3、N_2O、N_2O_5、N_2O_4及NO_3，其中对环境危害性最大的是NO和NO_2。内燃机排气中的NO_x污染，主要是指NO及NO_2污染，其中NO_2的含量比NO低得多，大约为5%左右，所以对NO_x的研究主要是针对NO。

燃烧过程中NO的生成有三种方式，根据产生机理的不同分别称为热力型（Thermal）NO［也称热NO或高温（Thermal）NO］、激发（Prompt）NO及燃料（Fuel）NO。其各自的生成机理见表2-2。

表 2-2 NO 的生成机理

生成途径	高温 NO	激发 NO	燃料 NO
反应过程	$(O_2 \rightarrow 2O)$ $N_2 + O \rightarrow N + NO$ (1) $N + O_2 \rightarrow O + NO$ (2) $OH + N \rightarrow H + NO$ (3)	$C_nH_{2n} \rightarrow CH, CH_2$ $CH_2 + N_2 \rightarrow HCN + NH$ $CH + N_2 \rightarrow HCN + N$ $HCN \rightarrow CN \rightarrow NO$ $NH \rightarrow N \rightarrow NO$	Fuel N $\downarrow$ HCN, NH_3 $\downarrow$ NO
反应温度/℃	>1600		≤1600

1. 高温 NO

在高温条件下，氧分子首先裂解成氧原子，然后通过表2-2中的式（1）和式（2）生成NO。这一生成机理是由前苏联科学家 Zeldovich（捷尔杜维奇）于1946年提出的，因此也称为捷氏反应机理（Zeldovich Reaction）。其后被进一步完善，并由后人根据研究提出了式（3），合在一起称为扩展的捷氏反应机理（Extended Zeldovich Reaction）。其中，式（1）和式（2）都是强烈的吸热反应，此反应只有在大于1600℃的高温下才能进行，因此也称为高温NO生成机理。

促使上述反应正向进行并生成 NO 的因素有三个：

（1）温度 高温时，NO 的平衡浓度高，生成速率也大。在氧充足时，温度是影响 NO 生成的重要因素。

（2）氧的浓度 在高温条件下，氧的浓度是影响 NO 生成的重要因素。在氧浓度低时，即使温度高，NO 的生成也受到抑制。

（3）反应滞留时间 由于 NO 的生成反应比燃烧反应慢得多，所以即使在高温下，如果反应停留时间短，NO 的生成量也会受到限制。

高温 NO 在火焰的前锋面和离开火焰的已燃气体中生成。内燃机的燃烧在高压下进行，其燃烧过程进行得很快，反应层很薄（约 0.1mm）且反应时间很短。早期燃烧产物受到压缩而温度上升，使得已燃气体的温度高于刚结束燃烧的火焰带温度，因此，除了混合气很稀的区域外，大部分 NO 在离开火焰带的已燃气体中发生，只有很少部分的 NO 产生在火焰带中。也就是说，燃烧和 NO 的产生是彼此分离的，应主要考虑已燃气体中 NO 的生成。

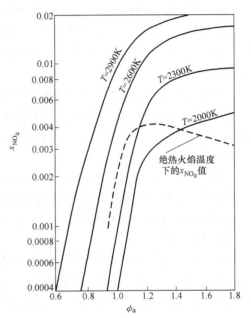

图 2-3 NO 的平衡摩尔分数 x_{NO_e} 与温度 T 及过量空气系数 ϕ_a 的关系

NO 的生成主要与温度有关，图 2-3 表示正辛烷与空气的均匀混合气在 4MPa 的压力下等压燃烧时，计算得到的燃烧生成的 NO 的平衡摩尔分数 x_{NO_e} 与温度 T 及过量空气系数 ϕ_a 的关系（实线）。在 $\phi_a > 1$ 的稀混合气区内，x_{NO_e} 随温度的提高而迅速增大。在一定的温度下，x_{NO_e} 随混合气的加浓而减小，特别是当可燃混合气加浓到 $\phi_a < 1$ 以后，由于氧不足，x_{NO_e} 随 ϕ_a 的减小而急剧下降。NO 的生成量在稀混合气区内主要是温度起支配作用，而在浓混合气区内则主要是氧浓度起决定作用。

生成 NO 的总量化学反应式为

$$N_2 + O_2 \rightarrow 2NO$$

达到 NO 的平衡摩尔分数需要相当长的时间。图 2-4 给出了不同温度下 NO 总量化学反应式的进展速度，用 NO 摩尔分数的瞬时值与其平衡值之比 x_{NO}/x_{NO_e} 随时间的变化表示。从图中可以看出，反应温度越低，达到平衡摩尔分数所需的时间越长，并且 NO 的生成反应比发动机中的燃烧反应慢。总之，高的温度、高的氧浓度和长的反应时间增加了 NO 的生成量。

内燃机是一种高速燃烧的热能机械，其整个燃烧过程经历的时间极短（只有几毫

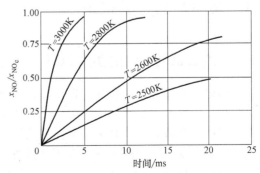

图 2-4 温度对 NO 总量化学反应进展速度的影响（过量空气系数 $\phi_a = 1.1$，压力为 10MPa）

秒），温度的上升和下降都很迅速。尽管 NO 的生成（正向反应）没有达到平衡浓度，可是 NO 分解（逆向反应）所需的时间也不足，所以在膨胀过程的初期反应就冻结了，使 NO 以不平衡状态时的浓度被排出。从燃料的燃烧过程看，最初燃烧部分（火花塞附近）生成的 NO 约占其最大浓度的 50%（其中有相当部分后来被分解），随后燃烧的部分所生成 NO 的浓度很小，且几乎不再分解。因此，NO 的排放不能按平衡浓度的方法计算，只能由局部的燃烧温度及其持续时间决定。在柴油机中发生冻结的速度比在汽油机中更快。

2. 激发 NO

激发 NO 的生成机理是在 20 世纪 70 年初才被提出的。首先由 HC 化合物裂解出的 CH 和 CH_2 等与 N_2 反应，生成 HCN 和 NH 等中间产物，并经过生成 CN 和 N 的反应，最后生成 NO，见表 2-2。由于上述反应的活化能很小，且反应速度很快，因此并不需要很高的温度就可进行。

激发 NO 的生成主要受三个因素的控制：第一是燃料中 HC 化合物分解为 CH 等原子团的多少；第二是 CH 等原子团与 N_2 反应生成氮化物的速率；第三是氮化物之间相互转换的速率。激发 NO 主要发生在预混合富燃料混合气中，与停留时间无关，也与温度、燃料类型、混合程度无关。

内燃机中，在 $\phi_a < 1$ 的过浓条件下容易产生激发 NO。近年来，人们曾用激光诱导荧光法（LIF）在汽油机燃烧火焰前锋面上测到了大量的激发 NO，其发生量随 ϕ_a 的减小而增大。但就燃烧过程中 NO 的生成总量来看，激发 NO 只占很小的比重。

3. 燃料 NO

燃料 NO 的生成机理见表 2-2，燃料中的氮化合物分解后生成 HCN 和 NH_3 等中间产物，并逐步生成 NO，这一反应过程在温度小于等于 1600℃ 的条件下即可进行。在内燃机的常规燃料中，汽油可视为基本不含氮，而柴油的含氮率仅为 0.002% ~ 0.03%（质量分数），因而现阶段可以不考虑燃料 NO。但几十年后，当汽车发动机的 NO 排放已降到非常低的水平时，或许对燃料 NO 的控制也要加以考虑了。

综上所述，在 NO 生成的三种方式中，燃料 NO 的生成量极小，因而可以忽略不计；激发 NO 的生成量也较少，且反应过程尚不完全明了，也可暂不考虑。因此可以认为，高温 NO 是 NO 的主要来源。一般进行 NO 生成的模拟计算时，仅采用扩展的 Zeldovich 反应机理就可以得到满足工程需要的精度。

2.4 颗粒物的生成机理

2.4.1 汽油机颗粒物的生成机理

汽油机中的排气颗粒物有三种来源：含铅汽油燃烧产生的铅化物，来自汽油中的硫产生的硫酸盐，以及不完全燃烧产生的碳烟。轿车发动机用含铅 0.15g/L 的汽油运转时，会排放颗粒物 100 ~ 150mg/km，其中一半左右是铅。目前，由于贵金属三效催化剂的应用，含铅汽油已逐步被淘汰，铅颗粒物当然也不再排放。

硫酸盐的排放主要涉及在排气系统中装有氧化催化剂的汽车。汽油中的硫燃烧生成 SO_2，接着被催化剂氧化成 SO_3，然后与水结合生成硫酸雾和硫酸盐。不过，一般汽油的含硫量很低，而且随着排放标准的更加严格，将进一步限制含硫量，汽油机硫酸盐的排放一般很少。

碳烟排放对均质燃烧汽油机来说属于不正常现象，因为它只出现在可燃混合气非常浓的情况下，对调整良好的汽油机来说不是主要问题。层燃汽油机调节不当时，排放碳烟的可能性较大。

2.4.2　柴油机颗粒物的生成机理

柴油机的颗粒物（PM）排放量一般比汽油机大几十倍。对于轿车和轻型车用的柴油机，其 PM 排放量为 0.1～1.0g/km 的数量级；对于重型车用柴油机，其 PM 排放量为 0.1～1.0g/(kW·h) 的数量级。

1. 颗粒物的成分

柴油机颗粒物是由三部分组成的，即干碳烟（DS）、可溶性有机物（SOF）和硫酸盐，见表 2-3。柴油机 PM 的组成取决于运转工况，尤其是排气温度。当排气温度超过 500℃ 时，PM 基本上是炭质微球（含有少量氢和其他微量元素）的聚集体，一般称为碳烟 DS。当排气温度较低时，碳烟会吸附和凝聚多种有机物，称为可溶性有机物（SOF）。当柴油机在高负荷下工作时，碳烟在颗粒物中所占的比例升高；部分负荷时则降低。

表 2-3　柴油机颗粒物的组成

成　分	质量分数
干碳烟（Dry Soot，DS）	40%～50%
可溶性有机物（Soluble Organic Fraction，SOF）	35%～45%
硫酸盐	5%～10%

碳烟是柴油机颗粒物的主要组成部分，碳烟产生的条件是高温和缺氧，由于柴油机混合气极不均匀，尽管总体是富氧燃烧，但局部的缺氧还是导致了碳烟的形成。SOF 又可根据来源不同分为未燃燃料和未燃润滑油成分，两者所占比例随柴油机的不同而异，但一般可认为大致相等。排气颗粒物通常可采用热解质量法、溶剂萃取法等分析 DS 和 SOF 所占比例的大小。

近年来，随着油气混合过程的改善和柴油高压喷射技术的应用，颗粒物和碳烟的总排放量有明显下降，但 $PM_{2.5}$ 以下粒径较小的颗粒物所占的比例增大。

2. 碳烟的形成过程

柴油机排放的烟粒主要由燃油中含有的碳产生，并受燃油种类、燃油分子中的碳原子数的影响。尽管人们对燃烧烟粒的生成问题进行了大量的基础研究，但关于柴油机燃烧过程中烟粒的生成机理至今仍不是很清楚。因为这涉及成分很复杂的燃油在三维空间的强湍流混合气中，以及在高温高压下发生的不可再现的反应过程。碳烟生成如图 2-5 所示。

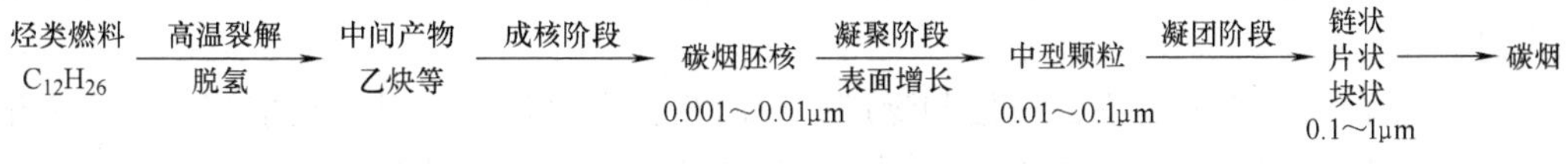

烃类燃料 $C_{12}H_{26}$ —高温裂解 脱氢→ 中间产物 乙炔等 —成核阶段→ 碳烟胚核 0.001～0.01μm —凝聚阶段 表面增长→ 中型颗粒 0.01～0.1μm —凝团阶段→ 链状 片状 块状 0.1～1μm —→ 碳烟

图 2-5　碳烟生成

　　柴油在高压高温（2000～2200℃）、局部缺氧的条件下，经过热裂解，复杂的HC逐步脱氢成为简单的HC，产生多种中间产物，如烯烃（CH_2—CH_2）等低相对分子质量的HC，然后进一步裂解和脱氢成为活性较强的乙炔（CH—CH）。乙炔是碳烟形成过程中的重要中间产物，再经聚合脱氢，会形成联乙炔或乙烯基乙炔，其进一步裂解和脱氢、基团聚合成很不活泼的聚缩乙炔（—C≡C—），至此已形成固体碳烟胚核。之后，反应分成高温和低温两个途径：在大于1000℃的高温情况下，经过聚合、环构化和进一步脱氢形成具有多环结构的不溶性碳烟成分，最后形成六方晶格的碳烟晶核；在低于1000℃时，经过环构化和氧化，也形成碳烟晶粒，再经不断聚集长大为碳烟。柴油机烟粒一般可分为生成和长大两个阶段。

　　（1）烟粒生成阶段　燃油中烃分子在高温缺氧的条件下发生部分氧化和热裂解，生成各种不饱和烃类，如乙烯、乙炔及其他较高阶的同系物和多环芳烃。它们不断脱氢，聚合成以碳为主的直径为2nm左右的碳烟核心（晶核）。

　　（2）烟粒长大阶段　气相的烃和其他物质在这个晶核表面的凝聚，以及晶核相互碰撞发生的聚集，使碳烟粒子增大，成为直径20～30nm的碳烟基元。最后，碳烟基元经聚集作用堆积成粒度在1μm以下的链状或团絮状聚集物。

　　图2-6所示为碳氢化合物在燃烧器条件下，其预混合火焰中烟粒生成的温度与过量空气系数ϕ_a的关系（组成柴油的各种烃类生成烟粒的条件基本上也在这个范围内）。由该图可见，烟粒在极浓的混合气中生成，且在1600～1700K的温度范围内，烟粒生成比例达到最大值。

　　图2-7则表示在柴油机的燃烧过程中，生成烟粒和NO与温度及ϕ_a的关系，以及柴油机压缩上止点附近各种浓度的混合气在燃烧前后的温度。由该图可见，$\phi_a<0.5$的混合气在燃烧后必定产生烟粒。图的右上角是各种含量的混合气在各种温度下燃烧0.5ms后NO的体积分数。要使柴油机燃烧后的烟粒和NO都很少，ϕ_a应在0.6～0.9之间。在实际燃烧区内，当$\phi_a>0.9$时，NO的生成量增加；当$\phi_a<0.6$时，烟粒的生成量增加。这就是柴油机排气中，碳烟和NO的排放规律不同，而又存在互相矛盾的变化趋势（剪刀差）的原因。

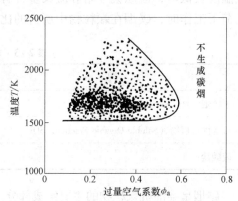

图2-6　碳氢燃料燃烧时烟粒生成的温度T与过量空气系数ϕ_a的关系

（区间内的密度，定性表示烟粒生成比例）

　　着火前（滞燃期），喷入气缸的燃油先和空气混合，然后才燃烧。这部分燃油的燃烧称为预混合燃烧。柴油机混合气在预混合燃烧中的状态变化如图2-8中的箭头所示。在预混合燃烧中，由于燃油分布得不均匀，既有碳烟的形成，也有NO_x的形成，只有很少一部分为0.6～0.9的燃油不产生碳烟和NO_x。过多的预混合燃烧会造成柴油机的压力升高率和燃烧噪声过高。

　　为降低柴油机排气污染物的排放和噪声，应减少预混合燃油，并尽可能将预混合燃油混合气的ϕ_a控制为0.6～0.9。这样就要求缩短滞燃期和控制滞燃期内的燃油喷射量。

　　着火以后，喷入气缸的燃油将扩散到空气或燃气中进行燃烧，这个阶段的燃烧称为扩散

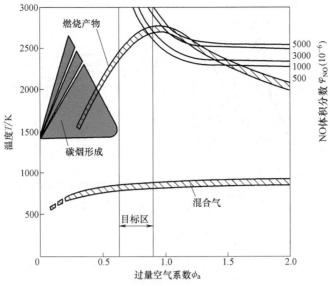

图 2 - 7　柴油机燃烧过程中碳烟与 NO 的形
成温度与过量空气系数 ϕ_a 的关系

（注：ϕ 为体积分数，下同）

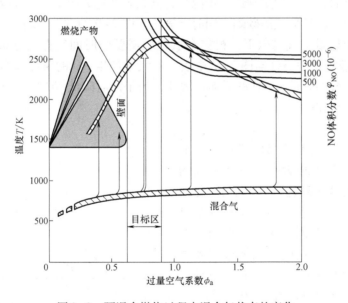

图 2 - 8　预混合燃烧过程中混合气状态的变化

燃烧。燃油和空气及燃气的混合气在扩散燃烧过程中的状态变化如图 2 - 9 中的箭头所示。图上的横坐标表示燃油和缸内混合气混合后的瞬时 ϕ_a，状态变化曲线上的数字表示燃油进入气缸时所直接接触的缸内混合气的过量空气系数。从图上可以看出，喷入 ϕ_a 低于 4.0 的混合气区的燃油都会产生碳烟。在温度低于碳烟形成温度的过浓混合气中，将形成不完全燃烧的液态 HC。

为减少扩散燃烧中碳烟的形成，应避免燃油与高温缺氧燃气的混合。强烈的气流运动及

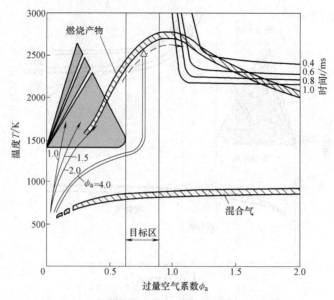

图 2-9　扩散燃烧过程中混合气状态的变化

燃油的高压喷射都有助于燃油和空气的混合。

燃油喷射结束后，燃气和空气进一步混合，其状态变化如图 2-9 中的虚线箭头所示。

在燃烧过程中，已经形成的碳烟也同时被氧化。图 2-9 的右上角表示直径为 $0.04\mu m$ 的碳烟在各种温度和过量空气系数下，被完全氧化所需要的时间。直径为 $0.04\mu m$ 的碳烟在 $0.4 \sim 1.0ms$ 之间被氧化的条件与图 2-7 中表示的大量产生 NO 的条件基本相同。加速碳烟氧化的措施，往往会同时带来 NO 的增加。因此，为了同时降低 NO 的排放，控制碳烟排放应着重控制碳烟的形成。

3. 烟粒的氧化

燃烧过程（主要是扩散燃烧期）中生成的碳烟是可燃的，其中很大一部分在燃烧的后续过程中会被烧掉（氧化）。碳烟的氧化速率与温度有着密切的关系，同时还和剩余氧及其在高温下的逗留时间有关。要求的最低温度为 $700 \sim 800℃$，故只能在燃烧过程和膨胀过程中进行，排放的碳烟是生成量与氧化量之差。碳烟的变化过程如图 2-10 所示。

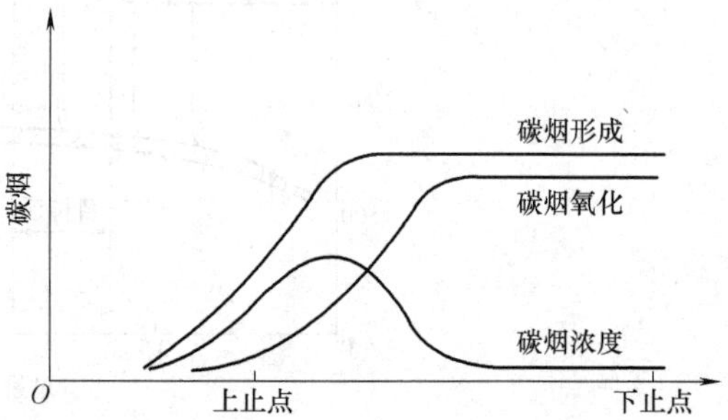

图 2-10　碳烟的变化过程

4. 可溶性有机物的吸附与凝结

柴油机 PM 生成过程的最后阶段，是组成 SOF 的重质有机化合物在燃气从气缸内排出并被空气稀释时，通过吸附和凝结向排气中的 DS 覆盖。若柴油机排气中未燃 HC 的含量高，则冷凝作用就强烈。当然，最容易凝结的是未燃燃油中的重馏分，已经热解但未在燃烧过程中消耗的不完全燃烧有机物，以及窜入燃烧室中的润滑油。

为了减少由润滑油造成的 PM 排放，应在保证发动机工作可靠性的前提下，尽可能降低润滑油的消耗。来自燃油的 SOF 与柴油机未燃 HC 的排放有关，减少 HC 的排放也会使 SOF

的排放量降低。但是，降低柴油机 PM 排放问题的核心是减少 DS 的生成，而由于 DS 生成的重要条件是燃料在高温下严重缺氧，所以，改善柴油机的油气混合均匀性，使燃烧室内任意一点的 ϕ_a 均大于 0.6，是降低 DS 排放量的最重要措施。

2.5　影响排放污染物生成的因素

2.5.1　影响汽油机排放污染物生成的因素

汽油机的设计和运行参数、燃料的制备、分配及成分等因素都与排气中污染物的排出量有很大的关系，为了减少汽油机排气中的有害排放物，必须了解这些因素对生成有害排放物的影响。

1. 混合气浓度和质量

混合气浓度和质量的优劣主要体现在燃油的雾化蒸发程度、混合气的均匀性、空燃比和缸内残余废气系数的大小等方面。汽油机中的有害排放物 CO、HC 和 NO_x 随 ϕ_a 的变化如图 2-11 所示。

CO 的排放量随混合气浓度的降低而降低，这是因为空气量的增加使氧气增多，燃料能充分地燃烧，从而使 CO 的排放量减少。HC 的排放量随空燃比的增大而下降，ϕ_a 超过 1 后，逐渐达到最低值；但当空燃比过稀（过大）时，因燃烧不稳定失火次数甚至会增多，导致 HC 的排放量又有所回升。从降低 CO 和 HC 排放量的角度来说，应避免在 $\phi_a<1$ 的区域内运转，但汽油机的最大功率

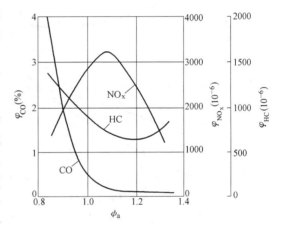

图 2-11　汽油机过量空气系数 ϕ_a 对有害排放物生成的影响

出现在 $\phi_a=0.8\sim0.9$ 的区间，怠速和冷起动时，ϕ_a 加浓到 0.8 或更低，因而又是难以避免的。

混合气的均匀性会影响 HC 的排放量，混合气均匀性越差，则 HC 排放得越多。废气相对过多会使火焰中心的形成与火焰的传播受阻甚至造成失火，致使 HC 的排放量增加。

由于 ϕ_a 既影响燃烧温度，又影响燃烧产物中氧的含量，所以其对 NO_x 的排放量影响很大。当 $\phi_a<1$ 时，由于缺氧，即使燃烧室内的温度很高，NO_x 的生成量仍会随着 ϕ_a 的降低而降低，此时氧含量起着决定性作用；但当 $\phi_a>1$ 时，NO_x 的生成量随温度的升高而迅速增加，此时温度起着决定性作用。由于燃烧室的最高温度通常出现在 $\phi_a\approx1.1$ 时，且此时也有适量的氧含量，因此 NO_x 的排放含量在此处出现峰值。如果 ϕ_a 进一步增大，温度下降的作用将占优势，则会导致 NO 的生成量减少。

2. 点火提前角

点火提前角对汽油机 HC 和 NO_x 排放量的影响如图 2-12 所示。当空燃比一定时，随点火提前角的推迟，NO_x 和 HC 的排放量同时降低，燃油消耗却有明显变化。这是因为，虽然

随着点火提前角相对于最佳点火提前角（MBT）的推迟，后燃加重，热效率变差，但点火提前角推迟会导致排气温度上升，使得在排气行程及排气管中 HC 的氧化反应加速，使最终排出的 HC 量减少。增大点火提前角使较大部分的燃料在压缩上止点前燃烧，增大了最高燃烧压力值，从而导致了较高的燃烧温度，并使已燃气在高温下停留的时间加长，这两个因素都将导致 NO 排放量的增加。因此，延迟点火和使用比理论混合气较浓或较稀的混合气都能使 NO 的排放量降低，但同时也会导致发动机的热效率降低，严重影响发动机的经济性、动力性和运转稳定性，因此应慎重对待。

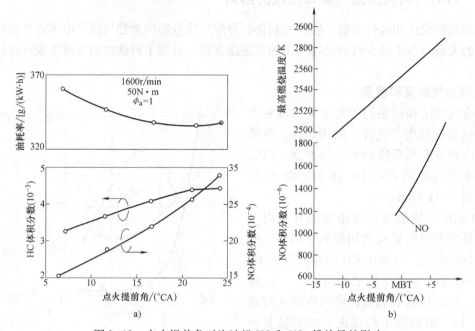

图 2-12 点火提前角对汽油机 HC 和 NO$_x$ 排放量的影响

3. 运转参数

（1）汽油机转速 汽油机转速 n 的变化将引起过量空气系数、点火提前角、混合气形成、空燃比、缸内气体流动、汽油机温度及排气在排气管内停留时间等的变化。转速对排放量的影响是这些变化的综合影响。一般当 n 增加时，缸内气体的流动增强，燃油的雾化质量及均匀性得到改善，湍流强度增大，燃烧室温度提高，这些都有利于改善燃烧状况，降低 CO 及 HC 的排放量。在汽油机怠速时，由于转速低、汽油雾化差、混合气很浓、残余废气系数较大，因此 CO 及 HC 的排放浓度较高。从排放控制的角度看，希望将发动机的怠速转速规定得高一些。图 2-13 表示了怠速转速与排气中 CO、HC 含量的关系。当怠速转速为 600r/min 时，CO 的含量为 1.4%；转速为 700r/min 时，含量降为 1% 左右。这说明提高怠速转速，可有效地降低排气中 CO 的含量。

转速 n 的变化对 NO 排放量的影响较复杂。在燃用稀混合气、点火时间不变的条件下，从点火到火焰核心形成的点火延迟时间受转速的影响较小，火焰传播的起始角则随转速的增加而推迟。虽然随着转速的增加，火焰传播速度也有所提高，但提高的幅度不如燃用浓混合气的大。因此，有部分燃料在膨胀行程压力及温度均较低的情况下燃烧，NO 的生成量减少。在燃用较浓的混合气时，火焰传播速度随转速的提高而提高，散热损失减少，缸内气体的温度升高，NO 的生成量增加。图 2-14 中的曲线是某汽油机在点火提前角为 30°CA、进气管内压力为 0.098MPa 的条件下得到的，可以看到，NO 的排放量随 n 的变化而改变，特征的转折点发生在理论空燃比附近。

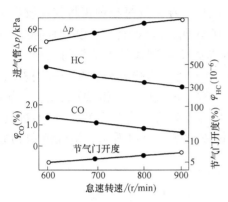

图 2-13　怠速转速对 CO 和 HC 排放量的影响

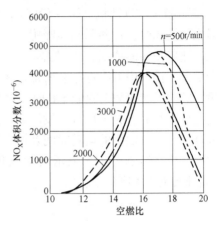

图 2-14　转速 n 的变化对 NO 排放量的影响

（2）汽油机负荷　如果维持混合气空燃比及转速不变，并将点火提前角调整到最佳点，则负荷增加对 HC 排放量将基本没有影响。因为负荷增加虽使缸内的压力及温度升高，激冷层变薄，以及 HC 在膨胀及排气行程的氧化加速，但压力升高也使缝隙容积中未燃烃的储存量增加，从而抵消了前者对 HC 排放量的有利影响。在上述条件下，负荷变化对 CO 的排放量基本上也没有影响，但对 NO 的排放量有影响，如图 2-15 所示。汽油机是采用节气门控制负荷的，负荷增加，进气量就增加，从而降低了残余废气的稀释作用，使火焰传播速度得到了提高，缸内温度提高，排放增加。这一点在混合气较稀时更为明显。当混合气过浓时，由于氧气不足，负荷对 NO_x 排放量的影响不大。

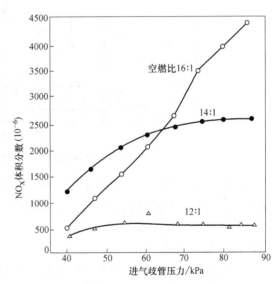

图 2-15　负荷变化对 NO 排放量的影响

（转速 2000r/min，点火提前角 30°CA）

（3）汽油机冷却水及燃烧室壁面温度　燃烧室壁面温度直接影响激冷层的厚度和 HC 排气后的反应。提高汽油机冷却水及燃烧室壁面温度，可降低缝隙容积中储存的 HC 含量，减少激冷层的厚度，进而减少 HC 的排放。同时，还可改善燃油的蒸发、混合和雾化，提高燃烧质量。据研究，壁面温度每升高 1℃，HC 的排放含量（体积分数）相应降低 0.63×10^{-6} ~ 1.04×10^{-6}。因此，提高冷却介质的温度有利于减弱壁面激冷效应，降低 HC 的排放量。另外，冷却水及燃烧室壁面温度的提高也使燃烧最高温度增加，从而使 NO 的排放量随之增加。

（4）排气背压　当排气管装上催化转化器后，排气背压必然受到影响。试验表明，排气背压增加,排气留在缸内的废气将增多,其中的未燃烃会在下一循环中烧掉,因此排气中的 HC 含量将降低。然而,如果排气背压过大,则留在缸内的废气过多,稀释了混合气,使燃烧恶化,排出的 HC 反而会增加。

(5) 积炭 汽油机运转一段时间之后,会在活塞顶部、燃烧室壁面和进气门、排气门上形成多孔积炭,这些积炭能吸附未燃混合气和燃料蒸气,在排气过程中再将其释放出来。因此,随着积炭的增加,HC 的排放量将增加。图 2-16 表明,随着汽油机运转时间的增加,积炭增多,排气中 HC 的含量增加。图中的曲线 1 和曲线 2 分别表示当节气门全开、$\phi_a = 0.89$、发动机转速为 1200r/min 时,排气中 HC 和 CO 的变化;曲线 3 和曲线 4 分别表示当节气门部分开启、$\phi_a = 1.01$、发动机转速为 2000r/min 时,排气中 HC 和 CO 的变化。从图中可以看出,汽油机的运转时间及沉积物的厚度对 HC 排放量的影响大,而对 CO 的排放量几乎没有什么影响。点 5 表示清除沉积物后 HC 的排放数值,可以看出,清除沉积物后,HC 的排放量大大降低了。

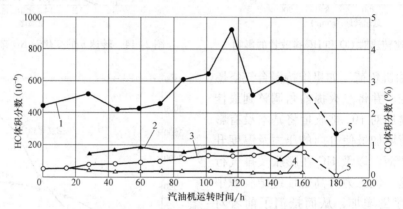

图 2-16 汽油机运转时间对 HC 和 CO 排放量的影响

随着积炭的增加,发动机的实际压缩比也随之增加,导致最高燃烧温度升高,NO 的排放量增加。汽油机在高负荷下运行时,积炭成了表面点火的点火源,除了使 NO 的排放量增加外,还有可能使机件烧蚀。

4. 燃烧室面容比

燃烧室面容比增大,单位容积的激冷面积也随之增大,激冷层中的未燃烃总量必然也增大。因此,降低燃烧室面容比是降低汽油机 HC 排放量的一项重要措施。

5. 环境的影响

(1) 进气温度的影响 一般情况下,冬天气温可达 -20℃ 以下,夏天气温在 30℃ 以上,而汽车爬坡时发动机罩内的进气温度超过 80℃。随着环境温度的上升,空气密度将变小,而汽油的密度几乎不变,因此,可燃混合气的空燃比随吸入空气温度的上升而增大,排出的 CO 将增多。因此,发动机排放情况在冬天和夏天有很大的不同。图 2-17 所示为一定运转条件下,进气温度与空燃比的关系。

(2) 大气压力的影响 大气压力 p 随海拔高度的变化而变化,其经验公式为

$$p = p_0(1 - 0.02257h)^{5.256} \qquad (2-7)$$

式中 h——海拔高度(km)。

当海平面 $p_0 = 101.3$kPa 时,海拔高度与大气压力变化关系的曲线如图 2-18 所示。当忽

略空气中饱和水蒸气压时，空气密度 ρ（kg/m³）可用下式表示

$$\rho = 1.293 \times \frac{273}{\text{实际绝对温度}} \times \frac{\text{实际压力}}{\text{标准物理大气压}}$$

$$= 1.293 \times \frac{273p}{(273 + T) \times 101.3} \tag{2-8}$$

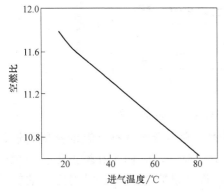

图 2-17　进气温度与空燃比的关系

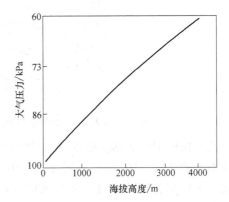

图 2-18　海拔高度与大气压力的关系

可以认为空气密度 ρ 与大气压力 p 成正比，所以当进气管压力降低时，空气密度下降，则空燃比下降，CO 的排放量将增大，NO_x 的排放量减少。

（3）大气湿度的影响　大气湿度对 NO_x 排放量的影响特别大，因此在排放试验规范中应使用湿度修正系数。大气湿度对排放特性的影响可以从下面两个方面考虑：第一，大气湿度的变化使空燃比的变化超过了反馈控制区域；第二，随着大气湿度的增加，燃烧室内气体的热容量增大，最高燃烧温度降低。空燃比随大气湿度变化的关系式为

$$\text{空燃比} = \frac{V_a(1 - H_m)\rho}{m_F} \tag{2-9}$$

式中　V_a——发动机吸入的空气量（m³）；

ρ——空气的密度（kg/m³）；

m_F——燃料消耗量（kg）；

H_m——绝对湿度。

可见随绝对湿度的增大，空燃比减小。大气湿度增大后，水分带走了燃烧放出的热量，使最高燃烧温度降低，NO_x 的排放量减少。

2.5.2　影响柴油机排放污染物生成的因素

1. 过量空气系数

过量空气系数 ϕ_a 对柴油机排放污染物的影响如图 2-19 所示。柴油机总是在 $\phi_a > 1$ 的稀混合气条件下运转，因此 CO 的排放量一般比汽油机低得多，只有在高负荷时（$\phi_a < 1.5$）才开始急剧增加。但柴油机的特征是燃料与空气混合不均匀，其燃烧空间总有局部缺氧和低温的地方，而且反应物在燃烧区停留的时间较短，不足以彻底完成燃烧过程而生成 CO 并排放，这就可以解释图 2-19 中在小负荷时尽管 ϕ_a 很大，CO 排放量反而上升，尤其是在高速运转时这一现象更明显。

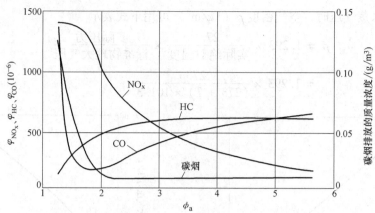

图 2 - 19　柴油机排放污染物与过量空气系数 ϕ_a 的关系

柴油机的 HC 排放量随 ϕ_a 的增加而增加。ϕ_a 增大，则混合气变稀，燃油不能自燃，或者火焰不能传播，HC 排放量增加。在中小负荷条件下（$\phi_a > 2$），由于在燃油喷雾边缘区域形成了过稀混合气及缸内温度过低的原因，造成 HC 排放量略有上升，但仍比汽油机低得多。所以，在怠速或小负荷工况时，HC 排放量高于全负荷工况。缸内缺火会引起大量的 HC 排放，柴油机冷起动期间会发生缺火现象，排气将冒白烟，它基本上是由颗粒状的未燃柴油构成的。

NO_x 的生成主要受到氧气含量、燃烧温度及燃烧产物在高温中的停留时间的影响。对柴油机而言，小负荷时，ϕ_a 增加，混合气中有较充足的氧气，但燃烧室内的温度较低，故 NO_x 的排放量也较低；当 $\phi_a < 1.5$ 时，燃烧室内气体的温度升高，但混合气的氧含量降低，这又抑制了 NO_x 的生成。

柴油机中碳烟排放质量浓度随 ϕ_a 的变化也在图 2 - 19 中示出。尽管在碳烟的生成机理中已讨论过，$\phi_a > 0.6$ 的区域理论上不应产生碳烟，但由于柴油机混合气浓度分布得极不均匀，局部缺氧使得当 $\phi_a \leq 2$ 时，碳烟急剧增多。加强混合可以改善局部缺氧状况，使冒烟极限向化学当量比 $\phi_a = 1$ 靠近。

2. 进气涡流

适当增加燃烧室内空气涡流的强度，可使油滴蒸发速度加快，空气卷入量增多，从而改善燃油与空气的混合，提高混合气的均匀性，改善混合气的品质，以减少碳烟排放量。另外，涡流能加速燃烧，使气缸内的最高燃烧压力和温度提高，这些有利于未燃烃的氧化，可提高燃油经济性，降低 CO 排放量。但若空气涡流过强，则相邻喷注之间将互相重叠和干扰，使混合气过浓或过稀的现象更加严重，反而会使 HC 排放量增加。另外，随着缸内空气涡流的加速及燃烧的加快，NO_x 排放量也可能增加。

3. 转速和负荷

（1）对柴油机 CO、HC、NO_x 排放量的影响　柴油机转速的变化会使与燃烧有关的气体流动、燃油雾化与混合气质量发生变化，而这些变化对 NO_x 及 HC 的排放量都会产生影响。不过，转速变化对直喷式柴油机 NO 及 HC 排放量的影响不明显。图 2 - 20 所示为 6135 型低增压柴油机转速对排放物的影响。试验是在平均有效压力为 0.75MPa、喷油提前角比正常推迟 10°CA 的条件下进行的，可见，转速变化时 NO_x 及 HC 排放量的变化不大。

转速变化对 CO 排放量的影响较大。由图 2 - 20 可知，CO 排放量在某一转速时最低，而在低速及高速时都较高。柴油机在高速运行时，其过量空气系数较低，在很短的时间内要组织良好的混合气及燃烧过程较为困难，燃烧不易完善，故 CO 的排放量高。而在低速特别是怠速空转时，由于缸内温度低，喷油速率不高，燃料雾化差，燃烧不完善，故 CO 的排放量也较高。

在小负荷时，由于喷油量少，缸内气体的温度低，氧化作用弱，因此 CO 的排放浓度高。随着负荷增加，气体温度升高，氧化作用增强，可使 CO 的排放量减少。当大负荷或全负荷时，由于氧浓度变低和喷油后期的供油量增加，反应时间短，使 CO 的排放量又增加。

HC 排放量随负荷的增加而减少。在怠速和小负荷时，喷油量小，可以假定燃油喷注达不到壁面，且喷注核心燃料的浓度也小。这时由燃料燃烧引起的该区局部温度的上升是很小的，因而

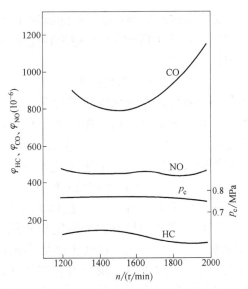

图 2-20   6135 型低增压柴油机
转速对排放物的影响

反应速率慢。随着燃油分子向包围该区的空气中扩散，由于其浓度很低，使得燃油的氧化反应变弱。因此，在怠速和小负荷时，HC 的排放浓度是最高的。随着负荷的增加，燃烧温度升高，氧化反应的速度随着温度的升高加快，结果是使 HC 的排放量减少。涡轮增压柴油机的缸内温度比非增压机更高些，故随着负荷的增加，其 HC 排放量更低些。

柴油机的 NO_x 排放量与负荷和转速的关系如图 2-21 所示。由图可知，NO_x 的排放量随负荷的增大而显著增加，这是由随着负荷的增大，可燃混合气的平均空燃比减小，使燃烧压力和温度提高所致。但当负荷超过某一限度时，NO_x 的体积分数反而下降，这是因为燃烧室中氧相对缺少而导致燃烧恶化，温度升高的效果被氧含量的相对减少所抵消，甚至有余。此情形在超负荷运转时更为明显。

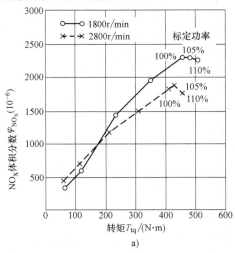

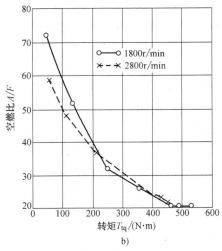

图 2-21   柴油机不同负荷下的 NO_x 排放量和对应的空燃比

（直喷式自然吸气车用柴油机，$6 \times 102mm \times 118mm$，$\varepsilon_c = 16.5$）

柴油机转速对 NO_x 排放量的影响比负荷的影响小。对于非增压柴油机，一般最大转矩转速下 NO_x 的体积分数大于标定转速下的值，其原因主要是在低转速下，NO_x 的生成反应占用较多的时间。

（2）对柴油机颗粒物排放量的影响　图 2-22 所示为柴油机的颗粒物排放量与负荷和转速的关系。由该图可以看出，在高速小负荷时，单位油耗的颗粒物排放量较大，且随负荷的增加，颗粒物排放量减小；在低速大负荷时，颗粒物排放量又由于燃空比的增加而有所升高。

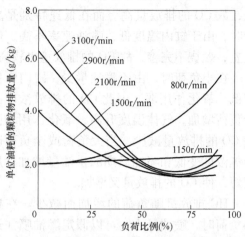

图 2-22　负荷与转速对颗粒物排放量的影响

颗粒物排放量随负荷有这样的变化趋势，是由于小负荷时的燃空比和温度均较低，气缸内稀薄混合气区较大，且处于燃烧界限之外而不能燃烧，形成了冷凝聚合的有利条件，从而有较多颗粒物（主要成分是未燃燃油成分和部分氧化反应产物）生成；在大负荷时，燃空比和温度均较高，形成了裂解和脱氢的有利条件，使颗粒物（主要成分是碳烟）排放量又有所升高；在接近全负荷时，颗粒物排放量急剧增加（接近冒烟界限），这时虽然总体的 ϕ_a 尚大于 1，但由于燃烧室内的可燃混合气不均匀，局部会过浓，导致颗粒物大量生成。

颗粒物排放量与转速之所以有这样的变化关系，是由于小负荷时温度低，以未燃油滴为主的颗粒物的氧化作用微弱；当转速升高时，这种氧化作用又受到时间因素的制约，故颗粒物排放量随转速的升高而增加；在大负荷时，转速的升高有利于气流运动的加强，使燃烧速度加快，对碳烟颗粒物在高温条件下与空气混合氧化起到促进作用，故以碳烟为主的颗粒物排放量随转速的升高而减小。如仅考虑碳烟排放，对车速适应性好的柴油机而言，其峰值浓度往往出现在低速大负荷区。

4. 喷油参数

（1）喷油提前角　图 2-23 表示现代车用柴油机的喷油提前角（θ_{inj}）在上止点前 8°CA 到后 4°CA 的范围内变化时，柴油机性能和排放的变化趋势。

喷油提前角对柴油机 NO_x、碳烟、HC 排放量的影响较大。推迟喷油可使最高燃烧温度和压力下降，燃烧变得柔和，NO_x 的生成量减少。所以，推迟喷油是降低柴油机 NO_x 排放量最简单易行且十分有效的办法。由图可见，喷油推迟 2°CA 就能使 NO_x 的排放量下降约 20%，但同时会导致燃油消耗率 b_e 上

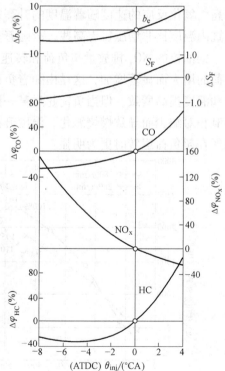

图 2-23　车用柴油机燃油消耗率 b_e，排气烟度 S_F，气体 CO、HC、NO_x 排放随 θ_{inj} 的变化趋势

升5%左右。与此同时，CO、HC的排放
量上升，排气温度和烟度也上升。所以，
利用推迟喷油的方式降低NO_x排放量的
同时，必须优化燃烧过程，以加速燃烧，
并使燃烧更完全。

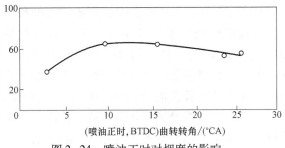

图2-24　喷油正时对烟度的影响

在直喷式柴油机中，当所有其他参数
不变时，提前喷油或非常迟的喷油，可以
降低排气烟度，如图2-24所示。

提前喷油使排烟下降的原因是：滞燃期随喷油提前角的加大而延长，使着火前的喷油量
较多，燃烧温度较高，燃烧过程结束得较早，从而使排气烟度下降。但喷油提前会使燃烧噪
声和柴油机的机械负荷和热负荷加大，还会引起NO_x排放量的增加。

非常迟的喷油使排烟下降的原因是：这种喷油正时发生于最小滞燃期之后，由于扩散火
焰大部分发生在膨胀过程中，火焰温度较低，从而使碳烟的生成速率降低。

（2）喷油压力　提高喷油压力，改善燃油雾化（减小油雾的平均直径），能促进燃油与
空气的混合，改善油气混合的均匀性，从而减少烟粒的生成。试验证明，不论柴油机的转速
高低、负荷大小，烟粒排放均随最大喷油压力的提高而降低。应注意，在较高的转速和较大
负荷（较大循环供油量）下，同样的喷油装置有较高的喷油压力。采用较高的喷油压力还
可使柴油机具有较高的排气再循环率（EGR率）。增大EGR率可降低NO_x的排放量，但也
往往会导致烟粒和HC排放量的上升。从图2-25可看出，当喷油压力p_{inj}从42MPa提高到
82MPa时，烟粒（S_F）排放量可下降一半以上，HC排放量下降1/3左右。

（3）喷油规律　在喷油正时、喷油持续角、循环供油量、涡流比和发动机转速不变的
条件下，直喷式柴油机的喷油规律对NO和碳烟排放量的影响如图2-26所示。当大部分燃
油在前段时间内喷入气缸时，参与预混燃烧的油量增多，故排烟含量低而NO含量高；反
之，当大部分燃油在后半段时间喷入气缸时，参与扩散燃烧的油量增多，故排烟含量高而
NO含量低。在提高初始喷油速率的前提下，如能减小喷油持续角，则可使燃烧过程较快结
束，从而改善碳烟排放。

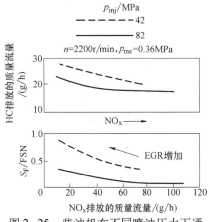

图2-25　柴油机在不同喷油压力下通
过EGR得出的烟度S_F和HC排放
量与NO_x排放量的关系

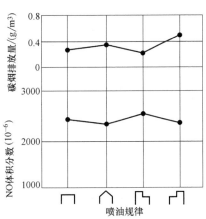

图2-26　直喷式柴油机喷油规律对NO
和碳烟排放量的影响

（喷油提前角为17°BTDC，$n=1250$r/min
涡流比为3.5，喷油持续角为25°）

图2-27表示柴油机燃烧放热规律的两种模式：传统放热规律模式（虚线）和低排放放热规律模式（实线）。图中的 $dx_c/d\theta$ 为放热率，x_c 为燃料已燃质量分数。传统放热模式在压缩上止点前即由于不可控预混合燃烧而出现一个很高的放热率尖峰，接着是由于扩散燃烧造成的一个平缓的放热率峰。前者导致了大量 NO 的生成；后者（缓慢拖拉的燃烧）则导致了柴油机热效率的恶化，以及 PM 排放量的增加。低排放放热模式一般在上止点后才开始放热，第一峰值较低，使 NO_x 生成得较少；中期扩散燃烧尽可能加速，使燃烧过程提前结束，不仅提高了热效率，也能降低 PM 的排放量。

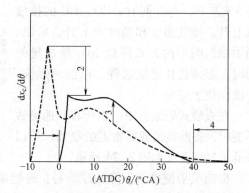

图2-27 传统柴油机的传统放热规律（虚线）
与低排放放热规律（实线）

1——推迟燃烧始点，降低 NO_x 排放

2——降低初始燃烧温度减少 NO_x 生成

3——维持中期快速燃烧和燃烧温度，降低 PM 排放

4——缩短扩散燃烧期，降低燃油消耗率、
排气温度和 PM 排放

5. 增压

增压后进气中氧含量的提高使燃烧室中火焰的温度提高，可以降低碳烟排放量，但 NO_x 排放量会增加。增压后空气温度可达 100～150℃，也使最高燃烧温度相应提高。若对增压空气进行中间冷却而降低缸内充量温度，可以缓和这种趋势。对于增压柴油机中 NO_x 排放量的增加，一般可利用推迟喷油的办法加以补偿。

第3章　汽油机机内净化技术

3.1　概述

按供油系统的不同，汽油机分为化油器式和电控喷射式两类。从2002年起，我国已经禁止销售化油器汽车，此后所有车型都改用电控喷射式发动机。

电控喷射式发动机分为进气道喷射和缸内直接喷射（缸内直喷）两种方式。进气道喷射电控系统根据实时监测的发动机进气流量和转速变化等参数，调整供油量与点火时间，因此可以在发动机动力输出、燃油经济性与废气排放等方面取得很好的平衡，同时可以增加发动机进气量，提高燃烧效率。发动机从早期的单点喷射，演化至多点喷射，气门数量从最初的两个增加至四个或五个，人们还开发了可变气门技术的电喷发动机。

进气道电控喷射系统的最大优点是燃油供给控制得十分精确，发动机在任何状态下都能有合适的空燃比，而且油、气混合时间充足，形成的可燃混合气比较均匀，从而能保证发动机的正常运行，具有较低的废气排放量。然而，电控喷射会受到进气门周期性开关的影响而产生延迟，从而影响对喷射时间的控制。

缸内直喷技术解决了这一问题。与进气道喷射发动机相比，缸内直喷发动机的喷油嘴被移到了气缸内部，因此缸内燃油的喷射量不受进气门开关的影响，而是由电控系统自动决定喷油时刻与喷油量，进气门仅仅提供所需的进气时刻与空气量，燃油与空气在进入气缸后才进行混合燃烧。由于油与气的混合空间小，时间相当短暂，因此，缸内直喷系统必须依靠高压将燃油从喷油器喷入气缸，以达到高度雾化的效果，从而更好地使油气混合。

缸内直喷式发动机的压缩比越大，其动力表现越强大，相应的节能效果越明显。此外，缸内直喷系统的燃烧室、活塞也大多具有特殊的导流槽，以保证油、气在进入燃烧室后能够产生气旋涡流，从而提高混合油气的雾化效果与燃烧效率。一般而言，缸内直喷技术的发动机要比同排量的进气道多点喷射发动机的峰值功率提升10%～15%，其峰值转矩能提升5%～10%。这种程度的提升，可谓是一种质变，单靠增加气门数量是难以达到这一效果的。

3.1.1　汽油机的燃烧过程

汽油机的燃烧是将燃料的化学能转变为热能的过程。如何组织充入气缸内可燃混合气的燃烧过程，以及可燃混合气燃烧的完全程度，将直接影响热量产生的多少、废气排出的成分，并关系到热量的利用程度。所以，燃烧过程是影响发动机动力性、经济性和排气特性的主要过程，同时与发动机的振动、噪声、起动性能和使用寿命也有重大关系。

对汽油机燃烧过程进行分析时，经常使用的方法是测取燃烧过程的示功图。示功图是表示气缸压力随曲轴转角变化的曲线，它反映了燃烧过程的综合效应。汽油机典型的示功图如图3-1所示。为了方便分析，按照气缸压力变化特点，将燃烧过程分成三个阶段：滞燃期、主燃期和后燃期。

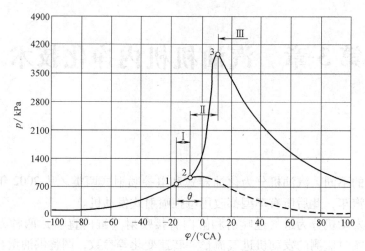

图 3 - 1　汽油机典型示功图

Ⅰ—滞燃期　Ⅱ—主燃期　Ⅲ—后燃期　θ—点火提前角
1—火花塞跳火　2—形成火焰中心　3—最高压力点

1. 滞燃期 Ⅰ（图中 1 - 2 段）

从火花塞开始点火（点 1）至气缸压力明显脱离压缩线而急剧上升（点 2）的时间或曲轴转角称为滞燃期。一般把点 2 当做形成火焰中心的时刻或曲轴转角。火花塞从跳火瞬时到活塞行至上止点时所转过的曲轴转角称为点火提前角（θ），它对发动机的动力性、经济性和排放性能影响极大。

这一时期主要进行物理、化学准备，约占全部燃烧时间的 15%。由于可燃混合气存在点火延迟，必须使点火提前在上止点前进行，使缸内压力在上止点附近达到最大值。

滞燃期的长短与混合气成分、开始点火时的缸内气体温度和压力、缸内气体流动、火花能量及残余废气系数等因素有关。对应每一循环都可能有变动，滞燃期的最大值有时可达到最小值的数倍，一般应尽量缩短点火延迟期，并保持各循环的稳定。

2. 主燃期 Ⅱ（图中 2 - 3 段）

从形成火焰中心到火焰传遍整个燃烧室，约 90% 的燃料被烧掉，示功图上指压力达到最高点 3 为止。在均质混合气中，当火焰中心形成之后，火焰向四周传播，形成一个近似球面的火焰层，即火焰前锋。从火焰中心开始层层向四周的未燃混合气传播，直到连续不断的火焰前锋扫过整个燃烧室为止。

因为绝大部分燃料在这一阶段燃烧，此时活塞又靠近上止点，所以燃料燃烧放出的热能使气缸压力和温度迅速上升。一般用压力升高率 $dp/d\varphi$ 表示发动机的工作粗暴度，其取值范围为 $dp/d\varphi = 0.2 \sim 0.4 MPa/(°CA)$，平均压力上升速度 $\Delta p/\Delta \varphi$ 表征压力变化的速度，可用下式表示

$$\frac{\Delta p}{\Delta \varphi} = \frac{p_3 - p_2}{\varphi_3 - \varphi_2} \tag{3-1}$$

主燃期是汽油燃烧的主要时期，主燃期越短，最高压力点 3 越靠近上止点，对汽油机的经济性和动力性越有利。但可能导致压力升高率 $dp/d\varphi$ 过高，而使发动机的噪声和振动变大，工作粗暴，对废气排放也不利。

如果最高燃烧压力点3达到的时间过早，则活塞距离上止点的距离过大，将导致压缩行程中的负功增加，压力升高率和最高燃烧压力过大；如果点3到达的时间过迟，则活塞离开上止点后的距离过大，将导致膨胀比减小，同时使传热表面积增加，也不利于发动机热效率的提高。点3的位置可通过点火提前角进行调整。

一般主燃期约占20°~40°CA，燃烧最高压力出现在上止点后12°~15°CA，整个燃烧持续期为40°~60°CA。

3. 后燃期Ⅲ（图中点3以后）

后燃期是指主燃期以后的燃烧，主要是火焰前锋过后未燃烧燃料的继续燃烧、附着在气缸壁上未燃混合气层部分的燃烧，以及高温分解的燃烧产物（H_2、CO等）重新氧化等。这时的燃烧已经远离上止点，燃烧条件差，混合气的燃烧速度已开始降低，缸内压力开始下降，燃烧放热量得不到充分利用，热功转换效率明显降低，大部分热量仅以增加发动机热负荷的形式释放，排气温度高，因此后燃期应尽量缩短。

汽油发动机的理想燃烧是指可燃混合气完全燃烧，汽车的排放物应为二氧化碳、氮气和水。但汽油发动机在实际工作过程中，其混合气的燃烧往往是不完全的，燃烧生成物还包括碳氢化合物、一氧化碳、氮氧化物、铅化物及二氧化硫等，这几种排放物会对大气环境造成污染，对人体造成危害。

3.1.2　影响汽油机燃烧的因素

1. 影响滞燃期长短的因素

（1）点火时刻气缸内气体的压力和温度　火花塞电极击穿而产生火花时所需要的电压称为击穿电压。点火系统产生的次级电压必须高于击穿电压，这样才能使火花塞跳火。气缸内混合气体的压力越大，温度越低，击穿电压就越高，火花塞越不容易跳火，滞燃期越长；火花塞电极的温度越高，电极周围的气体密度越小，即压力越低，则击穿电压越低，火花塞越容易跳火，滞燃期越短。

（2）残余废气量　当排气行程结束后，燃烧室中仍留有一定容积的废气无法排出，这部分废气称为残余废气。进气行程开始时，受到气缸内残余废气的冲淡作用，混合气的燃烧速度大大下降，从而使滞燃期增长，并且容易出现发动机动力不足的现象。但残余废气量越多，废气对新气的加热作用越强，也会使进气终点的温度升高。调节排气门关闭正时，适当增大缸内残余废气量，可显著改善起动过程初始点火循环的点火燃烧性能，提高起动过程中缸内燃烧的稳定性，因而又可缩短滞燃期。因此，可以根据发动机的工况要求，调整残余废气量，从而提高发动机的性能。

（3）气缸内混合气的运动状态　对于常规的燃烧室，气缸内混合气的运动强，滞燃期稍有增加。对于分层燃烧室，由于其合理地组织了气缸内混合气的分布，使火花塞的周围有较浓的混合气，而燃烧室内的大部分区域则具有很稀的混合气，这样可确保正常点火和燃烧，因此缩短了滞燃期，扩展了稀燃失火极限，并可提高经济性和减少排放量。

（4）火花能量　火花能量越大，越容易点燃可燃混合气，从而使滞燃期缩短；但火花能量过大时，容易造成火花塞电极的烧蚀，缩短火花塞的使用寿命，甚至会引发早燃爆燃，使发动机功率下降，机件受损；过小的火花能量则不易点燃可燃混合气，导致滞燃期增长，发动机的燃烧状况恶化，从而会降低发动机的动力性和经济性，而且使发动机的起动性能变差。

当其他条件不变时，加大点火能量只是提高了较浓或较稀混合气成功点火的概率，对于急速、低速更有利。在点火能量达到一定值后，其大小不会影响发动机功率或燃烧速度。

（5）过量空气系数 ϕ_a　过量空气系数对滞燃期的影响比较复杂，若混合气过浓或过稀，在电火花放电以后，并不能形成火焰中心及产生火焰传播，都会使滞燃期增长。根据过量空气系数的不同，混合气可分为以下类型：

1）功率混合气（$\phi_a = 0.85 \sim 0.95$）。火焰传播速度最快。

2）经济混合气（$\phi_a = 1.05 \sim 1.15$）。火焰传播速度仍较快，且此时空气相对充足，燃油能完全燃烧，热效率最高。

3）火焰传播下限（$\phi_a = 1.3 \sim 1.4$）。燃料分子之间的距离将增大到使混合气的火焰不能传播的程度，以致发动机不能稳定运转。

4）火焰传播上限（$\phi_a = 0.4 \sim 0.5$）。由于燃烧过程中严重缺氧，也将使火焰不能传播。一般认为当 $\phi_a = 0.8 \sim 0.9$ 时，滞燃期最短。

2. 影响主燃期的因素

（1）火焰传播速度　火焰传播速度是指火焰前锋沿其法线方向相对于未燃可燃混合气的推进速度，它表征了燃烧过程中的火焰前锋在空间内的移动速度。火焰传播速度实质上表示了单位时间内在火焰前锋单位面积上所烧掉的可燃混合气数量，为了提高燃烧室的燃烧热强度（以减小燃烧室的尺寸），必须尽可能地提高火焰传播速度。

（2）火花塞位置　火花塞在气缸盖上的位置不同，火焰传播距离和燃烧速度的变化率也不同，从而影响汽油机的主燃烧期，以致影响汽油机的工作性能。为此，确定火花塞位置时，为了缩短火焰传播距离，火花塞一般布置在燃烧室的中央，这样还可以确保火焰传播距离相等，使燃烧更均匀，降低了爆燃的可能性，为此，也可以设计两个火花塞起这一作用。但如果压缩比较大，为避免爆燃，火花塞应布置在排气门附近，这主要是考虑到排气门附近的温度较高，混合气容易在火焰未达到前燃烧。

同时，为了减少各循环之间的燃烧变动，保证暖机和低速稳定性，可把火花塞布置在进、排气门之间。这样便于利用新鲜混合气扫除火花塞周围的残余废气，使混合气易于点燃，还应控制气流的强度，避免吹散火花。

（3）燃烧室的形式　燃烧室的容积分布情况反映了混合气体的分布情况，决定了燃烧的放热规律、压力上升速度及工作稳定性等。燃烧室的容积分布应配合火花塞的位置考虑，最有利的分布是使燃烧过程初期压力的升高率较小，发动机工作柔和；中期放热量最多，以获得较大的循环功；后期补燃较小，具有高的热效率。

（4）点火提前角　发动机工作时，点火时刻对其工作和性能有很大的影响。混合气的燃烧有一定的速度，即从火花塞跳火到气缸内的可燃混合气完全燃烧是需要一定时间的。虽然这段时间很短，不过千分之几秒，但由于发动机的转速很高，因此，在这样短的时间内，曲轴却转过了较大的角度。若恰好在活塞到达上止点时点火，则当混合气开始燃烧时，活塞已开始向下运动，使气缸容积增大，燃烧压力降低，发动机功率下降。因此，应提前点火，即在活塞到达压缩行程上止点之前火花塞跳火，使燃烧室内的气体压力在活塞到达压缩行程上止点后 $12° \sim 15°CA$ 时达到最大值。这样，混合气燃烧时产生的热量在膨胀行程中才能得到最有效的利用，从而可以提高发动机的性能。但是，若点火过早，则当活塞还在向上止点移动时，气缸内的压力就已达到很大的数值，这时气体压力作用的方向与活塞运动的方向相反，活塞向上运动需要克服很大的气体压力做负功，因此发动机有效功减小，发动机功率也将下降。

图 3-2 所示为在发动机转速、转矩及燃料成分不变的情况下，缸内压力随点火提前角变化的关系图。可以看出，缸内最大爆发压力随着点火提前角的增大而逐渐升高，最大爆发压力对应的曲轴转角也随着点火提前角的增加而逐渐前移。其原因是当点火提前角增大时，点火较早，形成的可燃混合气较多，造成主燃期中的压力急剧上升，缸内最高爆发压力点提前，缸内最高爆发压力值增大。相反，当点火提前角较小时，点火较晚，主燃期中缸内压力上升得相对较慢，缸内最高爆发压力点滞后，缸内最高爆发压力值较小。

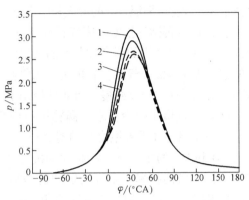

图 3-2　点火提前角对缸内压力的影响
1、2、3、4—31°CA、28°CA、
25°CA、22°CA 的点火提前角

能使发动机获得最佳动力性、经济性和排放特性的点火提前角，称为最佳点火提前角。不同发动机的最佳点火提前角各不相同，同一发动机在不同工况和使用条件下的最佳点火提前角也不相同。使用中随发动机工况的变化，最佳点火提前角相应发生改变。因此，必须根据使用情况及时调整点火提前角。

3. 影响后燃期的因素

（1）火焰前锋过后的未燃燃料　这部分燃料在膨胀过程中温度下降又重新燃烧、放热，由于活塞下行，压力降低，散热面积增大，后燃期内燃烧放出的热量不能有效地转变为功；同时排气温度增加，热效率下降，从而影响了发动机的动力性和经济性。如果这部分燃料进入排气管内才开始燃烧，则排气温度升高，甚至会烧坏催化器。

（2）附着在气缸壁上的未燃混合气层燃料　在火焰传播过程中，燃烧室壁对火焰具有熄火作用，即紧靠壁面附近的火焰不能传播。这样，熄火区内将存在大量未燃烧的烃，它是汽油机排气中 HC 的主要来源之一。气缸壁熄火是由链反应中断或冷缸壁使接近缸壁的气体冷却而造成的，附着在气缸壁上未燃混合气层燃料包括狭缝容积、壁面油膜和积炭层释放的燃料。

（3）燃烧产物高温热解的复合反应放热　由于汽油机的燃烧温度高，燃烧产物 CO_2 和 H_2O 的热分解现象严重，产生的 H_2、O_2 及 CO 在后燃期内，会因温度降低而重新燃烧生成 CO_2 和 H_2O，并放出热量。

3.1.3　汽油机机内净化的主要技术措施

机内净化技术是指在保证发动机工作性能的前提下，从有害排放物的生成机理及影响因素出发，以改进发动机的燃烧过程为核心，来达到减少和抑制污染物生成的各种技术。机内净化是治理汽油机排放污染物的治本措施，主要包括以下几个方面：

（1）汽油喷射电控系统　汽油喷射电控系统利用各种传感器检测发动机的各种状态，经过微机判断和计算，来控制发动机在不同工况下的喷油时刻、喷油量、点火提前角等，使发动机在不同工况下都能获得具有合适空燃比的混合气，提高燃油的燃烧效率，从而达到降低汽油机污染物排放量的目的。

（2）低排放燃烧技术　低排放燃烧技术主要是依靠稀薄燃烧技术、分层燃烧技术和汽油直喷技术等来改善可燃混合气的形成和燃烧条件，从而大幅度地降低 CO、HC 和 NO_x 的排放量。

（3）废气再循环技术　废气再循环（EGR）技术是指在保证发动机动力性不明显降低的前提下，根据发动机的温度和负荷的大小将发动机排出的一部分废气再送回进气管，使其与新鲜的空气或新鲜混合气混合后再次进入气缸参加燃烧。这种方式使得混合气中氧的浓度降低，从而使燃烧反应的速度减慢，有效地控制了燃烧过程中 NO_x 的生成，降低了 NO_x 的排放量。

（4）涡轮增压中冷技术　涡轮增压中冷技术是指利用涡轮增压器增加进入燃烧室的进气量，并在混合气进入燃烧室前对其进行冷却，使混合气燃烧得更彻底，排气更干净，从而降低 CO 和 HC 的排放量，提高发动机的动力性和在高原地区的工作适应性。

（5）多气门技术　多气门发动机是指一个气缸的气门数目超过两个的发动机，采用多气门技术能保证较大的换气流通面积，减少泵气损失；增大充气量，保证较大的燃烧速率，从而降低汽油机污染物 CO 和 HC 的排放量。

（6）可变进气系统　利用可变进气系统，可解决发动机在高低速和大小负荷时的性能矛盾，并减少相应的 CO 和 HC 的排放量。可变进气系统包括可变进气歧管长度与断面积、可变气门升程和可变气门正时系统。

3.2　电控燃油喷射及点火系统

3.2.1　典型电控燃油喷射系统的结构和工作原理

1. 典型电控燃油喷射系统的结构

电控燃油喷射系统以电控单元（ECU）为控制核心，以空气流量和发动机工况（转速和负荷）为控制基础，以喷油器、怠速空气调整器等为控制对象，来获得与发动机各种工况相匹配的最佳混合气成分。电控燃油喷射系统大致可分为进气系统、燃油系统和电子控制系统三个部分。

（1）进气系统　进气系统又称空气供给系统，其功能是提供、测量和控制燃油燃烧时所需要的空气量，如图 3-3 所示（以 L 型系统为例）。

空气经空气滤清器过滤，由空气流量计（在 D型系统中为进气歧管绝对压力传感器）计量后，通过节气门进入进气总管，再分配到各进气歧管。在进气歧管内，从喷油器喷出的燃油与空气混合后被吸入气缸内进行燃烧。

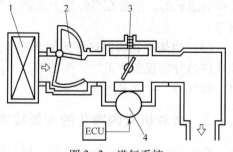

图 3-3　进气系统

1—空气滤清器　2—空气流量计
3—节气门　4—怠速空气调整器

行驶时，空气的流量由进气系统中的节气门来控制。踩下加速踏板时，节气门打开，进入的空气量增多；怠速时，节气门关闭，空气由旁通气道通过。怠速转速的控制是由怠速空气调整器调整流经旁通气道的空气量来实现的。

（2）燃油系统　燃油供给系统的功能是向发动机精确地提供各种工况下所需要的燃油量。燃油系统一般由油箱、电动燃油泵、滤清器、燃油脉动阻尼器、燃油压力调节器、喷油器及供油总管等组成，如图3-4所示。

燃油由燃油泵从油箱中泵出，经滤清器除去杂质及水分后，再送至燃油脉动阻尼器，以减少其脉动。这样，具有一定压力的燃油流至供油总管，再经各供油歧管送至各缸喷油器。喷油器根据ECU的喷油指令开启喷油阀，将适量的燃油喷于进气门前，待进气行程开始时，再将可燃混合气吸入气缸中。装在供油总管上的燃油压力调节器用以调节系统油压，目的在于保持油路内的油压约高于进气管负压300kPa左右。

此外，为了改善发动机的低温起动性能，有些车辆在进气歧管上安装了一个冷起动喷油器，其喷油时间由热限时开关或ECU控制。

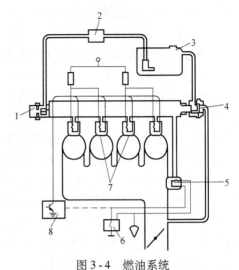

图3-4　燃油系统

1—燃油脉动阻尼器　2—滤清器　3—电动燃油泵　4—燃油压力调整器　5—冷起动喷油器　6—点火开关　7—喷油器　8—ECU

（3）电子控制系统　电子控制系统的功能是根据发动机运转状况和车辆运行状况确定燃油的最佳喷射量。该系统由传感器、ECU和执行器三部分组成，如图3-5所示。

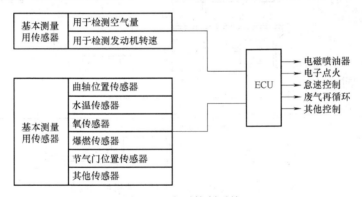

图3-5　电子控制系统

传感器是信号转换装置，安装在发动机的各个部位，其功用是检测发动机运行状态的电量参数、物理参数和化学参数等，并将这些参数转换成计算机能够识别的电信号输入ECU。检测发动机工况的传感器有水温传感器、进气温度传感器、曲轴位置传感器、节气门位置传感器、车速传感器、氧传感器和空调离合器开关等。

ECU是发动机控制系统的核心部件。ECU的存储器中存放了发动机各种工况的最佳喷油持续时间，在接收了各种传感器传来的信号后，经过计算确定满足发动机运转状态的燃油喷射量和喷油时间。ECU还可对多种信息进行处理，以实现对电控燃油喷射系统以外其他诸多方面的控制，如点火控制、怠速控制、废气再循环控制和防抱死控制等。

执行器是控制系统的执行机构，其功用是接受ECU输出的各种控制指令，并完成具体的控制动作，从而使发动机处于最佳工作状态，如喷油脉宽控制、点火提前角控制、怠速控制、炭罐清污、自诊断、故障备用程序启动和仪表显示等。

2. 典型电控燃油喷射系统的工作原理

电控燃油喷射（Electronic Fuel Injection，EFI）系统的喷油器喷射到进气歧管中的汽油量，由喷油器喷孔的横断面面积、汽油的喷射压力和喷油持续时间来决定。为了便于控制，在实际的喷射系统中，喷孔的横断面面积和喷油压力都是恒定的，汽油的喷射量只取决于喷油持续时间。喷油器的喷孔由电磁阀控制开闭，电磁阀的开启时刻（喷油开始时刻）和开启延续时间（喷油持续时间）的长短由发动机的各种参数确定。

电控燃油喷射系统的工作过程即是对喷油时间的控制过程。装用 EFI 系统的发动机具有良好的动力性、经济性，其污染物排放量大为降低，这都源于对空燃比的精确控制，而这种对空燃比的控制是通过控制汽油喷射时间来实现的。ECU 通过绝对压力传感器（D 型 EFI）或空气流量计（L 型 EFI）的信号计量空气质量，并将计算出的空气质量与目标空燃比相比较来确定每次燃烧所必需的燃料质量。

（1）D 型 EFI 系统　图 3-6 所示为 D 型 EFI 系统，该系统的工作原理如下。

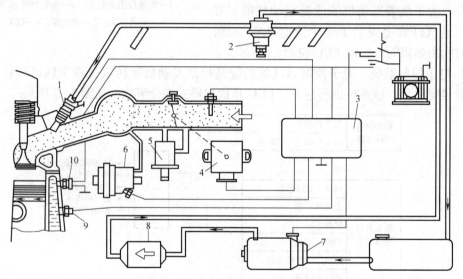

图 3-6　进气歧管压力计量式电控汽油机燃油喷射系统
1—喷油器　2—燃油压力调节器　3—ECU　4—节气门位置传感器　5—怠速空气调整器
6—进气压力传感器　7—燃油泵　8—滤清器　9—水温传感器　10—热限时开关

1）燃油压力的建立与燃油喷射方式。电控燃油喷射系统的喷油压力由燃油泵提供，燃油泵可装在油箱外靠近油箱的地方，也可直接安装在油箱内。油箱内的燃油被燃油泵吸出并加压至 350kPa 左右，经燃油滤清器滤去杂质后，被送至发动机上方的分配油管，分配油管与安装在各缸进气歧管上的喷油器相通。喷油器是一种电磁阀，由 ECU 控制，通电时电磁阀开启，燃油以雾状喷入进气歧管内，与空气混合，在进气行程中被吸进气缸。分配油管的末端装有燃油压力调节器，用来调整分配油管中汽油的压力，使油压保持在某一定值（250 ~ 300kPa），多余的燃油从燃油压力调节器上的回油口经回油管返回油箱。

2）进气量的控制与测量。进气量由驾驶员通过加速踏板操纵节气门来控制。节气门开度不同，进气量也不同，同时进气歧管内的真空度也不同。在同一转速下，进气歧管真空度与进气量有一定的关系。进气压力传感器可将进气歧管内真空度的变化转变成电信号的变化，并传送给ECU，ECU根据进气歧管真空度的大小计算出发动机进气量的多少。

3）喷油量与喷油时刻的确定。喷油量由ECU控制。ECU计算出进气量后，再根据曲轴转速及位置传感器测得的信号计算出发动机转速，然后根据进气量和转速计算出相应的基本喷油量；ECU控制各缸喷油器在每次进气行程开始之前喷油，并通过控制喷油的持续时间来控制喷油量。

喷油持续时间越长，喷油量就越大，一般每次喷油的持续时间为2~10ms。各缸喷油器每次喷油的开始时刻，则由ECU根据曲轴位置传感器测得的各缸上止点的位置来确定。由于这种类型的燃油喷射系统的每个喷油器在发动机一个工作循环中只喷油一次，故属于间歇喷射方式。

4）不同工况下的控制模式。电控燃油喷射系统能根据各传感器测得的发动机的各种运转参数，判断发动机所处的工况，从而选择不同模式的程序控制发动机的运转，实现起动加浓、暖机加浓、加速加浓、全负荷加浓、减速调稀、减速断油、超速断油和自动怠速控制等功能。

D型EFI系统具有结构简单、工作可靠等优点，但由于其以压力作为控制喷油量的主要因素，因此存在以下缺点：在汽车突然制动或下坡行驶中节气门关闭时，效果不良；当大气状况发生较大变化时，会影响控制精度。

一些汽车使用的D型EFI系统已经过了改进，即采用运算速度快、内存容量大的ECU，大大提高了控制精度，控制的功能也更加完善，这种系统通常用于中档车型上。

（2）L型EFI系统　L型EFI系统是在D型EFI系统的基础上，经改进而形成的，它是目前汽车上应用最广泛的燃油喷射系统。L型EFI系统的构造和工作原理与D型EFI系统基本相同，但它以空气流量计代替D型EFI系统中的进气压力传感器，可直接测量发动机进气量，从而提高了控制精度。典型的L型EFI系统的结构如图3-7所示。

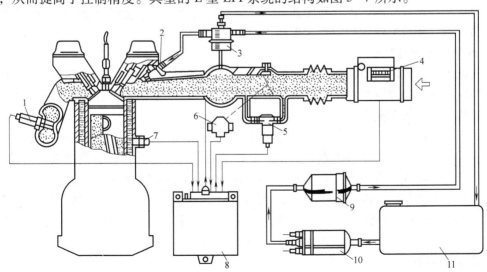

图3-7　热线式电控汽油机燃油喷射系统
1—氧传感器　2—喷油器　3—油压调节器　4—热线式空气流量计　5—怠速空气调节器
6—节气门位置开关　7—水温传感器　8—ECU　9—滤清器　10—电动燃油泵　11—油箱

3.2.2 点火系统的控制

在微处理器控制的点火系统中，ECU 不仅可以产生一个点火信号，而且可以对点火信号的位置（决定点火时刻）和通电时间（决定初级回路闭合角的大小）进行控制。因而，控制系统的控制策略在很大程度上决定着点火系统的优劣和发动机性能指标的好坏。

1. 点火正时的控制

汽油机点火系统中，在点火能量一定的前提下，电子控制的核心问题是对点火提前角的控制。点火提前角对发动机的动力性、经济性和排放特性有十分重要的影响，是继燃油定量之后的又一个必不可少的控制参数，应根据发动机的负荷和转速对其加以优化。

在点火提前角电子控制系统中，由 ECU 根据负荷和转速传感器提供的信息从存储器中调出优化的点火提前角数据，通过程序运行进行修正并实施控制，如图 3-8 所示。

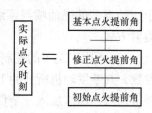

图 3-8 点火正时的控制

（1）起动时的点火正时控制　在起动期间，当汽油机的转速在怠速（如 500r/min）以下时，由于进气歧管压力或进气量信号不稳定，点火时刻固定为初始点火提前角。这一提前角由 ECU 中的备用电路控制，不需计算处理。例如，日产汽车的 ECCS 系统起动时的点火正时根据水温控制，当发动机转速在 100r/min 以下超低速运行时，把点火提前角定为常量；当转速大于 100r/min 时，根据水温选择最佳点火提前角。其中，在 0℃ 以下时，应特别加大点火提前角。

（2）正常运行时的点火正时控制　当 ECU 接收到节气门位置传感器的怠速触点打开的信号时，即进入正常行驶时点火提前角的控制模式。ECU 根据发动机的转速和负荷信号（进气管绝对压力信号或空气流量计的进气流量信号），在存储器中查到这一工况下的基本点火提前角，然后根据其他相关信号进行修正，从而确定点火提前角。发动机运行在部分负荷时，要根据冷却液温度、进气温度和节气门位置等信号对点火提前角进行修正；发动机运行在满负荷时，要特别注意控制点火提前角，以免产生爆燃。

2. 通电时间的控制

点火线圈的通电时间是以建立磁场的形式蓄积点火能量的时间，对应的曲轴转角为闭合角。通电时间控制的原则是在不影响火花放电的前提下，保证点火线圈有足够的时间蓄积能量而不造成过热损失和破坏。

对于点火系统来说，由于断开电流与次级电压的最大值成正比，所以要保证初级电路的接通时间，否则不能产生足够的点火电压；但如果通电时间过长，就会使电能的消耗增加，甚至会由于过热而损坏点火线圈。因此，要控制一个最佳的通电时间。

发动机正常工作时，混合气压缩终了时的温度已经接近其自燃温度，所需的点火能量很小，一般为 1~5mJ；发动机在起动、怠速及急加速等非稳定工况工作时，则需要较高的点火能量；在混合气较稀薄，如空燃比大于 17 时，也需要增加点火能量。

3. 爆燃的控制

从爆燃产生的过程分析，引起爆燃的主要原因有点火时间过早、压缩比过大和使用低辛烷值的汽油等，在这几个因素中，后两者很难改变，而点火时间比较容易改变。在实际的控制策略中，都是通过推迟点火时间（点火提前角）来改善爆燃的。

轻微的爆燃有利于燃烧，可改善发动机的动力性和经济性，但过分的爆燃则会使燃烧恶化，损坏发动机。所以，爆燃控制系统的作用就是使发动机能够工作在轻微爆燃或称临界爆燃的状态下。

爆燃控制系统通过爆燃传感器来检测爆燃信号，并通过一定的判断算法，对爆燃进行判识。爆燃控制系统检测发动机工作时每个循环的爆燃强度，并根据控制周期内的爆燃指标修正下一个循环的点火提前角，从而实现对爆燃强度的控制。爆燃控制系统根据测量的工况参数，确定基本点火提前角；根据不断的爆燃信号反馈，修正点火提前角。系统最终的实际点火提前角关系式为

$$实际点火提前角 = 基本点火提前角 + 爆燃修正点火提前角$$

基本点火提前角的确定：当发动机工况改变时，根据工况条件直接确定点火提前角，以达到快速响应的目的。基本点火提前角主要来自于大量的实验。

爆燃修正点火提前角的确定：爆燃的出现具有随机性，通过爆燃传感器检测信号，利用算法计算处理，确定爆燃强度，实施点火提前角的修正。

无爆燃时，点火提前角可适当增大；临界爆燃或轻微爆燃时，点火提前角可基本不变；轻度爆燃时，点火提前角建立下调趋势或微下调；中度爆燃时，点火提前角应较大幅度地下降，以便尽快脱离爆燃；重度爆燃在正常工作条件下一般不会发生，若判断其会出现，应迅速减小点火提前角，控制供油负荷，实施故障诊断等。一般点火提前角推迟 $2° \sim 5°CA$，就可以有效地消除爆燃。

4. 点火系统对排放量的影响

点火系统主要通过火花质量和点火正时对发动机排放量产生影响。

1）火花质量决定点燃混合气的能力。火花质量主要取决于点火能量，当混合气比较稀薄时，火花的能量对有害排放物的影响非常大。火花能量越弱，混合气出现失火的机会就越多，未燃 HC 的生成量将增加。

现代发动机普遍采用高能点火系统，其二次电压可达到 30kV 以上，能保证发动机可靠点火，使火花强度增大，火花持续时间延长，从而使混合气的燃烧过程得到改善，HC 的排放量得到降低。

2）点火正时（即点火提前角）会影响发动机的输出功率、燃油消耗量、汽车驱动性能和燃烧生成的有害排放物，因此确定点火正时时需要考虑多种因素的影响。图 3-9 表示点火提前角对燃油消耗率和有害排放物的影响。

当负荷一定时，CO 排放物只与空燃比有关，点火提前角对其影响不大。但是，若点火时刻过分推迟，则会因混合气没有充分的时间氧化而使 CO 的排放量显著增加。

点火推迟，即点火提前角减小，对发动机的影响有利有弊。其优点是：第一方面，使燃烧气体的最高燃烧温度和缸内最高燃烧压力得到降低，由于 NO_x 是高温下的产物，因而可使 NO_x 的排放量降低；第二方面，推迟点火可使未燃 HC 的排放量下降，因为在做功行程的后期，燃气的温度升高，未燃的 HC 会继续燃烧；第三方面，推迟点火提高了排气温度，加速了催化剂起燃的时间，尤其对冷起动和暖机阶段非常有利。其缺点是：推迟点火会对汽油机的动力性和经济性产生不利影响。因此，点火时刻必须采取折中的办法，兼顾热效率和排气净化两方面的要求。

图 3-10 表示某汽油机在转速为 1000r/min、进气管压力为 91kPa 时，点火提前角对 NO_x

的影响还与混合气的空燃比有关，在化学计量比附近，点火提前角的影响最大。因为 NO_x 是在高温、富氧的条件下产生的，当混合气过浓时，由于缺少氧气，不易生成 NO_x；当混合气过稀时，燃烧速度慢，最高燃烧温度低，也不易生成 NO_x；当混合气的空燃比在化学计量比附近时，NO_x 的生成量最大。因此，当采用电控汽油喷射加三效催化转化器进行控制时，为了满足更严格的排放法规的要求，可通过推迟点火来降低 NO_x 的排放量。

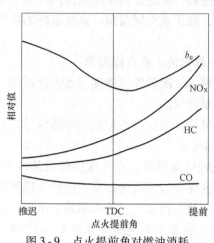

图 3-9　点火提前角对燃油消耗率和有害排放物的影响

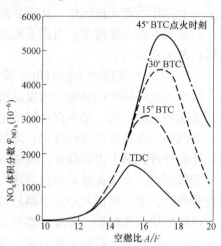

图 3-10　转速与点火提前角的关系

3.2.3　怠速转速的控制

怠速工况是指发动机对外无功率输出的稳定运转工况，它是车用汽油机最常用的工况之一。此时，节气门开度最小，即进入发动机的空气量不再由节气门进行调节。怠速控制的实质就是通过怠速执行器调节进气量，同时配合对喷油量及点火提前角的控制，改变怠速工况燃料消耗所发出的功率，发动机只维持最低的稳定转速。发动机怠速工况运转性能的优劣也是评价发动机性能的重要指标，怠速转速的高低影响油耗、排放、运转的稳定性等。在保证发动机的排放要求及运转稳定的前提下，应尽量使发动机的怠速转速保持最低，以降低怠速时的燃油消耗量。

怠速控制就是控制怠速转速，是通过对怠速空气量的控制来实现的。根据发动机的工作温度和负荷，由 ECU 自动控制怠速工况下的空气供给量，维持发动机以稳定的怠速运转。怠速控制的目的是降低怠速排放量、提高燃油经济性、提高怠速稳定性以及达到迅速平稳的过渡特性。

1. 怠速控制系统的组成

发动机怠速控制系统的组成如图 3-11 所示，它由各种传感器、信号控制开关、电控单元（ECU）、怠速控制阀和节气门旁通空气道等组成。ECU 接收各相关传感器发出的信号，经过分析判别后，向怠速控制阀（ISCV）发出相应指令，进而控制节气门旁路中的空气流量，使发动机怠速运转在最佳的转速下。怠速控制包括起动控制和暖机控制。

起动控制：发动机起动时，怠速控制系统控制怠速执行器，使旁通进气量最大，以利于起动；发动机起动之后，再根据冷却水的温度来确定旁通进气量的大小。

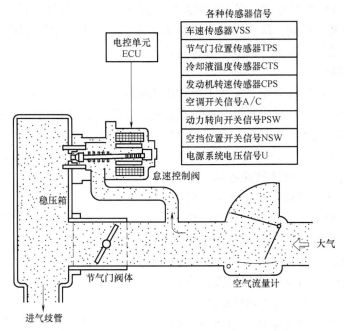

图 3 - 11　怠速控制系统的组成

暖机控制：暖机阶段，怠速控制系统根据冷却水温度的变化，控制旁通进气量的大小，从而使发动机在温度状态变化的情况下保持稳定的转速。

在怠速工况下，当同时使用的电器增多时，怠速控制系统也要相应地增加旁通进气量，提高发动机的怠速转速。

2. 怠速控制的原理

如图 3 - 12 所示，ECU 根据节气门位置传感器、车速传感器输出的信号判断发动机是否处于怠速状态；然后根据冷却液温度、空调开关、动力转向开关等传感信号，在存储器中查出该工况下的目标转速（即能稳定运转的怠速转速）；再与发动机转速传感器传来的实际转速进行比较，计算出转速差；最后通过怠速控制阀的动作（调节进气量）来提高或降低发动机的转速，使发动机稳定运转。

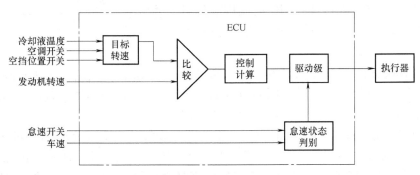

图 3 - 12　怠速转速的控制原理

一般来说，在起动、暖机等工况时多采用开环控制，而在稳定怠速工况下，则多采用闭环控制。闭环控制的反馈信号为发动机转速信号，在对怠速空气量进行闭环控制时，多采用比例积分微分（PID）控制方式。当发动机怠速负荷增大时，ECU 控制怠速控制阀使进气量增大，从而使怠速转速提高，防止发动机转速不稳或熄火；当发动机怠速负荷减小时，ECU 控制怠速控制阀使进气量减少，从而使怠速转速降低。

3. 怠速排放控制

发动机的怠速运转是排放很严重的工况。因为缺少氧气，部分燃料不能完全燃烧，使燃烧室内大量的燃烧中间产物排出机外，所以在怠速工况下，由于燃烧组织不良，HC、CO 的排放浓度很高，但因燃烧温度很低，怠速时 NO_x 的排放量很少。降低怠速排放量的根本措施在于改善其燃烧过程。

（1）提高怠速转速 怠速转速越低，节气门开度越小，残余废气的稀释度越严重，就需要更浓的混合气，增加了怠速时 CO 与 HC 的排放量，如图 3 - 13 所示。提高怠速转速可使混合气的形成和燃烧均得到改善，这不仅是由可燃混合气在进气管中的速度增加所致，也是提高充气效率和减少残余废气的稀释度的结果。

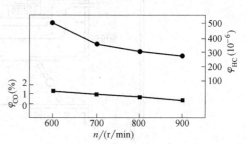

图 3 - 13 CO 和 HC 排放量与怠速转速 n 的关系

由于怠速时的燃料消耗量随怠速转速的提高而增大，因此，传统的观点是把怠速转速调得尽可能低，怠速转速多为 500r/min 左右。但在低怠速转速下，降低怠速的排放量是非常困难的，车用汽油机的怠速转速一般为 800~1000r/min，怠速排放量大大下降。同时，提高怠速转速对舒适性和驱动附件也很有利。

（2）高能点火对减少 HC 排放量的作用 高能点火对减少 HC 排放量有两方面的作用：一方面是增大了初始火核的半径，从而提高了混合气的燃烧速率，减小了循环变动；二是降低了较稀混合气的失火概率，从而使发动机可以燃用较稀的混合气，并且减少了 HC 的排放量。图 3 - 14 所示为高能点火和普通点火时 HC 排放量与空燃比的关系，可见，在怠速工况时，高能点火可使与 HC 最低排放量对应的空燃比增大，并且 HC 排放量也有了明显的下降。

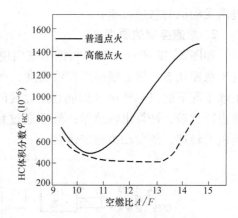

图 3 - 14 高能点火和普通点火时 HC 排放量与空燃比的关系

（3）气门重叠角对排放量的影响 在发动机怠速状态的进气行程开始时，进排气门同时开启，进气管和气缸内存在较大的真空度，排气管内的一部分废气便被吸入气缸与新鲜混合气混合。由于这部分废气的主要成分是 CO_2 和 N_2，不能参与燃烧，重新进入气缸后使混合气的燃烧温度降低，造成失火现象，使发动机怠速时的 HC 和 CO 排放恶化。气门重叠角越大，进入气缸的废气量就越多，HC 和 CO 的排放量就越大。

3.2.4 汽油机缸内直接喷射技术

汽车废气排放法规的日益严格，也促进了电控喷油技术的不断改进。现代汽油机的进气道喷射系统仍没有从根本上完全摆脱传统的混合气外部形成方式，并依然存在冷起动时和暖机期间 HC 排放量高的问题。这种进气道喷射汽油机在低于 0.5MPa 的压力下，将汽油以较大的油滴（150 ~ 300μm）喷向进气门的背部和进气口附近的壁面上，只有少量的汽油能够在油滴到达壁面形成油膜之前直接在空气中蒸发。汽油的蒸发和与空气的混合主要依靠进气门和进气道壁面的高温，以及进气门打开时灼热的废气倒流和冲击。这种混合气形成方式在发动机稳定工况下尚可满足要求，但在变工况（如车辆加速时）和发动机冷起动时，汽油的蒸发和油气混合程度严重不足，不得不过量喷油，从而使大量的未燃 HC 经排气门进入三效催化转化器。特别是在冷起动时，三效催化转化器正处于低温状态而尚未达到起燃温度，这样就会造成很高的有害物排放量，成为车辆达到废气排放法规要求的主要障碍之一。

汽油机缸内直接喷射技术从油气混合机理上可以解决上述变工况（如车辆加速时）和冷起动时油气混合不足的问题。现代缸内直喷式汽油机的供油压力已达到几十甚至几百兆帕，并且还采用带旋流的喷油器，汽油的蒸发和与空气的混合可主要依靠喷雾来实现，再加上缸内空气运动的辅助，使雾化性能得以提高。变工况（如车辆加速时）和冷起动时不再需要过量喷油，使冷起动喷油量大大减少，有害物排放量也大为降低。同时，由于汽油直接喷入气缸内，消除了进气道喷射时形成壁面油膜的弊病，特别是在发动机尚未暖机的状态下，因而能改善变工况时对空燃比的控制，不但能改善车辆的加速响应性，而且能降低此时的有害物排放量。

此外，缸内直接喷射还有利于降低燃油消耗，达到节能和减少温室气体 CO_2 排放量的目的。汽油在缸内直接喷射时，油滴主要依靠从缸内空气中吸热而非从壁面吸热，因而能使混合气的温度降低，体积减小，从而有利于提高充气效率，降低爆燃倾向和提高压缩比。例如，在汽油油滴蒸发完全依靠从空气中吸热，或者完全依靠从壁面吸热这两种极端情况下，缸内混合气的体积在空燃比为 12.5 时相差大约 7%，而混合气的温度在上止点前将相差大约 50℃。因此，与进气道喷射汽油机相比，缸内直喷式汽油机的充气效率提高了 10%。同时，爆燃倾向也大为降低，表现在受爆燃限制的点火时刻可提前若干曲轴转角，因而压缩比可得到提高，有利于提高汽油机的热效率，降低燃油消耗量。特别是有利于汽油机采用增压，并应用较高的压缩比，克服了由于增压汽油机压缩比较小而对部分负荷燃油消耗所带来的不利影响；提高了增压汽油机在低转速范围内的增压压力，转矩也能够提高，从而大大改善了汽油机的低速转矩特性和车辆的行驶性能。此外，汽油直接喷入气缸内，可实现稀薄混合气分层燃烧，使低负荷工况时的空燃比提高到 40 以上，从而无需依靠关闭节气门来限制进气量，可采用像柴油机一样的质调节方式，基本上避免了发动机在换气过程中的泵气损失，有利于降低燃油消耗。同时，在高空燃比的情况下，由于混合气物理性质的改变、等熵指数的增加，以及混合气分层致使热损失减少，使得发动机的热效率进一步提高。由于汽车发动机经常在低负荷工况下运行，因此，分层混合气燃烧的直喷式汽油机可使平均燃油消耗降低 15% ~ 20%，其燃油消耗明显低于进气道喷射汽油机，已达到相当于非直喷式柴油机的燃油消耗水平。

1. 缸内直接喷射汽油机在排放方面存在的问题

缸内直接喷射汽油机面临的主要排放问题是未燃 HC 和 NO_x 的排放。

（1）对 HC 排放的影响　缸内直接喷射汽油机油气的混合主要是依靠喷雾和缸内的空气运动，冷起动时无需过量供油，从而有效地解决了进气道燃油喷射冷起动时未燃 HC 排放过多的问题。但是，缸内直接喷射汽油机在中小负荷的情况下，其未燃 HC 的排放仍然较多。主要原因是：

1）缸内直接喷射汽油机燃油是在压缩行程后期被喷入气缸内，雾化时间不足，油气不能充分混合，造成燃烧室内的局部混合气过浓。

2）大量的浓混合气集中在火花塞附近，使得火焰在向周围稀混合气传播时，因混合气过稀而熄灭。

3）稀薄燃烧造成气缸内的温度偏低，不利于 HC 随后的继续氧化。

4）由于缸内直接喷射发动机的压缩比较高，使得残留在狭缝容积中的 HC 增加。

5）EGR 率过高会导致进气中新鲜空气过少，即再循环废气会导致燃烧变差。

6）采用"壁面引导法"的系统，喷雾容易与活塞顶和缸壁发生碰撞，而缸壁的温度又较低，从而导致燃油在点火前来不及完全蒸发，造成较多的 HC 排放。

7）其他设计不当引起的混合气混合不充分和火焰延迟，也会造成火焰传播速度降低，使 HC 排放量升高。

（2）对 NO$_x$ 排放的影响　缸内直接喷射汽油机采用了稀薄燃烧技术使气缸内反应区的温度下降，可减少 NO$_x$ 的生成量。但由于缸内直接喷射汽油机的混合气由稀到浓呈分层状态，不可避免地会出现过量空气系数为 1 附近的偏浓区域，使这些区域的 NO$_x$ 排放量增加。缸内直接喷射汽油机大部分工况都处于部分负荷状态，发动机长期处于稀空燃比条件下，导致废气排气中含氧较多且排放温度也较低，传统的三效催化器对 NO$_x$ 的转化效率低。另外，缸内直接喷射汽油机较高的压缩比和较快的反应放热率也将导致大负荷工况下的 NO$_x$ 排放量增多。

目前，缸内直接喷射汽油机对 NO$_x$ 排放量的控制主要依靠 EGR 和稀燃 NO$_x$ 催化转化器。当前的稀燃 NO$_x$ 催化转化器包括富氧条件下的沸石和贵金属催化转化器、NO$_x$ 捕集器、选择性的 NO$_x$ 催化转化器及等离子系统。NO$_x$ 储存还原催化技术有很高的转化效率，在稀薄燃烧的条件下，其对 NO$_x$ 的转化效率可达到 90% 以上，同时可对 HC 和 CO 进行很好的转化。它的缺点是受燃油中硫含量的影响很大，随着硫含量的增加，其净化性能会急速下降。

（3）对 PM 排放量的影响　缸内直接喷射汽油机的 PM 排放量比传统进气道喷射汽油机的颗粒物排放量大，但仍比柴油机低一个到几个数量级。其形成的主要原因是局部区域存在过浓的混合气或类似柴油机的液态油滴的扩散燃烧；缸内温度低，也造成了 PM 氧化不完全。

2. 缸内直接喷射汽油机排气污染控制技术

缸内直接喷射汽油机在大负荷时 NO$_x$ 和 PM 的排放量高，在起动工况和小负荷运行时 HC 和 CO 的排放量也较高，而利用二阶段混合、二阶段燃烧、反应式排气管、大量 EGR 及稀薄燃烧 NO$_x$ 催化转换器等新技术，可使缸内直接喷射汽油机的排放量降低。

图 3-15 为二阶段混合示意图，二阶段混合分为辅喷油阶段（第一次喷射）和主喷油阶段（第二次喷射）。

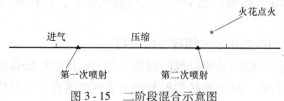

图 3-15　二阶段混合示意图

（1）辅喷油阶段　发动机运行于进气行程时会进行第一次喷油，在缸内生成很稀的均质混合气。这次喷油是辅喷油，喷油的量不大，占全部喷射量的1/4左右，此时的混合气非常稀薄，空燃比约为60:1，不可能出现自燃现象，喷油的主要目的也不是点火燃烧。当一定量的汽油在进气行程中被喷射到气缸内的时候，这部分少量的汽油会汽化挥发，由于液体的汽化和挥发会吸收热量，因此可以降低气缸内的温度。气缸内的温度降低了，其可以容纳的气体密度就会增大。所以这次喷油的结果是在给气缸降温的同时提高进气密度，让更多的空气进入气缸，而且能确保汽油跟空气均匀地混合。

（2）主喷油阶段　第二次喷射是主喷油过程。当活塞即将达到发动机压缩行程的上止点时，在火花塞点火之前，另外3/4的汽油将再次被喷出，在气缸滚流和活塞顶形状的帮助下产生分层混合气，然后点火燃烧。此时，活塞的凹面会使混合气在火花塞周围形成一个浓度较高的区域，空燃比约为12:1，这种相对较浓的混合气能在火花塞点火的情况下被顺利点燃；而周围混合气较稀的区域是无法被火花塞的火焰直接点燃的，只能在中心区域成功燃烧以后，利用燃烧产生的能量同时点燃。

用这种方法生成混合气的好处有两个：第一个是可以抑制敲缸的发生，因为第一次喷射的均质混合气很稀，不可能产生敲缸，第二次喷射的燃油在缸内停留的时间短，来不及完成点火前的低温氧化反应；第二个是可以促进碳烟烧尽，分层燃烧产生碳烟，但第一次喷射的稀混合气中产生的过氧化物将支持燃烧，此时的高温碳烟将成为稳定的点火源，将自己燃尽。NO_x的排放仍依靠稀NO_x催化系统，且要经常应用短期浓混合气来还原被捕的NO_x。

采用二阶段燃烧和反应式排气管的目的是降低HC和CO的排放量。这种方法用在汽车起动后的冷车阶段，通过二阶段燃烧和使用反应式排气管使三效催化剂在短时间内达到起燃温度，由于CO的氧化温度比HC的低，CO将首先燃烧产生较高的温度，再使HC燃烧。但是二阶段燃烧会导致燃油消耗率增加，所以应尽量减少二阶段燃烧方式的应用。

为使发动机在稀燃状态下能够有效地还原NO_x，缸内直接喷射汽油机使用了NO_x吸附催化转换器。为了净化汽油机在理论空燃比状态下工作时排气中的HC和NO_x，缸内直接喷射汽油机在NO_x吸附催化转换器之外还配置了三效催化转换器。三效催化转化器的位置应尽量靠近汽油机，以更快地激活催化剂，减少HC的排放。

3.3　低排放燃烧系统

3.3.1　稀薄燃烧

稀薄燃烧是指使过量空气系数从 $\phi_a = 1$（或空燃比为14.7）左右提高到 ϕ_a 远远超过1（或空燃比远远超过14.7）的水平。根据等容加热理论循环，汽油机的热效率为

$$\eta = 1 - \frac{1}{\varepsilon^{\kappa-1}} \qquad (3-2)$$

式中　ε——压缩比；

κ——等熵指数，单原子气体 $\kappa = 1.6$，双原子气体 $\kappa = 1.4$，三原子气体 $\kappa = 1.3$。

由式（3-2）可知，热效率 η 将随着等熵指数 κ 的增加而增加。汽油机工质是汽油蒸气与空气及燃烧产物的混合体，其燃烧产物主要由 CO_2 和 H_2O 等多原子分子组成。所以，当

混合气较浓时，多原子成分的比例较大，等熵指数 κ 较小；当混合气较稀时，等熵指数 κ 反而增大。从理论上讲，混合气越稀，κ 值越大，热效率也越高。因此，为了提高热效率，在发动机不失火的前提下，应尽可能进行稀薄燃烧。

1. 稀薄燃烧技术

（1）进气道喷射稀燃系统　普通汽油机工作时保证可靠点火所对应的空燃比为 10 ~ 20，与此相比，稀燃汽油机的空燃比要大得多。为了保证可靠点火，点燃式稀燃汽油机在点火瞬间，其火花塞周围必须形成易于点燃的空燃比为 12.0 ~ 13.5 的混合气，这就要求混合气在气缸内非均质分布。而要实现混合气的非均质分布，必须使混合气在气缸内分层。

混合气分层主要依靠气流的运动结合适时的喷油来实现。进气道喷射稀燃系统根据进气流在气缸内流动形式的不同，可分为涡流分层和滚流分层两种。

1）涡流分层稀燃系统。这种燃烧方式一般通过对进气系统进行合理配置，使缸内产生强烈的涡流运动，该涡流的轴线与气缸的对称中心线大体一致，从而形成沿气缸轴线的涡流运动。在进气冲程初期，随着活塞向下运动，缸内形成较强的涡流；控制喷油时刻使喷油器在进气后期喷油，进入气缸的燃油大部分将保持在气缸的上部，气缸内的强涡流起使维持混合气分层的作用，气缸内将形成上浓下稀的分层效果，火花塞周围会有较浓的混合气。这样形成的涡流在压缩后期虽然会随着活塞的上行而逐渐衰减，但涡流的分层效果仍可大体保持到压缩上止点，有利于点火燃烧。不难看出，在这种燃烧系统中，影响稀燃效果的主要因素是缸内涡流的强度和喷油正时。一般说来，涡流越强，缸内混合气上下混合的趋势越弱，分层效果保持得越好。喷油正时和喷油速率决定了缸内混合气在流场中的空间分布及浓度梯度。稀燃极限与喷油正时的关系很大，只有在进气行程的某一区间内结束喷油，才能得到理想的混合气分层。

当前的稀燃汽油机普遍采用多进气门结构，在空气运动方面，即使以涡流为主的稀燃发动机也不采用单纯的涡流运动，而是在中高负荷时采用涡流，在低负荷时采用涡流控制阀（SCV）等可变进气技术在缸内形成斜轴涡流。这种稀燃发动机的代表是丰田汽车公司的进气道喷射第三代稀燃系统、本田公司的 VTCE - E 及马自达公司的稀燃系统。丰田第三代稀燃系统和马自达稀燃系统的共同特点是都采用 SCV 来调节涡流的强度，采用一个直气道和一个螺旋气道组织空气运动。在高负荷时，SCV 关闭以获得强的涡流；在低负荷时，SCV 打开以获得斜轴涡流，促进燃油与空气的混合。

2）滚流分层稀燃系统。滚流是指气流的旋转中心线与气缸的轴线垂直。滚流分层多用于进气道对称布置的多气门发动机，尤其是蓬顶形燃烧室、对称进气的四气门发动机，通过合理配置进气系统，可以促使滚流运动的形成。当进气门升程较小时，进气流在缸内的流动紊乱，有规律的流动不明显。此时，存在两个旋转轴相互平行而垂直于气缸轴线的涡团，一个在进气门下方靠近进气道一侧，另一个在进气道对侧，大致位于排气门下方，此阶段为非滚流期。当气门升程加大时，位于进气道对侧的涡团突然加强，进而占据整个燃烧室，与此同时，另一个涡团逐渐消失，此阶段为滚流产生期。随着气门升程的加大和活塞的下移，滚流不断加强，在进气行程下止点附近，滚流达到最强，此阶段为滚流发展期。压缩行程属于滚流的持续期。在压缩行程后期，由于燃烧室空间扁平，不适于滚流的发展而使其遭到破坏。在上止点附近，滚流几乎被压碎而成为小尺度的湍流，此阶段为破碎期。滚流的生命周期短，点火后将很快在燃烧过程中消失。正是由于滚流在上止点附近破碎为湍流，将进气流动的动能转化为湍动能，才有利于发动机性能的提高。

日本三菱汽车公司利用进气道喷射燃油技术先后成功地在三气门和四气门发动机上实现了缸内滚流分层稀燃（MVV）系统的应用。在初期的 MVV 系统中，燃油由双进气门中的一个气道提供，火花塞布置在正对供油进气门的进气流下游，混合气在滚流轴线方向上出现浓稀分层，火花塞附近有适于点火的混合气浓度。但此种方案不能将火花塞布置在气缸盖上的燃烧室中心，加大了火焰的传播距离，仅适用于二进一排的三气门汽油机。后来，三菱汽车公司研制出了适用于四气门发动机的滚流分层稀燃系统，在四气门汽油机的进气道内对称布置两个立式隔板，在两个隔板之间喷油，使混合气在缸内滚流轴线方向上形成稀、浓、稀的夹层分布，这样可以充分发挥火花塞中心布置的优势。

（2）缸内直接喷射系统　进气道喷射汽油机在不采用助燃方法组织稀燃时，其空燃比要超过 27 非常困难，但直接喷射稀燃系统超过这一界限却非常容易。与缸外进气道喷射稀燃汽油机相比，缸内喷射稀燃汽油机具有泵气损失小、传热损失小、充气效率高、抗爆性好及动态响应快等特点。

日本三菱汽车公司开发的缸内直接喷射发动机，是利用缸内滚流实现稀燃的典型直喷发动机，为了控制进入气缸的空气运动，它采用了近似直立的进气道，使缸内形成强烈的逆向滚流，并利用弯曲顶面的活塞进一步加强逆向滚流。喷油器布置在进气道一侧，火花塞布置在中间，活塞顶面形状与喷油时刻配合，可以形成两种不同的稀燃模式。当发动机处于小负荷时，燃油在压缩冲程后期喷向活塞曲顶，碰撞到曲顶壁面后反弹向火花塞，只在火花塞附近形成较浓的混合气，实现了气缸内由浓到稀的滚流分层，形成了滚流分层稀燃模式；当发动机处于大负荷时，燃油在压缩冲程初期喷入缸内，形成了均质稀燃模式。

日本丰田汽车公司开发的直喷式汽油机，空燃比为 10.0，喷油压力为 8.0 ~ 13.0MPa，能够实现空燃比为 50.0 的超稀薄燃烧。它利用缸内涡流实现稀燃，进气道由一个单边螺旋气道和一个具有 SCV 的直气道组成；活塞顶部有一渐开线形的燃烧室凹坑，高压旋流喷嘴位于气道下方，采用可变气门正时 VVT-i 系统、电控节气门和还原型 NO_x 催化器。通过直气道内 SCV 的关闭和开启并配合不同时刻的喷油，实现在不同的工况下不同的燃烧模式。小负荷时，在压缩冲程后期喷油，实现分层稀燃；中等负荷时，在进气和压缩冲程分两次喷油，实现弱分层燃烧；大负荷时，在进气冲程喷油，实现均质混合燃烧。

发动机超稀薄空燃比的应用和工作方式的改变有很多优点。例如，等熵指数增加和传热损失较少；取消节流，降低了泵吸损失；燃油蒸发使缸内温度降低，提高了汽油机可工作的压缩比；燃油在进气冲程中对进气的冷却，提高了充气效率，燃油经济性一般可以提高 25% 左右，动力输出也比进气道喷射的汽油机增加了将近 10%。另外，缸内直接喷射较高的瞬态响应能力、精确的空燃比控制、快速的冷起动和减速快速断油能力及潜在的系统进一步优化能力，都显示了它较进气道喷射汽油机的优越性。

2. 稀薄燃烧对排放的影响

（1）对 CO 排放量的影响　理论上，当可燃混合气的空燃比小于理论空燃比时，就会有部分燃料不能完全燃烧而产生 CO。实际上，由于缸内可燃混合气的微观浓度分布不均匀，即使是在缸内空燃比超过理论空燃比的情况下，排气中仍可能存在较多的 CO。总之，应该认为尾气中 CO 的浓度主要受过量空气系数 ϕ_a 的影响，而转速与负荷对 CO 造成的影响也是通过 ϕ_a 值的变化起作用的。所以采用稀薄燃烧后，在 $\phi_a > 1$ 的某一范围内，CO 的排放量可以得到有效的控制。

（2）对 HC 排放量的影响　汽油机在实际空燃比稍大于理论空燃比的情况下，其尾气中未燃 HC 的含量较少；但是，当空燃比小于或大大超过理论空燃比的时候，未燃 HC 的排放量就会提高。如图 2-11 所示，HC 的排放量随着 ϕ_a 的增大而减少，其原因主要是混合气较稀薄时，燃烧效率提高，且氧气充裕，能在排气行程和排气道中进一步对 HC 进行氧化；当空燃比超过 18 时，HC 的排放量就会因为熄火和部分燃烧而大大增加。所以进行恰当的稀薄燃烧才可以改善 HC 的排放。

（3）对 NO_x 排放量的影响　汽油机在实际空燃比稍大于理论空燃比时，NO_x 的排放量最多，而在高于或低于这一位置时，NO_x 的排放量均降低。这是因为，在燃料浓的区域，氧含量小；而在稀薄区域运转时，最高燃烧温度会下降，这都有利于 NO_x 排放量的降低。

综上所述，稀燃的最大优点在于提高指示热效率的同时，大大降低了 NO_x 的排放量。此外，稀燃发动机一般不受敲缸界限的限制，可采用高压缩比，泵气损失小，有利于改进部分负荷特性。然而，要使发动机能在稀混合气下运转，还必须采用涡流或其他方法，使燃烧快速而稳定地进行。但引入涡流后，发动机功率常因进气道流量系数的减小而降低。同时，稀燃发动机使三效催化剂不能有效地工作，因而必须配合使用其他措施才能使 NO_x 的排放量进一步降低。

3. 降低排放量的具体措施

降低排放量的具体措施一般包括下列几个方面：

1）采用可变涡流控制系统，在部分负荷工况下，可产生较强的涡流，得到高的输出转矩；在全负荷时，为了得到高的充气效率，保证高的功率输出，要减小涡流强度甚至不用涡流。

2）采用结构紧凑的燃烧室，提高燃烧速率，减小热损失，并采用尽可能高的压缩比。

3）采用电控顺序喷射系统，扩展稀燃失火极限。

4）应用高精度空燃比控制系统，把 NO_x 的排放量降到足够低的水平。

5）应用分层燃烧技术，在火花塞周围形成较浓的混合气，使点火稳定。

6）采用废气再循环系统，使排气中的 NO_x 含量进一步降低。

3.3.2　分层燃烧

将燃烧室设计成特殊的形状，使进入燃烧室的燃气混合气形成涡流，并且使火花塞周围的混合气浓一些，使离火花塞较远的混合气稀一些，这样有利于火花塞周围混合气的迅速燃烧，并且可带动较远处较稀混合气的燃烧。这种燃烧称为分层燃烧（Fuel Stratified Injection，FSI）。

即使用高能点火系统点火，燃用过稀的、已处于汽油机失火范围内的混合气仍难以形成火核，因为在微小体积内的燃料量太少，所以往往不足以支持火焰的正常传播。分层燃烧的实质是采用稀薄的不均匀混合气，以及由外源点燃的燃烧方式。分层燃烧要合理地组织气缸内混合气的分布，使火花塞周围有较浓的混合气，其空燃比为 12 ~ 13.4，而在燃烧室内的大部分区域则具有很稀的混合气，混合气的浓度从火花塞开始由浓到稀逐渐过渡，但气缸内混合气的总空燃比却相当于过稀混合气。这样可确保正常点火和燃烧，同时也扩展了稀燃失火极限，并可提高经济性，减少排放。基于上述原因，在实际的稀燃系统中，大多采取分层混合气组织燃烧。分层燃烧能使发动机拥有良好的经济性。

分层燃烧只在发动机处于部分负荷时采用，混合气层的大小范围精确地反映了瞬时发动机动力的需求。分层燃烧时，直到压缩行程才喷射燃油，油雾直接进入燃烧室内的空气中，而喷油就发生在点火前瞬间。另外，燃烧时空气层隔绝了热，减少了热量向气缸壁的传递，从而减少了热量损失，提升了发动机的热效率。

在全负荷时，燃油喷射与进气同步，燃油得以完全雾化，使混合气均匀地充满燃烧室，自然会得到充分的燃烧，发动机将达到最大动力，也就是所谓的均质燃烧。在均质燃烧时，有着和传统喷射发动机相同的空气与燃油混合比，即空燃比是 14.7:1。而燃油的蒸发又使混合气降温，从而降低了发生爆燃的可能性。

实际应用分层燃烧时，由于发动机还采用了增压、提高压缩比等有助于提高动力的技术，使缸内燃烧温度有所升高，导致氮氧化物排放量的增加；同时，稀燃会导致排放中氮氧化物的增加。为此，需要增加废气后处理系统来降低排放量。而这样的后处理系统对燃油质量提出了更高的要求，特别是要求极低的燃油硫含量。

3.3.3　均质压燃式燃烧

1. 均质压燃式燃烧简介

均质压燃式燃烧（Homogeneous Charge Compression Ignition，HCCI）方式，是均匀的可燃混合气在气缸内被压缩直至自行点火燃烧的方式。随着压缩过程的进行，气缸内的温度和压力不断升高，已混合均匀或基本混合均匀的可燃混合气多点同时达到自燃条件，使燃烧在多点同时发生，而且没有明显的火焰前锋，燃烧反应迅速，燃烧温度低且分布较均匀。因而，只生成极少的 NO_x 和 PM，在低负荷时具有很高的热效率。

早在 20 世纪 30 年代，人们就认识到均质混合气压缩自燃的燃烧方式在汽油机中的存在，但因其一直被认为是一种异常燃烧现象而被抑制。HCCI 方式的出现，有效地解决了传统均质稀薄点燃燃烧速度慢的缺点，是有别于传统的汽油机均质点燃预混燃烧、柴油机非均质压燃扩散燃烧和 GDI 发动机分层稀薄燃烧方式的第四种燃烧方式。HCCI 发动机利用的是均质混合气，但不同于常规汽油机的单点点火方式，它通过提高压缩比、采用废气再循环、进气加温和增压等手段提高缸内混合气的温度和压力，促使混合气进行压缩自燃，在缸内形成多点火核，从而有效地维持了点火燃烧的稳定性，并减少了火焰传播距离和燃烧持续期。它与柴油机燃烧方式的不同在于：柴油机在着火时刻燃油还没有完全蒸发混合，进行的是扩散燃烧方式，燃烧速率主要受燃油蒸发及与空气混合速率的影响；而进行 HCCI 的混合气在点火以前已经均匀混合，进行的是预混燃烧模式，它的燃烧速率只与本身的化学反应动力学有关。

HCCI 的着火时刻主要受混合气本身化学反应动力学的影响，受负荷、转速的影响较小，因此不能通过常规的负荷、转速等反馈信号对其加以控制，只能通过试验手段间接测量获取经验数据。着火始点的控制策略如图 3-16 所示，但目前还没有单独的切实可行的方法控制 HCCI 着火始点，需要综合采用两种或多种控制方法。还有学

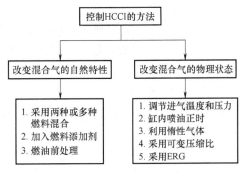

图 3-16　控制点火始点的方法

者通过数值模拟方法进行 HCCI 始点控制的研究，但由于燃油火焰前的氧化反应机理还未完全清楚，这类工作只是定性地与试验取得了一致，还无法实际应用于对 HCCI 始点的控制。

对于 HCCI 的燃烧速率的控制策略，由于 HCCI 反应较快，因此，一般采用较大的空燃比或较高的 EGR 率来减缓燃烧速率，以防止爆燃的发生，但也使得发动机缸内的平均指示压力难以达到较高的水平。这就使 HCCI 发动机容易受到失火、爆燃、功率低等因素的限制，可操作范围不宽。

从表面上看，均质压燃汽油机是点燃式汽油机和压燃式柴油机的结合，即采用预混的均匀混合气和混合气自燃。实际上，均质压燃汽油机的燃烧过程与点燃式汽油机和压燃式柴油机的燃烧过程都不同。点燃式汽油机和压燃式柴油机的燃烧都属于扩散燃烧过程，点燃式汽油机主要利用热扩散来实现火焰传播（热扩散促使化学连锁反应加速火焰的传播，而火焰传播速率远远高于混合气的形成速率）；压燃式柴油机主要依靠燃油蒸气和氧气的扩散现象促进混合气形成，其燃烧速率取决于混合气的形成速率。而理想的均质压燃汽油机的燃烧过程是一种非扩散的，在整个燃烧室内同时发生的均匀燃烧过程。

由于缸内温度和气体成分的分布不可能完全均匀，实际中均质压燃的燃烧过程不可能真正同时发生。当均质压燃汽油机的燃烧过程开始时，首先在缸内出现一些孤立的亮点，然后才可在整个燃烧室内观察到均匀的发光燃烧现象。这些孤立的亮点是由该处的混合气在压缩过程中首先达到自燃温度开始燃烧所造成的。对随后在其他区域所发生的燃烧现象则有不同的解释。一种解释是由火焰传播所造成的，这些孤立的亮点起到多火源点火的作用，因为燃烧前混合气的温度已经非常接近自燃温度，并且已经开始进行低温化学反应，少量的加热就会引起快速的高温化学反应并释放大量热能，因此火焰传播速率非常快。另一种解释是由压力波造成的，少量混合气首先发生自燃，燃烧放热造成压力升高，以声速向四周传播，由于混合气的温度已经非常接近自燃温度，并且已经开始进行低温化学反应，很小的压力升高所造成的温度升高就可以触发周围混合气发生快速的化学反应，释放大量热能。最后一种解释最简单：由于混合气的温度大致均匀，即使不存在温度和压力的传播现象，也会因活塞上行受到进一步压缩而自燃。

汽油机均质压燃和汽油机爆燃过程自燃的根本区别在于：单位质量未燃混合气所含有的化学能量不同，对燃烧过程的影响也不同。点燃式汽油机的混合气接近当量空燃比，其过量空气系数受到火焰传播的限制，不能大于 1.5。爆燃时，单位质量混合气释放出的大量化学能会造成高温燃气强烈的压力波动，除了产生噪声和振动外，还会使气缸壁之间的传热增加，使汽油机过热，造成拉缸等损害。而均质压燃汽油机的混合气需要用过量空气或大量的残余废气进行稀释，如果残余废气系数不显著增加，则均质压燃汽油机混合气的过量空气系数必须大于 2.0，才能控制 NO_x 的生成和燃烧的粗暴性。因此，在均质压燃式燃烧过程中，单位质量混合气所具有的化学能较少，燃气温度较低，即使缸内燃气压力发生波动，也不会造成过热和拉缸损害。

2. HCCI 方式的特点

HCCI 方式综合了传统的压燃式发动机和传统的火花点火式发动机的优点。HCCI 方式的优点如下：

1）热效率高。HCCI 发动机的热效率甚至超过了直喷式柴油机，可以同时保持较高的动力性和燃油经济性。一方面，它采用均质燃烧混合气，保持了原有汽油机升功率高的特点；另一方面，它避免了节流损失，设计的压缩比高，采用多点同时点火的燃烧方式，使得能量释放率较高，接近于理想的等容燃烧，热效率较高，保持了柴油机部分负荷下燃油经济性好的特点。例如，丰田汽车公司研发的 HCCI 汽油机，压缩比提高到了 17.4，空燃比的设计值为 33~44；它的缸内平均指示压力与 GDI 汽油机和柴油机相当，其燃油消耗率水平甚至超过了直喷柴油机的水平（180~200g·kW/h），并且随着进气温度的提高，HCCI 的燃烧稀燃界限可拓宽至空燃比为 80 以上。

2）HCCI 方式与传统发动机的燃烧方式相比，可以减少 90%~98% 的 NO_x 排放量，并可以同时降低碳烟的排放量。它通过设计较稀的混合气空燃比或利用再循环的废气控制，可把燃烧温度降低到 1800K 以下，并且由于它以均质稀燃混合气的方式工作，因此有效地抑制了 NO_x 和碳烟的生成，几乎实现了无烟燃烧。

3）由于 HCCI 只与其本身的物理、化学性质有关，它的着火和燃烧速率只受燃油氧化反应的化学反应动力学控制，受缸内流场的影响较小，同时均质预混的混合气组织也比较简单。因此，在发动机上实施 HCCI 模式可以简化发动机燃烧系统和喷油系统的设计。HCCI 发动机的设计难点在于对 HCCI 速率和着火时刻的控制。由于车用发动机的工况多变，要想在各工况点都获得较好的燃烧和排放特性，必须对 HCCI 进行控制。如果 HCCI 控制得较好，则发动机可在拓宽的大空燃比范围内进行高效稳定的燃烧，循环波动压力小，工作柔和；如果 HCCI 控制得不好，则容易出现爆燃或失火现象，使发动机的性能变差。

HCCI 方式具有如下缺点：

1）运行范围较窄。发动机采用 HCCI 方式运行时，受到失火（混合气过稀）和敲缸（混合气过浓）的限制。HCCI 发动机在小负荷工况下运行时，由于是稀薄燃烧，容易失火（混合气过稀）；HCCI 发动机燃烧非常迅速，在高负荷工况下，混合气过浓而易发生爆燃。因此，目前 HCCI 方式在发动机上主要应用于中低负荷工况。

2）HC 和 CO 排放量较高。这主要是由于 HCCI 燃烧通常采用较稀的混合气和较强的 EGR，使缸内温度较低造成的。

3. HCCI 发动机存在的问题及对策

虽然 HCCI 技术受到了广泛的重视，但还面临一些技术问题，HCCI 尚待解决的技术问题如下。

（1）着火时刻和燃烧速率的控制　HCCI 点火过程主要受化学反应动力学控制，着火时刻取决于混合气的成分、温度和压力，只能间接控制着火时刻和燃烧过程，目前主要通过 EGR、VCR（可变压缩比）和 VVT 等技术解决。

（2）发动机冷起动时着火困难　冷起动时，燃烧室的壁面温度低，不能从进气歧管吸收热量，也没有可用的高温废气，要在燃烧室内得到高温均质混合气比较困难，不容易使 HCCI 发动机实现自燃。因此，若无温度补偿，在冷起动阶段要实现 HCCI 燃烧非常困难。现在，有多种多样的冷起动方案被提出并研究，如使用预热器，使用不同的燃料或燃料添加剂，增加压缩比，使用可变压缩比或可变气门正时等技术。

（3）HC 和 CO 排放量高　采用 HCCI 发动机时，由于燃烧温度低，混合气混合均匀，使得 NO_x 和 PM 的排放量很低，但 HC 和 CO 的排放量较高，需采用机外净化装置。废气再循环技术比较受青睐，一般认为，再循环废气有加热作用、稀释作用、分层作用和化学性作用。

（4）发动机工况运行范围窄　HCCI 几乎是同时进行的，大负荷时，过快的燃烧速度会引起发动机的爆燃燃烧；低负荷时，燃烧速度过慢会引起火焰传播的中断。采用分层燃烧技术可以有效地拓宽 HCCI 的运行工况范围，采用两种不同特性的燃料也是拓宽 HCCI 运行工况范围和控制点火时刻的重要途径之一。

（5）高负荷下功率输出不足　针对这个问题有两种解决方案：一是开发应用低十六烷值、高能量密度的专用 HCCI 燃料，它能够同时满足动力性、经济性和排放性的要求，但是目前还没有开发出类似这种理想的专用 HCCI 燃料；二是采用"双模式" HCCI 发动机，即在部分负荷时采用 HCCI 方式，而在很高负荷及全负荷时则采用传统汽油机的燃烧方式工作。

3.4　燃烧室及进气系统结构的改进

3.4.1　压缩比与燃烧室形状

1. 压缩比

根据等容加热理论循环热效率计算公式（3-2）可知，压缩比 ε 与发动机性能有很大关系，当压缩比提高时，热效率增加，发动机的动力性提高，燃油消耗率降低。汽油机压缩比的提高主要受爆燃和 NO_x 污染物排放的限制。压缩比提高到一定程度后，不仅对提高发动机的功率和效率无明显效果，而且会增加排气中 NO_x 污染物的浓度。另外，大的压缩比需要较高的汽油辛烷值，使得汽油的炼制成本提高。

汽油发动机运转时，汽油与空气的混合气在活塞上行的压缩过程中，除了被挤压而体积缩小之外，同时发生了涡流和湍流两种现象。当密闭容器中的气体受到压缩时，压力随着温度的升高而升高。若发动机的压缩比较高，则压缩时所产生的气缸压力与温度将相对提高，混合气中的汽油分子能汽化得更完全，颗粒物能更细密；再加上涡流、湍流效果和高压缩比所得到的密封效果，使得当火花塞跳火时，混合气在瞬间内完成燃烧的动作，释放出最大的爆发能量参与发动机的动力输出。反之，若燃烧的时间延长，能量会耗费并增加发动机的温度，而并非参与发动机动力的输出。所以，高压缩比的发动机就意味着可具有较大的动力输出。

汽油机是点燃式，其压缩比低；柴油机是压燃式，其压缩比高。轿车汽油机的压缩比是 8~11，柴油机的压缩比是 18~23，压缩比在 10 以上便属于高压缩比的发动机。一般情况下，压缩比越大，对汽油的辛烷值要求越高，即汽油标号越高，这与汽油的燃点较柴油高有关。假若压缩压力太高，则燃烧室内的混合气会进行分子聚集，其中的汽油分子吸收了足够的热量之后，当达到其燃点时，若燃烧室内存有积炭或某个角落恰有热点出现，这些汽油分子便会自行燃烧起来，或者在火花塞预点火之前就自行燃烧了，这样的结果往往就是产生爆燃。然而，从另一个角度来看，在压缩行程中，汽油分子能大量地吸收热量，使之汽化得更好，与空气之间混合的均匀效果会更佳。当其吸收最多的能量后，在一个适当的时刻，火花塞将跳火产生火花，则混合气能在最短的瞬间将所蓄存的能量释放出来，推动活塞产生动力，使发动机具有最大的功率输出，发挥出全部的能量，即发动机做功。

一般发动机的压缩比是不可变动的，因为燃烧室容积及气缸工作容积都是固定的结构参数，在设计中已经确定。不过，为了使发动机在各种变化的工况中能发挥更好的效率，以便改善发动机的运行性能，近年人们开发了可变压缩比（Saab Variable Compression，SVC）发动机，用以改变压缩比来控制发动机的排放特性、燃油消耗及发动机功率。它的核心技术是在缸体与缸盖之间安装楔形滑块，缸体可以沿滑块的斜面运动，使得燃烧室与活塞顶面的相对位置发生变化，改变燃烧室的容积，从而改变压缩比。其压缩比可在 8 ~ 14 之间变化。在发动机处于小负荷时，采用高压缩比以节约燃油；当发动机处于大负荷时，采用低压缩比并辅以增压器，以实现大功率和高转矩输出。改装后的发动机，其 CO_2 排放量与油耗成正比下降，而 CO、HC 和 NO_x 的排放可达到欧 V 排放标准。

可变压缩比对降低排放量是非常有利的。为了使催化转化过程能够顺利地进行，三效催化转化器必须达到 400℃ 左右的工作温度，发动机冷起动后需要经历一段所谓的"起燃时间"才能达到这一温度，大约是 1 ~ 2min。在起燃时间尚未结束之前，三效催化转化器对排放的净化转化作用十分有限。采用可变压缩比汽油机与推迟点火一样，能够降低热效率，进而提高单位排量的废气热流量，迅速地加热三效催化转化器，这样就可以缩短起燃时间，明显降低冷起动和暖机阶段的排放量。在部分负荷工况下，针对 NO_x 排放量随着压缩比增大而升高的现象，一方面，由于可以接受较大的废气再循环率，因而能够更多地降低 NO_x 排放量；另一方面，在较高负荷下提高压缩比能够提高热效率，增大转矩，降低对混合气加浓的要求，这样就可以扩大闭环控制的工况范围，进一步降低有害物质 CO 和 HC 的排放量。

2. 燃烧室形状

在汽油机低排放燃烧系统中，采用稀燃技术改造燃烧室是一项重要措施，为保证燃用稀混合气，需采取措施组织混合气的快燃或采用分层充气的燃烧室。

（1）火球燃烧室　火球燃烧室如图 3-17 所示，缸盖上凹入的排气门下方为主燃烧室，其直径很小，形状紧凑，有一定的挤气面积，能形成较强的挤气湍流。进气门下方为一浅凹坑，通过一浅槽与主燃烧室连通。当活塞上行时，部分进入进气门凹坑的混合气通过浅槽切向进入主燃烧室，并产生涡流运动；当活塞下行时，燃气以高速形成反挤流运动，使燃烧速度大大提高。与一般汽油机相比，火球燃烧室可使用高压缩比而不会引起表面点火或爆燃，可燃烧稀薄均匀混合气，使得耗油率较低，排污较少。但火球燃烧室要求使用高辛烷值汽油，对缸内积炭较敏感。

（2）碗形燃烧室　碗形燃烧室如图 3-18 所示，活塞顶部凹坑形成燃烧室，其结构紧凑，火焰传播距离短，挤流较强，压缩比可达到 12。为获得较大的挤流强度，通常要精心设计燃烧室的口径、深度和活塞顶间隙，以及与压缩比间的比例关系。此外，因火花塞正好位于挤流通道口上，对气流速度变化很敏感，故应恰当地选择点火时刻。

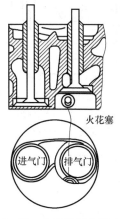

图 3-17　火球燃烧室的布置

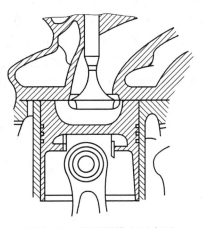

图 3-18　碗形燃烧室示意图

（3）双火花塞燃烧室 双火花塞燃烧室如图 3 - 19 所示，半球形燃烧室中心的两边等距离地布置着两只火花塞，因而火焰传播距离等于缸径的 1/2。这样可以适当推迟点火时间，提高点火时混合气的温度和压力，使点火性能得到改善，燃烧持续时间缩短，提高了发动机的性能。

（4）TGP 燃烧室 图 3 - 20 所示为带有涡流发生罐（Turbulence Generating Pot，TGP）的燃烧室。燃烧室中设置了副室，该副室为一扰动发生囊，其容积较小，与主燃烧室容积之比不大于 20%，两者之间用通道相连。该燃烧室在副室喷口处布置火花塞，在压缩过程中，新鲜混合气经通道进入副室，产生适当的涡流并对火花塞凹坑处进行扫气。在副室内，火焰核心点燃混合气，压力迅速升高，然后高温高压火焰喷入主燃烧室，使主燃烧室气体产生强烈湍流，加快了燃烧速度。这种燃烧室可燃用稀混合气，压缩比高达 15，动力性和经济性好，压力升高率低，工作柔和，但对点火时刻比较敏感。

图 3 - 19 双火花塞燃烧室示意图

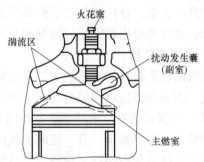

图 3 - 20 TGP 燃烧室示意图

（5）CVCC 燃烧室 本田公司的分层燃烧（Compound Vortex Controlled Combustion，CVCC）系统如图 3 - 21 所示，燃烧室分成主燃烧室和副燃烧室两部分。副燃烧室内装有副进气门和火花塞，室内有数个火焰孔与主燃烧室相通，工作中，供给副燃烧室少量浓混合气，空燃比 A/F = 12.5 ~ 13.5；供给主燃烧室稀混合气（A/F = 20 ~ 21.5），通过火焰孔适当混合，在副燃烧室及火焰孔附近形成较浓的中间混合气层。点火后，副燃烧室的混合气着火，并从火焰孔喷出火焰，点燃主燃烧室的可燃混合气。由于采用火焰点火燃烧稀混合气，燃烧室内无强烈湍流，因而燃烧缓慢，最高燃烧温度仅为 1200℃ 左右，可使 NO_x 的生成量减少（NO_x 排放量比一般汽油机低 3 倍）。因此，与其他燃烧室相比，CVCC 燃烧室的主要优点是排放性能好。

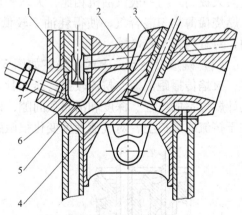

图 3 - 21 CVCC 系统
1—副进气门 2—副进气道 3—主进气门
4—主燃烧室 5—火焰通道
6—副燃烧室 7—火花塞

3.4.2 多气门技术

随着科学技术的发展，汽车发动机的转速已经越来越高，现代轿车发动机的转速一般可达 5000r/min 以上，传统的两气门已经不能胜任在短时间内完成换气的工作，限制了发动机性能的提高。解决这个问题的方法是扩大气体出入的空间，即用空间换取时间。多气门技术是解决该问题的最简单的方法，直至 20 世纪 80 年代，推广多气门技术才使发动机的整体质量有了一次质的飞跃。

多气门发动机是指每一个气缸的气门数目超过两个，主要有两个进气门和一个排气门的三气门式，两个进气门和两个排气门的四气门式，三个进气门和两个排气门的五气门式。其中，四气门式最为普遍。在汽油机中，多气门与两气门相比，能保证较大的换气流通面积，减少泵气损失，增大充量系数，且火花塞可以布置在燃烧室中央或接近这一位置，从而可保证较高的质量燃烧速率。发动机低速运行时，可通过电控系统关闭一个进气道，使气缸内的进气涡流加强，改善燃烧状况。因此，多气门发动机有排放污染少、能提高发动机的功率和降低噪声的优点，符合优化环境和节省能源的发展方向。所以多气门技术能迅速推广开来，现在，全世界几乎所有的中高级轿车都装备多气门发动机。

但是，并非气门越多越好，当前没有一缸六气门以上的发动机。热力学中有一个"帘区"的概念，是指气门的周长乘以气门的升程，即气门开启的空间。"帘区"越大，说明气门开启的空间越大，进气量也就越大。以奥迪 100 型轿车的发动机为例，它的四气门"帘区"值比两气门"帘区"值在进气状态下大一半，在排气状态下大 70%。当然，这有一定的适用范围，并不是说气门越多"帘区"值就越大，当每个气缸的气门增加到六个时，"帘区"值反而会下降，而且气门越多机构越复杂，成本就越高。因此，目前轿车的多气门发动机每个气缸的气门数目是 3~5 个，其中又以四气门最为普遍。

3.4.3 进气增压

1. 进气增压方式

发动机的增压方式主要有四种：废气涡轮增压、机械增压、谐振增压及气波增压。不管哪一种方式，它们的最终目的都是增加发动机的进气量，使汽油燃烧得更加充分，从而增加发动机的输出功率。

如图 3-22 所示，废气涡轮增压因结构紧凑、效率提升明显、故障率低和噪声小等诸多特点，在主流车型中占据着主导地位。废气涡轮增压靠发动机排气的剩余动能来驱动涡轮旋转，优点是涡轮转速高、增压值大，对动力提升明显。一台发动机装上涡轮增压器后，其输出的最大功率与未装增压器相比，可增加大约 40% 甚至更多，而且没有改变发动机的排气量。其缺点是有涡轮迟滞现象，即发动机在转速较低（一般在 1500~1800r/min 以下）时排气动能较小，不能驱动涡轮高速旋转以起到增大进气压力的作用，这时的发动机动力等同于自然吸气。

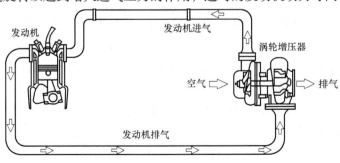

图 3-22 废气涡轮增压示意图

机械增压器和废气涡轮增压器在进气道中是被串联在一起的，称为复合式增压，如图3-23所示。空气从空气滤清器进入进气管以后，首先要经过机械增压器，然后通过进气管的引导经过涡轮增压器，最后进入进气歧管。虽然机械增压器和涡轮增压器是串联在一起的，但两者并不都是同时工作。

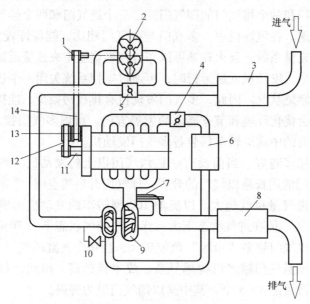

图3-23 复合式增压原理示意图

1—电磁离合器 2—机械增压器 3—空气过滤器 4—节气阀 5、10—进气旁通阀
6—中冷器 7—排气旁通阀 8—消音器 9—涡轮增压器 11—曲轴 12、14—V带 13—从动轮

当发动机处于怠速工况时，机械增压器的电磁离合器是分离的，此时发动机与机械增压器之间的动力是断开的，增压器没有消耗发动机的功率。而且机械增压器附近的进气旁通阀打开，空气并没有流经机械增压器，而是从旁通阀直接进入了涡轮增压器的位置。涡轮增压的进气旁通阀也是打开的，相当于进气绕过了涡轮，直接被吸入气缸。也就是说，在怠速工况下，涡轮增压器和机械增压器都是不工作的，这相当于一台自然吸气发动机。

当发动机在部分负荷工况下低转速运转时，接通机械增压器的电磁离合器，并且关闭机械增压旁通阀，让机械增压器开始工作，此时的增压值为 $1.2 \times 10^5 Pa$ 左右。机械增压器有增强低速转矩的特点，其在低转速时对发动机功率的消耗并不大，又能够增大发动机转矩的输出。当发动机的转速超过 1500r/min 时，涡轮开始介入，增压值能提高到 $2.5 \times 10^5 Pa$ 左右。当发动机转速达到 3500r/min 以上的高转速时，机械增压器开始停止增压，此时完全依靠涡轮增压器来进行增压，增压值从 $2.5 \times 10^5 Pa$ 降到 $1.3 \times 10^5 Pa$。因为一旦转速上升，机械增压器会消耗大量发动机能量，而中高转速是涡轮增压的强项，这样不仅避免了涡轮迟滞，让涡轮有足够的加速时间，还在很大程度上增加了低速转矩，降低了高转速时机械增压器产生的噪声。这样彻底解决了两种增压方式的缺陷，达到了一种完美增压的效果。

2. 增压对排放的影响

（1）对 HC 排放量的影响 汽油机排气中的 HC 由原始燃料分子、分解的燃料分子及再化合的中间化合物组成，小部分 HC 是由润滑油生成的。增压时，由于进气密度增加，可以改善油束的形成，提高燃油雾化质量，减少沉积于燃烧室壁面上的燃油，HC 减少；增压还使发动机整个燃烧循环的平均介质温度升高，氧化反应速率大，未燃 HC 的排放量降低。

（2）对 CO 排放量的影响　CO 是燃料不完全燃烧的产物，主要是在局部缺氧或低温下形成的。由于汽油机在 $\phi_a = 1$ 附近燃烧，故其 CO 的排放量较高。采用增压后，可供燃烧的空气增多，并且增压发动机大多数工况负荷较大，发动机的缸内温度能保证燃料更充分地燃烧，从而可使 CO 的排放量进一步降低。

（3）对 NO_x 排放量的影响　NO_x 的主要成分 NO 的生成取决于氧的浓度、温度及反应时间等，降低 NO 排放量的措施是降低火焰温度、氧浓度及高温下的停留时间。如果只简单采用增压措施，会因为 ϕ_a 增大和燃烧温度的升高而导致 NO_x 排放量的增加。

3.4.4　可变进气系统

进气系统的主要功能是提供发动机运转过程中需要的新鲜空气。该系统是发动机系统中一个非常重要的组件，直接影响到发动机的性能。当发动机处于大功率时，需要燃烧更多的燃油，当然也就需要更多的空气；而发动机在怠速稳定时，又需要调节空气量来保证少量燃油的燃烧，从而满足燃油经济性的要求。

可变进气系统的作用是调节进气系统的进气量，兼顾高速及低速的不同工况，以适应在低速及中高速工况下都能提高性能的需要，提高发动机的动力性和经济性，降低发动机的排放，改善发动机怠速及低速时的性能及稳定性。

1. 可变进气歧管长度

改变进气歧管的长度，可以满足发动机在不同转速下的性能要求。可变长度的进气歧管根据发动机转速的要求，通过控制机构的运作来进行长短气道的切换。在低中速时，空气经过较长的进气歧管，进气流速快，且在进气脉动惯性增压的作用下，使较多的混合气进入气缸，提高了转矩输出；在高速时，空气经过较短的进气歧管，管径变大，进气阻力小，充气效率高，可维持高转矩输出。

2. 可变进气道截面积

根据流体力学的原理，管道的截面积越大，流体压力及流速越小；管道的截面积越小，流体压力及流速越大。根据这一原理，可为发动机设计一套机构，在高转速时，使用较大的进气道截面积，使气体的流动阻力减小，提高进气流量；在低转速时，使用较小的进气歧管截面面积，提高气缸的进气负压，也能在气缸内充分形成涡流，让空气与汽油更好地混合。通过改变气道截面积的大小来控制进气量的大小，使发动机燃烧室内产生不同的涡流，以获得更好的发动机性能和满足排放要求。

以四气门发动机为例，两进两排设计，其中一个进气阀受 ECU 的直接控制。当发动机低转速运转时，需要的进气道截面积小，这时可以关闭该进气阀，使两个进气门只有一个能够进气，这相当于减少了一半的截面积。这时进气气流速度加快，提高了进气惯性，改善了进气效率，且造成了强横涡流或纵涡流，使燃烧迅速，提高了转矩输出。当发动机高转速运转时，进气阀在 ECU 的控制下开启，两个进气门同时工作，相当于加大了截面积，使进气充足，维持了高转矩输出。

3. 可变配气相位及可变气门升程

可变配气相位及可变气门升程的特性参数主要有气门开启相位、气门开启持续角度

（指气门保持升起持续的曲轴转角）和气门升程。这三个特性参数对发动机的性能、油耗和排放量有重要影响。通常将气门开启相位和气门开启持续角度统称为气门正时。随着发动机转速和负荷的改变，这三个特性参数（特别是进气门开启相位和开启持续角度）的最佳选择是不同的。

进气门开启相位提前，一方面为进气过程提供了较多的时间，特别有利于解决高转速时进气时间不足的问题；另一方面，气门叠开角增大，有更多的废气进入进气管，随后又同新鲜充量一起返回气缸，可获得较高的内部废气再循环率，降低了 NO_x 的排放量，但同时也导致了起动困难和怠速不稳定。

进气门关闭相位推迟，一方面，在高转速时有利于利用高速气流的惯性提高充气效率；另一方面，在低转速时又会将已经吸入气缸的新鲜充量重新推回进气管中。

气门升程增大，一方面，在高负荷时有利于提高体积效率；另一方面，在低负荷时又不得不将节气门关得更小，造成了更大的泵气损失和节流损失。

综上所述，出于不同的考虑，对气门特性参数有不同的要求。为了提高标定功率，应提早开启、推迟关闭进气门，并提高进气门升程；为了提高低速转矩，应提早关闭进气门；为了改善起动性能并提高怠速稳定性，则应推迟开启进气门，减小气门叠开角。显然，进气门特性参数对发动机的影响比排气门特性参数的影响更大，进气门关闭相位的响比开启相位的影响大。

由于环境保护和人类可持续发展的要求，低能耗和低污染已成为汽车发动机的发展目标。要求发动机既要保证良好的动力性，又要降低油耗以满足排放法规的规定，在各种现代技术手段中，可变配气相位及可变气门升程技术已成为新技术的发展方向之一。

3.5 废气再循环

排放控制不仅要求控制有害物质的排放，而且要求限制 CO_2 的排放，以便阻止全球气候变暖的趋势。这就要求降低油耗，提高发动机热效率。但是，优化燃烧过程来提高热效率的方法通常会导致燃烧过程加速，使最高燃烧温度升高，造成 NO_x 排放量的增加。

为了既改善热效率又降低 NO_x 排放量，办法之一是采用废气再循环。

3.5.1 废气再循环的工作原理

废气再循环是指把发动机排出的部分废气回送到进气歧管，并使其与新鲜混合气一起再次进入气缸。由于废气中含有大量的 CO_2，而 CO_2 不能燃烧却吸收大量的热，因此可使气缸中混合气的燃烧温度降低；同时，一部分废气经 EGR 控制阀流回进气系统与新鲜空气或新鲜混合气混合后，稀释了新鲜空气或新鲜混合气中的氧浓度，使燃烧速度降低。这两个因素都使燃烧温度降低，从而减少了 NO_x 的生成量。

废气再循环的工作原理如图 3 - 24 所示。发动机控制系统根据发动机的转速、负荷（节气门开度）、

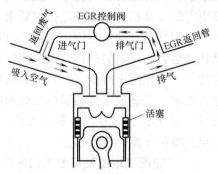

图 3 - 24 废气再循环的工作原理

温度、进气流量和排气温度控制电磁阀适时地打开 EGR 控制阀，排气中的少部分废气经
EGR 控制阀进入进气系统，与混合气混合后进入气缸参与燃烧。少部分废气进入气缸参与
混合气的燃烧，降低了燃烧时气缸中的温度，因 NO_x 是在高温富氧的条件下生成的，故抑
制了 NO_x 的生成，从而降低了废气中 NO_x 的含量。

3.5.2　废气再循环的控制策略

废气混入的多少用 EGR 率来表示，其定义为

$$EGR\ 率 = \frac{返回废气量}{返回废气量 + 进气量} \tag{3-3}$$

随着 EGR 率的增加，NO_x 的排放量会迅速下降。新鲜混合气混入废气后，其热值下降，
燃烧速度和燃烧温度下降，发动机在全负荷时的最大输出功率也会有所下降，为保持发动机
的动力性，即使 NO_x 的生成量多，也不宜采用 EGR。中等负荷时，采用较大的 EGR 率会使
燃油消耗率升高，HC 的排放量上升；小负荷，特别是怠速时，使用 EGR 会使燃烧不稳定甚
至导致缺火。为了使 EGR 系统能更有效地发挥作用，保证发动机的动力性能，其关键在于
根据发动机的温度及负荷的大小控制 EGR 率，使之在不同工况下处于各种性能的最佳折中
状态，实现减少 NO_x 生成量的控制目标。

为了精确地控制 EGR 率，最好采用电子控制 EGR 阀系统；为了降低 NO_x 的排放量，可
采用中冷 EGR 技术，将废气冷却后再流回气缸，使进气温度降低。中冷 EGR 技术不仅可以
降低 NO_x 的排放量，还可减少其他有害排放。

废气再循环的具体控制策略如下：

1）在发动机起动时，冷却水温和进气温度较低，NO_x 的生成量很少，通常关闭 EGR
阀，以保证发动机顺利起动直至稳定工况。

2）在低速小负荷时，由于供油量小，燃烧变得相对不太稳定，应降低 EGR 率或不使用
EGR，否则将导致发动机工作不稳定。

3）当水温过低时，混合气供应不均匀，燃烧不稳定，而且燃烧温度低，一般要关闭
EGR 控制阀。

4）空气温度也会影响 EGR 率。因为空气温度对发动机的燃烧有很大影响，所以空气温
度过低时也应适当降低 EGR 率。

5）当发动机水温达到正常工作温度、负荷增大运转时，燃烧室内的温度升高，促使
NO_x 的生成，此时最好的方法是降低燃烧室温度，采用 EGR。由于 NO_x 的生成量随负荷的
增大而增大，因此，随负荷的增大，应相应增大 EGR 率，一般不超过 20%，由此 NO_x 的排
放量可降低 50% ~ 70%。如果 EGR 率超过这个界限，则燃烧速度太慢，燃烧波动增加，使
HC 的排放量增加，动力性和经济性将随之恶化。

6）在高速、大负荷时，为了获得较高的输出功率，应降低 EGR 率或不采用 EGR。

7）要保证再循环的废气在各缸之间分配均匀。

3.6　汽油蒸气排放控制

1. 汽油蒸气排放控制系统的功能

汽油箱中的汽油随时都在蒸发汽化，若不加以控制或回收，则停机时，汽油蒸气将逸入

大气，对环境造成污染。汽油蒸发控制系统的功用是将这些汽油蒸气收集和储存在炭罐内，当发动机工作时再将其送入气缸燃烧，从而防止燃油蒸气直接排入大气而污染环境，同时还可节约能源。

为了控制燃油箱逸出的燃油蒸气，电控发动机普遍采用了炭罐，油箱中的燃油蒸气在发动机不运转时被炭罐中的活性炭所吸附，当发动机运转时，依靠进气管中的真空度将燃油蒸气吸入发动机中。电子控制单元根据发动机的工况，通过电磁阀控制真空度的通或断，以达到控制燃油蒸气的目的。

2. 汽油蒸发控制系统的组成与工作原理

汽油蒸发控制系统的工作原理如图 3 - 25 所示。油箱的燃油蒸气通过单向阀进入活性炭罐上部，空气从炭罐下部进入清洗活性炭；炭罐右上方有一排放小孔及受真空控制的排放控制阀，排放控制阀内部的真空度由炭罐控制电磁阀控制。

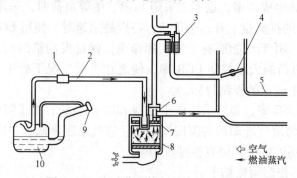

图 3 - 25   汽油蒸发控制系统的工作原理
1—燃料单向阀   2—蒸气通气管路   3—炭罐控制电磁阀   4—节气门   5—进气歧管
6—排放控制阀   7—定量排放小孔   8—活性炭   9—油箱盖真空阀   10—油箱

发动机工作时，ECU 根据发动机转速、温度和空气流量等信号，控制炭罐控制电磁阀的开闭来控制排放控制阀上部的真空度，从而控制排放控制阀的开度。当排放控制阀打开时，燃油蒸气通过排放控制阀被吸入进气歧管。

3.7   曲轴箱排放控制

当发动机运行时，总有一部分可燃混合气和燃烧产物经活塞环窜到曲轴箱内，窜到曲轴箱内的汽油蒸气凝结后将使机油变稀，性能变坏。废气内含有水蒸气和二氧化硫，水蒸气凝结在机油中形成泡沫，破坏机油的供给，这种现象在冬季尤为严重；二氧化硫遇水生成亚硫酸，亚硫酸遇到空气中的氧生成硫酸，这些酸性物质的出现不仅会使机油变质，而且会使零件受到腐蚀。由于可燃混合气和废气窜到曲轴箱内，曲轴箱内的压力将增大，机油会从曲轴油封、曲轴箱衬垫等处渗出而流失。流失到大气中的机油蒸气会增加对大气的污染。因此，曲轴箱必须设有通风装置，使漏入的气体排出，通风装置有两种，一种是自然通风，另一种是强制通风。

1. 自然通风

如图 3 - 26 所示，将由曲轴箱抽出的气体直接导入大气中的通风方式称为自然通风，柴油机多采用这种曲轴箱自然通风方式。在曲轴箱连通的气门室盖或润滑油加注口接出一根下垂的出气管，将管口处切成斜口，切口的方向与汽车行驶的方向相反，利用汽车行驶和冷却风扇的气流，在出气口处形成一定真空度，将气体从曲轴箱中抽出。

2. 强制通风

如图 3 - 27 所示，将从曲轴箱抽出的气体导入发动机的进气管，吸入气缸进行再燃烧的通风方式称为强制通风。汽油机一般都采用这种曲轴箱强制通风方式，这样可以将窜入曲轴箱内的混合气回收使用，有利于提高发动机的经济性。

曲轴箱强制通风系统最重要的控制元件是 PCV 阀，其功用是根据发动机工况的变化自动调节进入气缸曲轴箱内的气体量。因此，强制式曲轴箱通风装置又称为 PCV 系统。

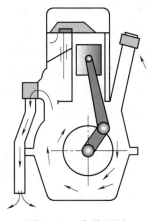

图 3 - 26　自然通风

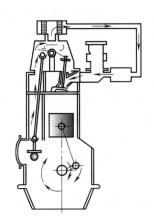

图 3 - 27　强制通风

3. PCV 阀的工作原理

PCV 阀的工作原理如图 3 - 28 所示。当发动机处于部分负荷正常工况时，曲轴箱内的所有窜气通过 PCV 阀进入进气歧管。

怠速或低速时的情形如图 3 - 28a 所示，进气歧管中的相对真空度较高，真空吸力大，允许少量曲轴箱窜气通过。

发动机转速或负荷加大时的情形如图 3 - 28b 所示，进气管的真空度下降，吸力减小，允许较多的气体通过；当发动机全负荷工作时，PCV 阀的弹簧使阀门开到最大流量状态。

发动机回火时，PCV 阀起保护作用，如图 3 - 28c 所示。如果进气管发生回火，进气管压力将增大，锥形阀落在阀座上，如同发动机不工作时一样，以防止回火窜入曲轴箱而引起爆炸。

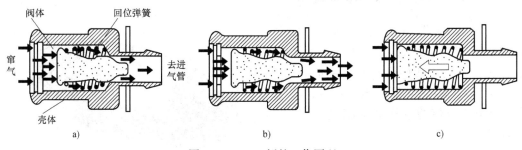

图 3 - 28　PCV 阀的工作原理

第4章 汽油机后处理净化技术

4.1 概述

机内净化技术以改善发动机的燃烧过程为主要内容，对降低排气污染起到了较大的作用，但其效果有限，且不同程度地给汽车的动力性和经济性带来了负面影响。随着对发动机排放要求的日趋严格，改善发动机工作过程的难度越来越大，能统筹兼顾动力性、经济性和排放性能的发动机将越来越复杂，成本也急剧上升。因此，世界各国都先后开发了废气后处理净化技术，在不影响或少影响发动机其他性能的同时，在排气系统中安装各种净化装置，采用物理的和化学的方法降低排气中的污染物最终向大气环境的排放。

专门对发动机排气进行后处理的方法是将净化装置串接在发动机的排气系统中，在废气排入大气前，利用净化装置在排气系统中对其进行处理，以减少排入大气的有害成分。车用汽油机后处理装置主要有三效催化转化器、热反应器和空气喷射器等。随着我国经济的高速发展，城市机动车辆日益增多，其废气已严重污染了大气环境，对三效催化转化器的需求将更为迫切。

4.2 三效催化转化器

三效催化转化器是目前应用最多的废气后处理技术。当发动机工作时，废气经排气管进入催化器，其中，NO_x 与废气中的 CO、H_2 等还原性气体在催化作用下分解成 N_2 和 O_2；而 HC 和 CO 在催化作用下充分氧化，生成 CO_2 和 H_2O。三效催化转化器的载体一般采用蜂窝结构，蜂窝表面有涂层和活性组分，与废气的接触面积非常大，所以其净化效率高。当发动机的空燃比在理论空燃比附近时，三效催化剂可将90%的碳氢化合物、一氧化碳和70%的氮氧化物同时净化，因此这种催化器被称为三效催化转化器。目前，电子控制汽油喷射加三效催化转化器已成为国内外汽油机排放控制技术的主流。

4.2.1 三效催化转化器的基本构造

三效催化转化器是由壳体、垫层、载体及催化剂四部分构成的，如图4-1所示。其中，催化剂是催化活性组分和涂层的合称，它是整个三效催化转化器的核心部分，决定着三效催化转化器的主要性能指标。

1. 壳体

壳体是三效催化转化器系统的支承体。壳体通常由奥氏体或铁素体镍镉耐热不锈钢

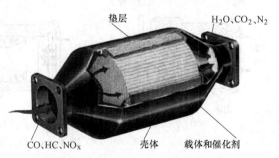

图4-1 三效催化转换器的结构图

板材做成双层结构，以防氧化皮脱落造成催化剂的堵塞，并可保证催化剂的反应温度。为了减少三效催化转化器对汽车底板的高温辐射，防止进入加油站时因三效催化转化器炽热的表面引起火灾，避免路面积水飞溅对三效催化转化器的激冷损坏及路面飞石造成的撞击损坏，加速发动机冷起动时催化剂的起燃，以及降低排气噪声，壳体外面还装有半周或全周的隔热罩。壳体的形状设计，要求尽可能减少流经三效催化转化器气流的涡流和气流分流现象，使废气尽可能均匀地分布在载体的端面上，使附着在载体上的活性涂层尽可能承担相同的废气注入量，让所有的活性涂层都能对废气产生加速反应的作用，以提高三效催化转化器的转换效率和使用寿命。

2. 垫层

垫层由软质耐热材料制成，一般有陶瓷密封垫层和钢丝网垫层两种。垫层加在载体与壳体之间，起到减振、缓解热应力、固定载体、保温和密封的作用。陶瓷密封垫层由陶瓷纤维、蛭石及粘结剂组成。陶瓷密封垫层在第一次受热时体积会明显膨胀，而在冷却时仅部分收缩，这样就使金属壳体与陶瓷载体之间的缝隙完全胀死并密封。陶瓷密封垫层的隔热性、抗冲击性、密封性和高低温下对载体的固定力比钢丝网垫层优越，是目前主要应用的垫层。

3. 载体

载体是承载活性组分的多孔、耐热固体物质。汽车尾气与附着在这种载体表面上的活性催化剂相互作用，加速了尾气中污染物的氧化还原反应，从而可达到净化尾气中废气的目的。载体应具有以下性能：热稳定性，足够的机械强度，热膨胀系数小。

载体主要有颗粒状载体、金属载体、陶瓷蜂窝状载体三类。颗粒状载体具有磨损快、阻力大的特点，在汽车催化器中已不采用。据统计，目前世界上的车用催化器载体中的 90% 是蜂窝整体式陶瓷载体，这种载体是用堇青石挤压而成的。堇青石是一种铝镁硅酸盐，其化学组成为 $2Al_2O_3 \cdot 2MgO \cdot 5SiO_2$，熔点为 1450℃ 左右，在 1300℃ 左右仍能保持足够的弹性，可以防止在发动机正常运转时发生永久变形。堇青石具有热膨胀系数小、抗热冲击性优良、快速加热或冷却时抵抗破裂的能力好、热稳定性良好等特点，因而适用于汽车排气冷热骤变的环境。美国康宁（Corning）公司于 20 世纪 70 年代发明了陶瓷蜂窝载体，其因具有热膨胀系数小、体积小、加热快、背压低、振动磨损小，以及设计不受外形和安装位置的限制等优点，而占据了车用催化器载体市场的主导地位。之后，日本 NGK 公司也掌握了这种技术并大量生产。

常见载体外形有圆形、椭圆形、三角形和跑道形等。为了获得较小的流动阻力和较大的几何表面积，蜂窝载体应向多孔薄壁方向发展，陶瓷蜂窝载体的孔隙度（单位面积上所开孔的数目）和孔与孔之间的壁厚是两个重要的参数，对催化剂性能的影响很大。为了降低压降、提高传热性能和增大几何面积，载体采用的孔隙度已从早期的 47 孔/cm^2 增加到 62 孔/cm^2 再增加到 93 孔/cm^2，孔壁厚也由 0.3mm 减小到 0.15mm 再减小到 0.1mm。因此，在不增加三效催化转化器体积的情况下，使单位体积的几何表面积由 2.2m^2/L 增加到 2.8m^2/L 再增加到 3.4m^2/L，从而大大提高了净化率。

蜂窝载体也可以用金属薄板制成。对于金属载体，通常采用刻蚀和氧化方法，使金属表面形成一层氧化物，在这种金属氧化物表面上可进一步浸渍具有催化活性的物质。金属载体还可以加工成网状，通过表面氧化处理和催化活性处理，可以得到具有较高催化活性的表面，然后进一步加工成各种尺寸的丝网，装入三效催化转化器中。金属丝载体的优点是容易做成各种形状，并且具有优异的抗冲击弹性，其起燃温度低、起燃速度快、比表面积大、传热快和使用寿命长，可适应汽车冷起动排放的要求，并可采用电加热。但由于其造价高，目前主要用于少量的汽车前置三效催化转化器和摩托车。

4. 涂层

涂层是在载体的表面涂的一层多孔的活性水洗层，如图 4-2 所示。涂层主要由 $\gamma - Al_2O_3$ 构成，具有较大的比面积（>200m²/g）。其粗糙多孔的表面可使载体壁面的实际催化反应表面积大大增加。涂层表面分散着作为催化活性材料的贵金属，一般为铑（Rh）、铂（Pt）和钯（Pd），以及作为助催化剂的铈（Ce）、钡（Ba）和镧（La）等稀土元素。催化剂的活性及耐久性除了与涂层的成分有关，也与涂层的制备工艺密切相关。

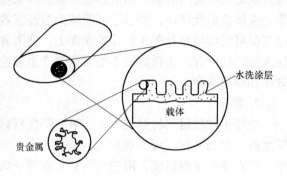

图 4-2　涂层

4.2.2　催化剂的种类

催化剂是三效催化转化系统的核心部分，它决定了三效催化转化器的主要性能指标，汽车尾气催化剂中的关键组分是催化剂活性组分。不同成分的贵金属（活性组分）决定着不同的催化剂特性，下面分别讨论催化剂各组分的作用。

1. 铑（Rh）

铑是三效催化剂中控制氮氧化物的主要成分，其高活性与其能有效地分解一氧化氮分子有关。它在较低的温度下可选择性地还原氮氧化物为氮气，同时产生少量的氨，具有很高的活性。所用的还原剂可以是氢气也可以是一氧化碳，但在低温下氢气更易反应。氧气对此反应的影响很大，在氧化型气氛下，氮气是唯一的还原产物；在无氧的条件下，低温下的主要还原产物是氨气，高温下的主要产物是氮气；当氧浓度超过一定值时，一氧化氮不再被有效地还原。此外，铑对一氧化碳的氧化，以及碳氢化合物的重整反应也有着重要的作用，铑可以降低一氧化碳的低温氧化性能。在三效催化转化器中，铑的典型用量是 0.18~0.3g。

2. 铂（Pt）

铂在三效催化剂中的主要作用是转化一氧化碳和碳氢化合物。铂对一氧化氮有一定的还原能力，但当汽车尾气中一氧化碳的浓度较高或有二氧化硫存在时，它没有铑有效，并且铂还原氮氧化物的窗口要比铑窄，在还原性气氛中很容易将氮氧化物还原为氨气。铂在三效催化剂中的典型用量为 1.5~2.5g。

3. 钯（Pd）

钯同铂一样，在三效催化剂中主要起催化一氧化碳及碳氢化合物发生氧化反应的作用。在高温下，钯会和铂或铑作用，形成合金，由于钯在合金的外层，会抑制铑活性的充分发挥。此外，钯的抗铅毒和硫毒的能力不如铂和铑，因此，全钯催化剂对燃油中的铅和硫含量控制的要求更高。但钯的热稳定性较好，起燃活性好。

当然，在三效催化剂中，不同贵金属的作用不是完全孤立的，而是相互关联的，这种协同作用对催化剂的整体催化效果十分重要。

4. 助催化剂（稀土元素）

助催化剂是指加到催化剂中的少量物质，这种物质本身不具有活性或活性很小，但能改变催化剂的部分性质，从而使催化剂的活性、选择性、抗毒性和稳定性得以改善。常见的稀土元素包括铈、镧、钡等，它们具有稳定的氧化态，氧化铈和氧化镧是车用三效催化剂常用的助催化剂，它的一般用量约为涂层质量的 10% ~ 30%。

助催化剂具有多种功能：

1）储存及释放氧，使催化剂交替处于富氧和贫氧状态。为了使催化剂在贫氧状态下更好地氧化一氧化碳和碳氢化合物，以及在富氧的情况下更好地还原氮氧化物，常常借助于催化剂中的氧化铈改善在排气条件下的氧化 - 还原反应，起到吸氧和释放氧的作用。

2）稳定汽车催化剂中的氧化铝载体，防止壁面因高温烧结而损失其比表面积。贵金属在三效催化剂工作的温度下倾向于因烧结而聚集成大的颗粒物，降低了反应的活性，而氧化铈可有效地稳定贵金属在高温时的分散。

3）促进水煤气反应和水蒸气重整反应。水煤气反应在低温时有利于除去一氧化碳，反应产生的氢气有利于一氧化氮的还原；水蒸气重整反应可以减少 HC 的排放量。

4）改变反应动力学。稀土元素铈可以改变 NO - CO 反应的动力学，即降低反应的活化能，从而降低反应温度。

4.2.3　催化反应机理

催化作用的核心是催化剂。催化剂是一种能改变化学反应速率而本身的质量和组成在化学反应前后保持不变的物质。催化剂不影响化学反应的平衡位置，也不能使热力学受阻的化学反应得以进行。催化剂可使热力学允许的反应在适当的化学条件下具有较低的活化能，从而加速反应进程。

汽车尾气中既有还原性的气体 HC 和 CO，又有氧化性的组分 NO_x。在催化剂的作用下，这些气体将在三效催化转化器的催化剂上发生如下的主要反应。

（1）氧化反应

$$CO + O_2 \rightarrow CO_2 \tag{4-1}$$

$$H_2 + O_2 \rightarrow H_2O \tag{4-2}$$

$$HC + O_2 \rightarrow CO_2 + H_2O \tag{4-3}$$

（2）还原反应

$$CO + NO \rightarrow CO_2 + N_2 \tag{4-4}$$

$$HC + NO \rightarrow CO_2 + N_2 + H_2 \tag{4-5}$$

$$H_2 + NO \rightarrow H_2O + N_2 \tag{4-6}$$

（3）水蒸气重整反应

$$HC + H_2O \rightarrow CO + H_2 \tag{4-7}$$

（4）水煤气转换反应

$$CO + H_2O \rightarrow CO_2 + H_2 \tag{4-8}$$

其中，部分大分子烃、烯烃和芳香烃可通过水蒸气重整反应转化为 CO 和 H_2，铑可促进此反应；部分 CO 可通过水煤气转换反应而除掉，铂可促进此反应。在三效催化剂的催化反应中，NO 与 CO 的反应是最重要的反应。

根据红外光谱，推断 NO 和 CO 之间可能存在下列反应步骤，其中，M 代表金属活性位，(g) 表示气相，(a) 表示吸附态。

1）吸附步骤。

$$CO(g) + M \rightarrow M - CO \tag{4-9}$$

$$NO(g) + M \rightarrow M - NO \tag{4-10}$$

2）解吸步骤。

$$M - NO + M \rightarrow M - N + M - O(a) \tag{4-11}$$

3）表面重组和表面反应。

$$M - N + M - N \rightarrow N_2(g) + 2M \tag{4-12}$$

$$M - N + M - NO \rightarrow N_2O(g) + 2M \tag{4-13}$$

$$M - N + NO(g) \rightarrow N_2O(g) + M \tag{4-14}$$

$$M - O + CO(g) \rightarrow CO_2(g) + M \tag{4-15}$$

$$M - N + CO(g) \rightarrow M - NCO \tag{4-16}$$

CO 和 NO 首先吸附在活性位上，如反应式（4-9）和式（4-10）；然后吸附态的 M – NO 进一步分解得到吸附态的氮 M – N 和吸附态的氧 M – O，如反应式（4-11）；接着 M – N 与 M – O 之间或它们与气相中的 NO 和 CO 进行反应，生成 N_2、CO_2、N_2O 及中间体 M – NCO。

为了氧化还原剂 CO、HC 和 H_2，由 NO 离解产生的氧与排气中存在的分子氧之间会发生竞争。如果分子氧的分压明显高于 NO 的分压，则 NO 消失的速率会显著下降，如图 4-3 所示，这就是用目前已有的催化剂不能完全消除供给过量空气的发动机排气中 NO 的原因。

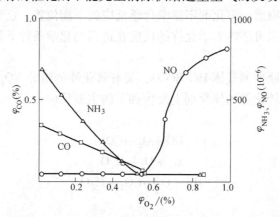

图 4-3　被处理气体的含氧量对 CO 和 NO 转化率及 NH_3 生成的影响

除了 NO 与 CO 的反应外，在汽车尾气三效催化剂中还存在着 NO 与 H_2 的反应，NO 离解产生的原子态氮可以进行更加彻底的还原。主要反应为

$$NO + H_2 \rightarrow NH_3 + H_2O \tag{4-17}$$

$$NO + CO + H_2O \rightarrow NH_3 + CO_2 \tag{4-18}$$

三效催化器可以同时消除法规限定的三种污染物 CO、HC 和 NO_x。当供给发动机的可燃混合气的空燃比为理论空燃比（过量空气系数 $\phi_a = 1$）时，CO、H_2 和 HC 的氧化不存在 NO 和 O_2 之间的竞争，因为 O_2 不过剩。所以，用三效催化剂几乎可以同时除去 CO、HC 和 NO_x。

当发动机的可燃混合气的空燃比不是理论空燃比时，三效催化剂的转化效率就会下降，如图 4 - 4 所示。对于稀混合气（$\phi_a > 1$），NO 的净化效率下降；对于浓混合气（$\phi_a < 1$），CO 和 HC 的氧化效率会下降，不过一旦可用的 O_2 和 NO_x 被消耗完，CO 和 HC 分别可以与排气中的水蒸气发生水煤气转换反应和水蒸气重整反应，使 CO 和 HC 的量减少。

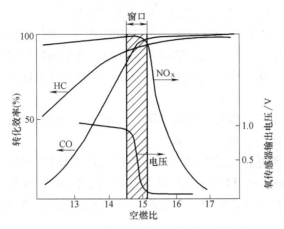

图 4 - 4　空燃比对三效催化剂转化效率的影响

为了与三效催化剂相配，现代汽油机均采用由排气氧传感器反馈控制空燃比的电控汽油机喷射系统，如图 4 - 5 所示。但闭环空燃比调节系统对加速和减速响应的滞后会引起实际 ϕ_a 相对目标值 1 的上下波动，波动幅度 $\phi_a = \pm 0.01$。试验表明，这种实际 ϕ_a 围绕 1 的波动不仅没有害处，反而能加宽三效催化剂的高效范围，并可以降低起燃温度。范围越宽，表示催化剂的实用性能越好，同时也对电控系统的控制精度要求越低。

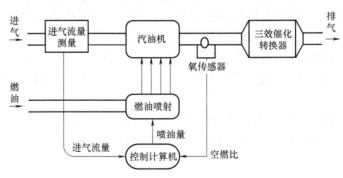

图 4 - 5　闭环控制系统与三效催化器

三效催化转化器可能使汽油机的燃料消耗增加几个百分点，原因是其增大了排气阻力。主要是可燃混合气与不装三效催化转化器时相比要浓一些，因为后者在部分负荷下总是以略稀的经济混合气工作。

4.2.4　三效催化转化器的性能指标

1. 转化效率

汽车发动机排出的废气在催化器中进行催化反应后，其有害污染物的浓度可得到不同程度的降低。催化器转化效率由式（4 - 19）定义

$$\eta^{(i)} = \frac{C_i^{(i)} - C_o^{(i)}}{C_i^{(i)}} \times 100\% \qquad (4-19)$$

式中　$\eta^{(i)}$——排气污染物 i 在催化器中的转化效率；

　　　$C_i^{(i)}$——排气污染物 i 在催化器进口处的浓度或体积分数；

　　　$C_o^{(i)}$——排气污染物 i 在催化器出口处的浓度或体积分数。

催化器对某种污染物的转化效率取决于污染物的组成、催化剂的活性、工作温度、空间速度及流速在催化空间中分布的均匀性等因素，它们可分别用催化器的空燃比特性、起燃特性和空速特性表征；而催化器中排气的流动阻力则由流动特性表征。

2. 空燃比特性

三效催化剂转化效率的高低与发动机过量空气系数 ϕ_a 有关，转化效率随 ϕ_a 的变化关系称为催化器的空燃比特性，如图 4-4 所示。

当供给发动机的可燃混合气的空燃比严格保持为化学计量比时（$\phi_a = 1$），三效催化剂附近的狭窄区间内对 CO、HC 和 NO_x 的转化效率均可达到 80% 以上。在实际使用中，为使催化剂保持在这个区间内工作，需要采用如图 4-5 所示的闭环控制系统和氧传感器。

3. 起燃特性

催化剂转化效率的高低与温度有密切关系，催化剂只有达到一定温度以上才能有明显的催化作用（即起燃）。催化器的起燃特性有两种评价方法：起燃温度特性和起燃时间特性，最常用的是起燃温度特性。两种评价方法都可用来评价催化器的起燃特性，但评价的内容并不完全相同。起燃温度特性主要取决于催化剂的配方，它评价的是催化剂的低温活性；而起燃时间特性除与催化剂的配方有关外，在很大程度上还取决于催化器总体的热惯性、绝热程度及流动传热传质过程，其评价试验结果与实车冷起动特性的关系更为直接和全面。

催化器的起燃特性通常根据转化率达到 50% 时所对应的温度 T_{50}（起燃温度）来进行评价。显然，T_{50} 越低，催化器在发动机冷起动时越能迅速起燃，因此 T_{50} 一直是表征催化器活性的重要特征值。当催化器中的温度较低时，催化剂的活性不高，催化器的转化率也相应较低；当温度高于起燃温度时，催化剂达到最佳工作状态，具有最高的转化率。

4. 空速特性

空速（空间速度的简称）是指每小时流过催化剂的排气体积流量（换算到标准状态）与催化剂容积之比，其单位 h^{-1}，转化效率随空速的变化关系称为催化剂的空速特性。空速由下式定义，即

$$SV = \frac{q_V}{VR} \qquad (4-20)$$

式中　SV——空速；

　　　VR——催化器的容积（m^3），与催化器的形状与孔隙率有关；

　　　q_V——发动机排气体积流量（m^3/h）。

空速的大小实际上表示了反应气体在催化剂中的停留时间 $t_r(s)$，两者的关系为

$$t_r = 3600 \times \frac{\varepsilon}{SV} \qquad (4-21)$$

式中　ε——催化剂的孔隙率，是由催化剂结构参数决定的常数。

空速越高，反应气体在催化剂中停留的时间越短，转化效率越低；但同时由于反应气体

流速和湍流度的增加，有利于反应气体向催化剂表面的扩散及反应后成分的脱附。因此，在一定范围内，转化效率对空速的变化并不敏感。

在催化剂的实际应用中，人们希望用较小体积的催化剂实现较高的转化率，以降低催化剂成本，这就要求催化剂有很好的空速特性。一般催化剂容积与发动机排量之比为 0.5 ~ 1.0，这主要是根据催化剂的空速特性及要求达到的排放性能指标来确定的。

5. 流动特性

车用催化器的流动阻力增大了发动机的排气背压。背压过大会使排气过程的推出功增加，消耗同样燃料所输出的有用功减少；还会使残余废气量增大，导致发动机的充气效率降低，每循环同样气缸容积所能利用的燃料化学能减少，同时引起燃烧热效率的下降。这些都会使发动机的经济性和动力性降低。

与陶瓷蜂窝载体相比，金属载体具有较低的流动阻力。在相同孔密度的条件下，金属载体的流动阻力比陶瓷载体约低 1/3。

催化器的流动特性还应包括流动截面上速度分布的均匀性。流速分布不均匀，不但会影响流动阻力，而且会造成载体中心区域的流速及温度过高，导致催化剂沿径向的劣化程度不均匀，从而缩短了催化剂整体的寿命；过大的温度梯度还会使陶瓷载体破裂。

4.2.5　三效催化转化器的劣化机理

三效催化剂的劣化与其使用寿命和周期密切相关。催化剂的劣化或失活主要是由热效应及受尾气中铅、磷和硫的化学中毒引起的。有时催化剂的中毒是由各种因素的综合作用引起的。

在汽车正常行驶的状况下，三效催化剂的失活主要是由热失活和化学中毒造成的，而不是由机械原因或催化剂结焦引起的。

1. 热失活

热失活是指催化剂由于长时间工作在 850℃ 以上的高温环境中，其涂层组织发生相变、载体烧熔塌陷、贵金属间发生反应、贵金属氧化及其氧化物与载体发生反应而导致催化剂中氧化铝载体的比表面积急剧减小、催化剂活性降低的现象。高温条件在引起主催化剂性能下降的同时，还会使氧化铈等助催化剂的活性和储氧能力下降。

引起高温失活的原因主要有三个：

1）发动机失火，如突然制动、点火系统不良、进行点火和压缩试验等，使未燃混合气在催化剂中发生激烈燃烧，使温度大幅度升高，从而引起严重的热老化。

2）汽车连续在高速大负荷工况下行驶，产生不正常燃烧等，导致催化剂的温度急剧升高。

3）安装位置离发动机过近。

催化剂高温失活的特征可通过加入一些元素来减缓。试验表明，加入锆、镧、钕、钇元素可以减缓高温时活性组分的长大和催化剂载体比表面积的减少，从而提高反应的活性。

2. 化学中毒

催化剂的化学中毒主要是指一些毒性化学物吸附在催化剂表面上并不易脱附，导致废气中的有害气体不能接近催化剂进行化学反应，使催化器对有害排放物的转换效率降低的现象。常见的毒性化学物有燃料中的硫、铅及润滑油中锌、磷等。

（1）铅中毒　铅通常是以四乙基铅的形式加入汽油中，以增加汽油的抗爆性，其在标准的无铅汽油中的质量浓度约为 1mg/L。铅中毒可能存在两种不同的机理：一是在 700～800℃，由氧化铅引起的；二是在 550℃ 以下，可能是由硫酸铅及其他化合物抑制气体的扩散引起的。在使用过程中，铅在催化剂上的吸附量和 HC 的转化率随温度的不同而不同，如图 4-6 所示。当温度为750℃ 时，铅在催化剂上的初始累积率较高（达 2.2g/h），而在接下来的 150h 内，铅的累积率较低（仅 0.6g/h），从而导致 HC 的转化率在 50h 内由 99% 急速降到 66%，而后保持 65% 左右，铅的累积速率变化的节点与 HC 转化率的变化节点相对应，说明铅对催化剂的活性有直接的影

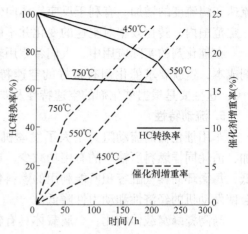

图 4-6　铅对 Pt、Al_2O_3 催化剂
活性及 HC 转换率的影响
（尾气中铅含量为 0.4g/L）

响；在 550℃ 时，铅的累积速率明显降低，因此，HC 的转化率在 100h 内基本维持在 90% 以上，在 250h 后才降至 65%；在 450℃ 时，铅的累积速率更低，故 HC 的转化率在 150h 内都很高。

（2）硫中毒　燃油和润滑油中的硫在氧化环境中易被氧化成二氧化硫。二氧化硫的存在，会抑制贵金属催化剂的活性，其抑制程度与催化剂的种类有关。试验证明：硫对贵金属催化剂活性的影响较小，对非贵金属催化剂活性的影响较大。这正是汽车厂商选择贵金属而不选非贵金属用于汽车尾气治理的一个重要原因。而在常用的贵金属催化剂 Pt、Pd、Rh 等中，Rh 能更好地抵抗二氧化硫对 NO_x 还原的影响，而 Pt 受二氧化硫的影响最大。值得注意的是，二氧化硫的抑制效应还受温度和气氛的影响。例如，在 200℃ 和 475℃ 温度下，二氧化硫和氧气对 NO_x 还原活性的影响如下：当加入 $2×10^{-6}$（体积分数）二氧化硫后，NO_x 的还原率均降低；但在高温 475℃ 时，若去掉二氧化硫，则无论尾气中是否含氧，NO_x 的还原性均能基本恢复；而在低温 200℃ 时，在有氧的条件下，去掉二氧化硫，NO_x 的还原活性恢复，在无氧的条件下，去掉二氧化硫，NO_x 的还原活性不能恢复。

（3）磷中毒　通常磷在机油中的质量浓度约 1.0g/L，是尾气中磷的主要来源。据估计，汽车每运行 $8×10^4$km 大约可在催化剂中富集 13g 磷，其中 93% 来源于机油，其余来源于燃油。磷中毒主要是磷在高温下可能以磷酸铝或焦磷酸锌的形式粘附在催化剂表面，阻止有毒废气同催化剂接触所致。人们用含磷与不含磷的润滑油作过发动机的动态测试试验，结果表明，催化剂对含磷尾气中的 CO 和 NO 的转化率明显较低，但如果向机油中加入碱土金属（Ca、Mg），碱土金属与磷形成的粉末状磷酸盐可随尾气排出，此时催化剂上富集的磷较少，使 HC 的催化活性降低得也较少。

3. 机械老化（损伤）

机械老化（损伤）是指催化剂及其载体在外界激励负荷的冲击、振动乃至共振的作用下产生磨损甚至破碎的现象。催化剂载体有两大类：一类是球状、片状或柱状氧化铝；另一类是含氧化铝涂层的整体式多孔陶瓷体。与车上其他零件的材料相比，其耐热冲击、抗磨损及抗机械破坏的性能较差，遇到较大的冲击力时容易破碎。

4. 结焦与堵塞

结焦是一种简单的物理遮盖现象，是指含碳物沉积而堵塞细孔，并未破坏表面结构。发动机的不正常燃烧和烧机油时产生的碳粒都会沉积在催化剂上，从而导致催化剂被沉积物覆盖和堵塞，不能发挥其应有的作用，但将沉积物烧掉后即可恢复其活性。

4.2.6 三效催化转换器的使用条件

三效催化转换器如使用不当或发生故障，将会造成三效催化转化器的性能变差甚至失效，从而导致发动机动力性、经济性下降，排气噪声增大，不易起动，经常熄火等故障。三效催化转化器应在以下使用条件下工作。

1. 对燃油和润滑油的要求

装有三效催化转化器的汽车不能使用含铅汽油，并应控制润滑油中硫和磷的含量。燃油和润滑油中的一些元素（如铅、硫、锌和磷等）可与催化剂活性材料反应而使活性成分发生相变，或者覆盖在催化剂活性表面，这些都会造成催化剂转化效率的下降甚至完全失效，即化学中毒。对装有三效催化转化器的汽车来说，最大的问题是铅中毒。因为含铅汽油燃烧后，铅颗粒物随废气排放经三效催化转化器时，会使催化剂失效，也就是常说的三效催化转化器铅中毒。实践证明，即使只使用了一油箱含铅汽油，也会造成三效催化转化器的严重失衡，同时，铅还会导致氧传感器的中毒和失效。因此，使用催化器的汽油车必须使用无铅汽油，汽油中的含铅量越低越好。

对润滑油及各种添加剂中的硫和磷的含量也要严格控制。另外，窜机油会使催化剂表面被结焦覆盖，甚至使通孔被堵塞，不仅会使催化器丧失工作能力，而且发动机的动力性和经济性也会明显恶化。因此，应经常注意润滑油的消耗量。

2. 保持车辆处于最佳工作温度

三效催化转化器降低 HC 和 CO 这两种有害废气的排放量是通过在三效催化转化器内部进行燃烧，使其转化成水及二氧化碳来实现的。三效催化转化器开始起作用的温度是 200℃ 左右，最佳工作温度是 400～800℃，而超过 1000℃ 以后，催化剂中的贵金属自身也会发生化学反应，从而使催化器内的有效催化剂成分的活性降低，使三效催化转化器的作用减弱。发动机在正常工作温度下，HC 和 CO 的燃烧所产生的热量可使催化器保持在最佳工作温度附近。而发动机的燃烧不完全、爆燃、失火及混合气过浓等，均会造成大量未燃汽油和 HC 化合物在催化器中燃烧，其产生的热量将导致催化剂的高温失活，使催化器损坏。因此，车辆工作温度过低或过高都不利于催化器发挥最有效的作用，保持车辆的最佳工作温度也是保持催化器的最佳工作温度。

3. 确保密封，防止漏气

排气系统或催化器壳体漏气（到达催化剂前）会影响催化器的正常工作。如果是三效催化转化器漏气，则会使进入催化剂的排气的实际空燃比偏离理论空燃比，使转化效率明显降低。同时，部分排气未经催化器的净化而直接泄露排出，会对大气环境造成实际污染。

4. 安装牢靠，防止振动

催化器的陶瓷载体耐机械冲击和热冲击的能力较差，催化器如果安装得不牢固而造成振动，很容易使载体破碎，不仅完全不能工作，而且会使发动机的性能恶化。所以，应经常检查催化器的安装是否牢靠。

4.3 热反应器与空气喷射

4.3.1 热反应器

汽油机工作过程中的不完全燃烧产物 CO 和 HC 在排气过程中可以继续氧化，但必须有足够的空气和适当的温度以保证其具有高的氧化速率，热反应器可为此提供必要的温度条件。在排气道出口处安装用耐热材料制造的热反应器，可使尾气中未燃的 HC 和 CO 在热反应器中保持高温并停留一段时间，使之得到充分氧化，从而降低其排放量。

热反应器属于氧化装置，不能去除 NO$_x$。热反应器一般采用耐热耐腐蚀的不锈钢制成，其结构如图 4-7 所示。热反应器由壳体、外筒和内筒构成，中间加保温层，使内部保持高温。热反应器安装在排气总管的出口处。根据发动机内的空燃比，热反应器的工作过程可以分为两种情况：

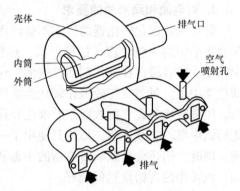

图 4-7 热反应器排气净化装置

1）在浓混合气燃烧的情况下，由于较大的容积和绝热保温部分，反应器的温度可高达 600 ~ 1000℃。同时，应在紧靠排气门处喷入空气（二次空气），以保证 CO 和 HC 氧化反应的进行。CO 进行氧化反应的温度应高于 850℃，HC 进行完全反应的温度应超过 750℃。热反应器必须为热反应提供必要的反应条件，通常在浓混合气工作条件下，热反应器可产生高于 900℃ 的高温。通入二次空气时，CO 和 HC 的转化率可达 80%。

2）在稀混合气燃烧的情况下，不需要二次空气喷射系统，其运转温度主要由排气温度决定，运行温度较低，导致转化效率较低。

热反应器系统在发动机冷起动时不能发挥作用。起动后，为了工作可靠，要求排气中有足够的可燃物质以保证发生自燃反应，这就需要使混合气的浓度大大高于最经济时的浓度，从而导致了油耗的增加。

热反应器内部的温度高达 800 ~ 1000℃，尽管其有隔热装置，但仍给车盖下增加了大量的热负荷。近年来由于有效的催化反应器的发展，对热反应器的需求已大为减少。

4.3.2 空气喷射

空气喷射系统是一种控制尾气排放的实用技术，用以减少排气中的 HC 和 CO 的排放量。实践也已证明，空气喷射系统在汽、柴油汽车上都能取得良好的效果。它的工作原理是利用空气泵将新鲜空气送入发动机排气管内，从而使排气中 HC 和 CO 进一步氧化和燃烧，生成水蒸气和二氧化碳，从而降低了排气中 HC 和 CO 的排放量。

空气喷射系统按其空气喷入的部位可分为两类：

1）新鲜空气被喷入排气歧管的基部，即排气歧管与气缸体相连接的部位，因此，排气中的 HC、CO 只能从排气歧管开始被氧化。

2）新鲜空气通过气缸盖上的专设管道喷入排气门后气缸盖内的排气通道内，排气中

HC、CO 的氧化更早进行。

二次空气喷射系统按控制形式不同可分为机械空气泵型、脉冲型、电控空气泵型。空气泵系统利用空气泵将压缩空气导入排气系统，脉冲系统利用排气压力将空气导入排气系统。

1. 电控空气泵型二次空气喷射系统

电控空气泵型二次空气喷射系统中的空气由电控单元根据输入信号，通过控制相关电磁阀引往空气滤清器、排气管及催化式排气净化器中。该系统有两套主控电磁阀，第一套电磁阀为分流阀，用于将空气送往空气滤清器；第二套电磁阀为开关电磁阀，用于将空气送往排气管或催化式排气净化器。该系统有以下几种工作方式：

1）当发动机处于冷态和开环状态时，由于催化式排气催化转化器不够热，不能使用额外的空气，因此，电控单元控制分流电磁阀和开关电磁阀，使空气经分流电磁阀被送往开关电磁阀，而开关电磁阀将空气引向排气管。

2）发动机在正常工作或闭环状态工作时，电控单元控制分流电磁阀和开关电磁阀，使空气经分流电磁阀被送往开关电磁阀，再由开关电磁阀将空气送往三效催化转化器中的氧化剂与还原剂之间，从而提高了氧化剂的工作效率。

3）当三效催化转化器过热时，加入的空气会对催化净化器中的催化剂造成污染，在这种情况下，电控单元控制分流电磁阀，将空气送往空气滤清器。

2. 脉冲型二次空气喷射系统

脉冲型二次空气喷射系统也称吸气器型二次空气喷射系统。该系统不是利用空气泵将空气送入排气歧管，而是利用排气压力的脉冲将新鲜空气吸入排气系统。研究发现，每次排气门关闭时，都会有一个很短的时间周期，在该时间里，排气孔和排气歧管内的气压都低于大气压力，也就是说产生了一个负压（真空）脉冲。利用这个真空脉冲，可经空气滤清器将一定量的空气吸入排气歧管，用这部分空气中的氧去氧化排气中的 HC 和 CO。如果车中还装有催化式排气净化器，也可以用这部分空气去供应催化式排气净化器对氧的需要。这就是脉冲型或称吸气器型二次空气喷射系统的工作原理。

常见的脉冲型二次空气喷射系统由钢管、单向吸气器和软管等组成。钢管的一端接吸气器，另一端用连接盘与发动机排气歧管相连通，把经空气滤清器、软管和吸气器的新鲜空气导入排气歧管。

吸气器实际上是一个单向阀，它允许从空气滤清器来的空气经钢管流向排气歧管，并防止排气歧管中的废气回流到空气滤清器中。

装有脉冲型二次空气喷射系统的发动机在怠速或低速运转时，排气歧管内的负压脉冲将使吸气器阀门开启。也就是说，在这种工况下，排气阀门每关闭一次，排气歧管内则出现一次负压脉冲，吸气器的单向阀就开启一次。阀门开启，在外界大气压力的作用下，新鲜空气经空气滤清器、软管、吸气器、钢管进入排气歧管，可进一步氧化排气中的 HC、CO，减少排气污染。当发动机高速运转时，由于排气门的关闭频繁，每次负压脉冲的周期特别短，在惯性的作用下，吸气器的单向阀不可能开启。因此，吸气器的单向阀门实际上是关闭的，此时它只起到一个阻止废气排入空气滤清器的截止阀的作用。也就是说，在发动机高速运转时，脉冲型二次空气喷射系统实际上是停止工作的。

4.4 稀薄燃烧汽油机尾气净化技术

稀薄燃烧是指发动机在空燃比大于理论空燃比的条件下运行。它的尾气具有与普通汽车尾气类似的化学成分，但其中还原性及氧化性气体的相对含量不同于普通汽车的尾气。比如，当空燃比由理论空燃比 14.7 提高到 22 时，尾气中 CO 的浓度将明显降低，HC 和 NO_x 在一定的空燃比范围内也有所减少，但尾气中 O_2 的浓度明显升高，使汽油机已有的三效催化剂对 NO_x 的转化率大为降低，使得尾气中的 NO_x 超标。因此，提高富氧条件下 NO_x 的转化率，是稀薄燃烧净化技术的关键。在稀薄燃烧条件下去除汽油机尾气中的 NO_x，主要有以下三种技术：第一种是直接催化分解技术，第二种是吸收还原技术，第三种是选择性催化还原技术。

4.4.1 直接催化分解技术

直接催化分解技术是从热力学的角度考虑，将 NO_x 分解成 N_2 和 O_2，即

$$NO_x \rightarrow N_2 + O_2 \qquad (4-22)$$

实现上述反应的关键是催化剂的活性。直接催化分解技术不使用还原剂，避免了使用价格高昂的贵金属作为催化剂，所以是一种比较理想的 NO_x 处理技术。研究表明，能直接分解 NO_x 的催化剂是将 Cu、Co、Ni、Ga、Fe、Zn、Pt 等通过离子交换法载于 ZSM-5 或 Y 型沸石上制成的。这种催化剂具有高活性和选择性，在氧化气流中由 HC 还原 NO_x 的表现良好，且有一定抗硫中毒的能力，在稀薄燃烧发动机尾气的催化转化中显示了较好的潜力。然而，在 NO_x 直接分解的过程中，氧对该反应有明显的阻碍作用，存在严重的氧抑制等问题。

4.4.2 吸收还原（NSR）技术

吸收还原 NO_x 的催化材料主要有贵金属（主要是 Pt）、碱土金属（Na^+、K^+、Ba^{2+}）、稀土氧化物（主要由 La_2O_3 组成）。在富氧条件下，NO_x 首先在贵金属上被氧化，然后与 NO_x 存储物发生反应，生成硝酸盐。当发动机以理论空燃比或低于理论空燃比燃烧时，硝酸盐分解形成 NO_x，NO_x 随后与 CO、H_2、HC 反应，被还原成 N_2。NO_x 的存储能力与氧的浓度有关，氧浓度增加，NO_x 的存储能力提高。当氧浓度达到 1% 以上时，NO_x 的存储能力基本不变。NO_x 的存储能力还与 NO_x 存储物的碱性有关，碱性越强，NO_x 的存储能力越强。但碱性过大会影响 Pt 的活性，降低 HC 的转化率。Pt 颗粒物的尺寸也影响 NO_x 的转化率，颗粒物越小，比表面积就越大，催化活性点便越多，NO_x 的转化率越高。

NSR 催化剂对 NO_x 的净化率可达 70% ~ 90%，但其耐硫性能和高温稳定性须进一步提高。

4.4.3 选择性催化还原（SCR）技术

1. 以 HC 为还原剂的选择性催化还原（HC-SCR）技术

人们在直接分解 NO_x 研究的基础上，发现了 HC 选择性还原 NO_x 的反应。在富氧条件下，HC 选择性催化还原 NO_x 的反应可以简化表示为

$$NO_x + O_2 + HC \rightarrow N_2 + CO_2 + H_2O \tag{4-23}$$

催化剂分为四类：氧化物、分子筛（沸石）、负载在沸石上的金属（主要指过渡金属）和负载贵金属。NO_x 的催化转化机理如图 4-8 所示。

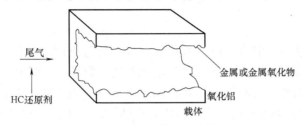

图 4-8 NO_x 的催化转化机理

2. 以氨类化合物为还原剂的选择性催化还原（NH_3–SCR）技术

这种技术是将 NH_3 及水解或热解产生的 NH_3 化合物喷入废气流或直接喷入燃烧室，在发达国家已经作为一种稳定的 NO_x 净化技术在柴油车上使用。NH_3 在汽车尾气中主要选择 NO_x 反应而不是 O_2，在含 O_2 废气中主要进行如下反应

$$NO + NH_3 + O_2 \rightarrow N_2 + H_2O \tag{4-24}$$

$$NO_2 + NH_3 \rightarrow N_2 + H_2O \tag{4-25}$$

下列氧化反应则会使部分氨损失

$$NH_3 + O_2 \rightarrow N_2 + H_2O \tag{4-26}$$

在 SCR 催化器中，所用的催化剂主要有 $Fe/ZSM-5$、V_2O_5、WO_3、V_2O_5/MoO_3、Fe_2O_3 或 $V_2O_5/TiO_2/SiO_2$。其中，$V_2O_5/TiO_2/SiO_2$ 的还原活性最强，其抗硫中毒能力和催化 SO_2 氧化的能力也比其他催化剂强，除 WO_3 对 NO_x 还原的催化活性中等外，其他催化剂对还原反应的催化活性都高，但催化 SO_2 氧化的活性都低。这种技术的主要优点是 NO_x 的转化效率特别高，在一定温度范围内可获得大于 95% 的转化效率。但由于 NH_3 本身有毒且操作成本高，多余的 NH_3 在排放后也需要进行处理。

随着人们环保意识的提高，减少温室气体的排放已成为全球关注的问题。因此，发动机的稀薄燃烧及使用稀薄燃烧车用催化剂处理尾气将成为必然。

第 5 章 柴油机机内净化技术

柴油机由于所用燃料、混合气形成方式及燃烧方式等方面的特征，其排放的 CO 和 HC 相对汽油机来说要少得多，排放的 NO_x 与汽油机在同一数量级，但 PM 的排放量要比汽油机大几十倍甚至更多。因此，柴油机的排放控制重点是 NO_x 与 PM，其次是 HC。降低柴油机 PM 的排放量，要求改善柴油机的混合气形成与燃烧过程，但是，柴油机燃烧过程的改善往往会引起 NO_x 排放量的增加，这就给柴油机的排放控制造成了困难。如何在保持柴油机良好经济性能的同时减少燃烧过程中 NO_x 的生成，是当前面临的主要技术挑战。

5.1 概述

5.1.1 柴油机的燃烧过程

柴油的粘度比汽油大且不易蒸发，而其自燃温度却比汽油低。因此，柴油机可燃混合气的形成及着火方式都与汽油机不同。

柴油机在进气行程中吸入的是纯空气。在压缩行程接近终了时，柴油经喷油泵将油压提高，通过喷油器将油喷入气缸，分散成数以百万计的细小油滴，这些油滴在气缸内高温、高压的热空气中，经加热、蒸发、扩散、混合和焰前反应等一系列物理、化学准备，最后着火燃烧。由于每次喷射过程要持续一定的时间，一般在缸内着火时喷射过程尚未结束，故混合气的形成过程和燃烧是重叠进行的，即边喷油边燃烧。对柴油机而言，由于压缩比较高（一般为 16~22），所以压缩终了时气缸内的空气压力可达 3.5~4.5MPa，温度高达 750~1000K，大大超过了柴油的自燃温度。因此，柴油喷入气缸后，在很短的时间内与空气混合后便立即自行着火燃烧。

柴油机的燃烧过程可划分为滞燃期、速燃期、缓燃期和后燃期四个阶段。

第 I 阶段——滞燃期：柴油开始喷入气缸到着火开始的这一段时期。此阶段包括燃油的雾化、加热、蒸发、扩散与空气混合等物理变化，以及重分子的裂化、燃油的低温氧化等化学变化，到混合气浓度和温度比较合适、充分氧化的一处或几处同时着火。滞燃期对柴油机的工作有很大的影响。影响滞燃期的主要因素是燃油的性质、压缩结束时的温度和压力，以及燃烧室中的空气涡流等。

第 II 阶段——速燃期：从着火开始到出现最高压力的这一段时期。由于此时参与燃烧的是滞燃期内形成的可燃混合气，因此放热速率高，气缸内压力升高得很快，其压力升高率取决于滞燃期内形成的可燃混合气量的多少。此阶段并没有把滞燃期内喷入的燃油全部烧光，具体燃烧量主要取决于混合气形成条件的情况，但至少会把相当一部分已喷入气缸并混合好的油量烧掉。所以，这一阶段的燃烧主要是预混合燃烧。

第 III 阶段——缓燃期：从最高压力点开始到出现最高温度时的这一段时期。缓燃期开始时，虽然气缸内已形成燃烧产物，但仍有大量混合气正在燃烧。在缓燃期的初期，喷油过程可能仍未结束，因此燃烧过程仍以相当高的速度进行，并放出大量热量，使气体温度升高到最大值。但由于燃烧是在气缸容积增大的情况下进行的，因此气缸内的气体压力有所下降。缓燃期末，放热量一般可达到循环总放热量的 70% ~ 80%。

第Ⅳ阶段——后燃期：从缓燃期终点到燃油基本烧完（一般放热量达到循环总放热量的 96% ~ 98% 时）的这一段时期。这一时期的特点是燃烧在膨胀线上进行，此时氧气大量减少，放热速率降低，燃油放出的热量不能被有效地利用，因而使排气温度升高，经济性下降。

柴油机燃烧过程的特性（图 5-1）是分析柴油机有害排放物的形成特点和研究排放物控制的基础。在预混燃烧时期，缸内温度高且氧气充足，是 NO 的主要生成期；而在扩散燃烧时期，缸内温度高，氧气含量降低，如果缸内燃烧过程组织得不好，则会产生大量 PM。因此，结合对柴油机燃烧过程的分析，柴油机应采用的燃烧控制思路是：抑制预混燃烧以降低 NO，促进扩散燃烧以降低 PM。整个燃烧过程的控制是通过对"油、气、燃烧室"三方的控制来实现的。

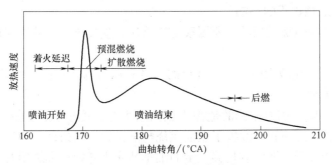

图 5-1　柴油机放热率曲线

5.1.2　影响柴油机燃烧过程的因素

1. 运转因素对燃烧过程的影响

影响燃烧过程的运转因素有喷油提前角、转速、负荷和冷却强度等。

（1）喷油提前角　喷油提前角是指从压缩过程中开始喷油到活塞行至上止点时的曲轴转角。增大喷油提前角，燃油将喷入压力和温度都不高的空气中，物理、化学准备的条件较差，滞燃期延长，导致速燃期的压力升高率增大，发动机工作粗暴；减小喷油提前角，也就是使燃油在更接近于压缩终点时喷入燃烧室，由于燃烧室内空气的压力和温度较高，因而滞燃期缩短，发动机工作比较柔和。但喷油过迟，燃烧就会在膨胀过程中进行，将导致压力升高率降低，最高燃烧压力下降，排气温度和散热损失增加，热效率显著下降。因此，每一种柴油机均有一个最佳的喷油提前角。但对于任何一台柴油机而言，其最佳喷油提前角都不是常数，而是随供油量和发动机的工作转速而变化的。

（2）转速　当转速增加时，燃烧室内的气流运动加强，同时还提高了喷油压力，使燃油与空气的混合得到改善，所以按时间计算的滞燃期将随着转速的增加而缩短，但以曲轴转角计的滞燃期却可能有所增加。

在涡流室柴油机中，随着转速的升高，空气涡流将大大加强，以曲轴转角计的滞燃期变化不大，燃烧过程就可能不致太延后。因此，相对于直接喷射式柴油机而言，涡流室柴油机对喷油提前角较不敏感。

（3）负荷　在柴油机中，如转速保持不变，则当负荷增大时，每循环的供油量也随着增大。由于充气量基本不变，因而过量空气系数 ϕ_a 减小，使单位气缸工作容积内混合气燃烧放出的热量增加，气缸内的温度上升，从而缩短了滞燃期，使柴油机工作柔和。但是，每循环供油量增加会使喷油持续时间延长，导致后燃严重；而且 ϕ_a 减小，不完全燃烧现象会增加，这会引起经济性的下降及排气污染的增加。

当柴油机冷起动或怠速运转时，气缸内的温度较低，柴油的滞燃期较长；而此时润滑油的粘度较大，柴油机的摩擦损失较大，尽管这时无负载，但每循环的供油量仍相对较大。因此，压力升高率也较大，会产生较大的噪声，随着转速的升高及负载的增大，柴油机热状态正常后，噪声即会自行减弱。

（4）冷却强度　在发动机中，和气体接触的机件的温度是变化的，这些机件的温度不仅随发动机的工作情况而定，而且随冷却水或空气的温度而定。当这些机件的温度增高时，燃油的滞燃期将缩短，发动机的工作比较柔和；但当温度过高时，对发动机的工作也不利。

2. 结构因素对燃烧过程的影响

在结构方面，影响燃烧过程的主要因素是压缩比、喷油压力、喷油规律、燃烧室形式及空气涡流运动等。

（1）压缩比　压缩比较大时，压缩终点的温度和压力都比较高，使燃油的滞燃期缩短，发动机的工作比较柔和。

（2）喷油压力　喷油压力在低的范围内逐渐增大时，可使燃油的雾化质量提高，从而增加了燃油与空气的接触面积，改善了燃油燃烧与准备燃烧的条件，使滞燃期缩短。但在喷油压力已相当高的情况下，即已有足够数量的细小油滴供开始点火之用时，此后再继续增大喷油压力，对滞燃期将不产生显著的影响。但高压喷射对降低 PM 的排放量是有利的。

（3）喷油规律　喷入燃烧室内的燃油量（或单位曲轴转角内的喷油量）随曲轴转角（或喷油泵凸轮轴转角）的变化而变化，这种变化关系称为喷油规律。喷油规律与喷油泵的凸轮外形、柱塞直径、喷油器的构造及高压油管的尺寸等因素有关。

滞燃期的长短实际上不受喷油规律的影响，但喷油规律会影响随曲轴转角进行燃烧反应的燃油分量，亦即影响燃烧过程的进行。

（4）燃烧室形式　燃烧室形式对燃烧过程的影响主要与混合气体形成的过程、空气涡流及气体与燃烧室壁面的传热有关。它直接影响发动机的动力性、经济性、工作平稳性及排气品质、噪声等。

（5）空气涡流运动　燃烧室内空气涡流的强弱对混合气体的形成和燃烧也有很大的影响。涡流强度的增加促进了空气对燃油的传热，并增加了燃油分子和氧气接触的机会，因而加速了燃油的挥发，促进了燃油和空气在燃烧室内的均匀分布，使碳烟的生成量减少。假如涡流的方向和速度与喷油情况、活塞运动等配合得当，则可使滞燃期缩短。涡流运动对空气的利用程度有很大影响，当燃烧同样多的燃油时，随着涡流的加强，获得正常及完善燃烧所必需的空气量就可减少，这样发动机可做得紧凑些。但过度提高涡流强度，会增加对壁面的散热及气体流动的能量损失，而使经济性降低。

目前，形成气缸中空气涡流运动的主要形式包括：在进气过程中，利用螺旋进气道或切向进气道，使充入气缸的空气产生绕气缸对称中心线高速旋转的进气涡流；在压缩行程中，使空气在燃烧室中产生强烈旋转的挤压涡流。

5.1.3 柴油机的主要排放污染物

柴油机污染物的生成主要取决于燃油在燃烧室内的分布及与空气的混合程度。图5-2所示为直喷式柴油机污染物的生成机理。由于柴油机无法形成均质可燃混合气，总有部分燃料不能完全燃烧，从而将生成以碳为主体的PM。同时，由于混合气不均匀，在燃烧过程中局部温度很高，并有过量空气，导致了NO_x的大量生成。相对汽油机而言，由于柴油机的过量空气系数比较大，其CO和HC的排放量相对较低，但普通的燃油供给系统使其PM排放量比汽油机大几十倍甚至更多。因此，控制柴油机排放物的重点在于降低柴油机的NO_x和PM的排放量。

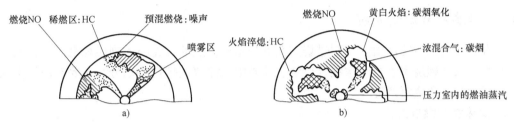

图5-2 直喷式柴油机污染物的生成机理

a）预混燃烧 b）扩散燃烧

5.1.4 柴油机机内净化的主要技术措施

柴油机的燃烧过程包含了预混、扩散混合等过程，远比汽油机复杂，因而可用于控制有害物生成的燃烧特性参数也远比汽油机复杂，这使得寻求一种兼顾排放、热效率等各种性能的理想放热规律成了控制柴油机排放的核心问题。为达到此目的，研究理想的喷油规律、理想的进气运动规律，以及与之匹配的燃烧室形状是必不可少的。

然而，根据柴油机NO_x与PM的生成机理可知，同时降低两者的排放量往往存在着矛盾。一般有利于降低柴油机NO_x的技术都有使PM排放量增加的趋势；而减少PM排放量的措施，又可能使NO_x的排放量升高。尽管如此，近年来，柴油机排放控制技术还是取得了很大的进步，人们研制出了一些低排放、高燃油经济性的柴油机，这些机型不用任何后处理装置即可以达到相关排放法规的要求，显示出了柴油机机内净化技术的巨大潜力。

表5-1给出了降低车用柴油机NO_x和PM排放量的技术措施。需要指出的是，每一种技术措施在降低某种排放成分时，往往效果有限，过度使用则会带来另一种排放成分增加或动力性、经济性的恶化，因而实际中常常是几种措施同时并用。

表5-1 降低车用柴油机 NO_x 和 PM 排放量的技术措施

技术对策	实施方法	主要控制对象
燃烧室设计	设计参数优化、新型燃烧方式	NO_x、PM
喷油规律改进	预喷射、多段喷射	NO_x
进排气系统	可变进气涡流、多气门	PM
增压技术	增压、增压中冷、可变几何参数增压	PM
废气再循环	EGR、中冷 EGR	NO_x
高压喷射	电控高压共轨系统、泵喷嘴	PM

5.2 低排放燃烧系统

柴油机燃烧室是由进气系统进入的空气与由喷油系统喷入的燃油混合后进行燃烧的场所，所以燃烧室的几何形状对柴油机的性能和排放具有重要的影响。

燃烧室按其设计形式的不同，可以分为非直喷式燃烧系统和直喷式燃烧系统。这两种燃烧系统在混合气形成、燃烧组织和适应性方面都各有特点，因而在有害排放物的生成量方面也有所不同。

5.2.1 非直喷式燃烧系统

非直喷式燃烧室往往由主、副燃烧室两部分组成，燃油首先喷入副燃烧室内进行混合燃烧，然后进入主燃烧室进行二次混合燃烧。非直喷式燃烧室按构造划分，主要有涡流室式燃烧室和预燃室式燃烧室两种。

1. 涡流室式燃烧室

图 5 - 3 所示为涡流室式燃烧室的结构。作为副燃烧室的涡流室设置在气缸盖上，其容积 V_k 与整个燃烧室的容积 V_c 之比一般为 50% 左右。主燃烧室由活塞顶与气缸盖之间的空间构成，主、副燃烧室之间有一通道，通道方向与涡流室壁面相切。

柴油机在压缩过程中，气缸内的空气受活塞的挤压，经连接通道导流并进入涡流室，形成强烈的、有组织的压缩涡流（一次涡流）。燃油顺涡流方向喷入涡流室，迅速扩散蒸发与气流混合。由于这种混合方式对喷雾质量要求不高，因而对喷油系统要求较低，一般采用轴针式喷油器，启喷压力为 10 ~ 12MPa，远低于直喷式燃烧

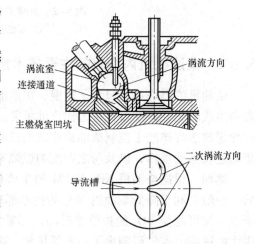

图 5 - 3   涡流室式燃烧室的结构

室所用的孔式喷油器。一般由喷注的前端开始着火，火焰在随涡流作旋转运动的同时，很快传遍整个涡流室。随着涡流室内温度和压力的升高，燃气带着未完全燃烧的燃料和中间产物经主、副燃烧室的连接通道高速冲入主燃烧室，在活塞顶部导流槽处再次形成强烈的涡流（二次涡流），与主燃烧室内的空气进一步混合燃烧，最终完成整个燃烧过程。

由于涡流室式燃烧室的燃烧过程采用浓、稀两段混合燃烧方式，前段的浓混合气抑制了 NO_x 的生成和燃烧温度，而后段的稀混合气和二次涡流又加速了燃烧，促使碳烟快速氧化，因而 NO_x 和 PM 的排放量都比较低。

2. 预燃室式燃烧室

预燃室式燃烧室的结构如图 5 - 4 所示。燃烧室由位于气缸盖内的预燃室和活塞上方的主燃烧室组成，两者之间由一个孔道相连。预燃室与整个燃烧室的容积之比 V_k/V_c、连接孔道截面积与活塞顶面积之比 F_k/F 均小于涡流室式燃烧室的相应比值。

预燃室式燃烧室的工作原理与涡流室式燃烧室相似，都是采用浓、稀两段混合燃烧的方式。由于预燃室式燃烧室的通孔方向不与预燃室相切，所以在压缩行程期间，预燃室内形成的是无组织的湍流运动，这是它与涡流室式的主要区别。轴针式喷油器安装在预燃室的对称中心线附近，低压喷出的燃油在强烈的空气湍流下扩散混合。着火燃烧后，随着预燃室内压力和温度的升高，燃烧气体经狭小的连通孔高速喷入主燃烧室，产生强烈的燃烧涡流或湍流，与气缸内的空气进行第二次混合燃烧。

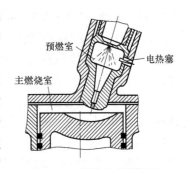

图 5 - 4　预燃室式燃烧室

5.2.2　直喷式燃烧系统

直喷式燃烧系统的燃烧室相对集中，只在活塞顶上设置一个单独的凹坑，燃油直接喷入其内，凹坑与气缸盖和活塞顶间的容积共同组成燃烧室。常见的代表性结构有浅盆形、深坑形和球形。浅盆形燃烧室中的活塞凹坑较浅且开口较大，与凹坑以外的燃烧室空间的连通面积大，形成了一个相对统一的燃烧室空间，因而也称为开式燃烧室或统一式燃烧室；相反，深坑形和球形燃烧室由于坑深、开口相对较小，而被称为半开式燃烧室。

1. 浅盆形燃烧室

如图 5 - 5 所示，浅盆形燃烧室的结构较简单，其活塞顶部设有开口大、深度浅的燃烧室凹坑，凹坑口径与活塞直径之比 $d_k/D = 0.72 \sim 0.88$，凹坑口径与凹坑深度之比 $d_k/h = 5 \sim 7$。燃烧室中一般不组织或仅组织很弱的进气涡流，混合气的形成主要依靠燃油喷注的运动和雾化。因此，其均采用小孔径（$0.12 \sim 0.4mm$）、多孔（$6 \sim 12$ 孔）喷油器，最高喷油

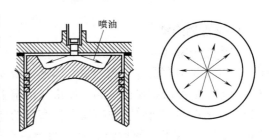

图 5 - 5　浅盆形燃烧室

压力可达 100MPa 以上，以使燃油尽可能地分布到整个燃烧室空间。为了避免过多的燃油喷到燃烧室壁面上而不能及时与空气混合燃烧并产生积炭，喷注贯穿率一般为 $1 \sim 1.05$。

浅盆形燃烧室内的油气混合属于较均匀的空间混合方式，在燃烧过程的滞燃期内，可形成较多的可燃混合气。因而，燃烧初期的压力升高率和最高燃烧压力均较高，工作粗暴，燃烧温度高，NO_x 的生成量较高。

2. 深坑形燃烧室

与浅盆形燃烧室的混合形式相比，深坑形燃烧室采用了燃油和空气相互运动的混合气形成方式，以满足车用高速柴油机混合气形成和燃烧速度更高的要求，最具代表性的燃烧室为 ω 形和缩口形。深坑形燃烧室一般适用于缸径较小的柴油机，其特点为燃油消耗率较低、转速高和起动性好，因此，在车用中小型高速柴油机上获得了广泛的应用。为了获得理想的综合性能指标，必须对涡流强度、流场、喷油速率、喷孔数、喷孔直径、喷射角度和燃烧室结构参数等进行大量的优化匹配工作。

（1）ω 形燃烧室　ω 形燃烧室如图 5 - 6 所示，其活塞顶部设有比较深的凹坑，其底部呈 ω 形，目的是帮助形成涡流，以及排除气流运动很弱的中心区域的空气。一般 d_k/D 在

0.6 左右，$d_k/h = 1.5 \sim 3.5$。ω 形燃烧室的柴油机一般采用 4~8 孔均布的多孔喷油器，中央布置（四气门）或偏心布置（两气门），喷孔直径较浅盆形燃烧室大，喷雾贯穿率一般为1.05。燃烧室内的空气运动以进气涡流为主，因此需要组织进气涡流，对进气道的要求较高。

（2）缩口形燃烧室　缩口形燃烧室的示意图如图 5-7 所示，其混合气形成原理与 ω 形燃烧室基本相同，最大的区别是采用了缩口形的燃烧室凹坑，这就使得挤流和逆挤流运动更强烈，涡流和湍流能保持较长的时间。缩口形燃烧室的燃烧过程较柔和，缩小的燃烧室口径抑制了较浓的混合气过早地流出燃烧室凹坑，使初期燃烧减慢，压力升高率较低，因此 NO_x 的排放量较 ω 形燃烧室低。

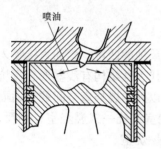 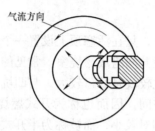 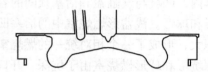

图 5-6　ω 形燃烧室　　　　　　　图 5-7　缩口形燃烧室示意图

3. 球形燃烧室

球形燃烧室（MAN 公司的 "M system"）与浅盆形和深坑形燃烧系统的空间混合方式不同，它以油膜蒸发混合方式为主。球形燃烧室的结构如图 5-8 所示。活塞顶部的燃烧室凹坑为球形；喷油器布置在一侧，油束与活塞上的球形表面呈很小的角度，利用强进气涡流，顺着空气运动的方向将燃油喷涂到活塞顶的球形凹坑表面上，形成油膜。球形燃烧室的壁温控制在 200~350℃，使喷到壁面上的燃料在比较低的温度下蒸发，以控制燃料的裂解。蒸发的油气与空气混合形成均匀混合气，喷注中的一小部分燃料以极细的油雾形式分散在空间，在炽热的空气中首先着火形成火核，然后点燃从壁面蒸发并形成的可燃混合气。随着燃烧的进行，热量辐射在油膜上，使油膜加速蒸发，燃烧也随之加速。匹配良好的球形燃烧室工作柔和，NO_x 和碳烟的排放量都较低，动力性和燃油经济性也较好。

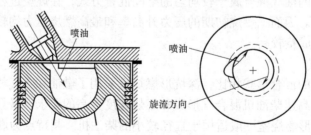

图 5-8　球形燃烧室

4. 均质压燃式燃烧

均质压燃式燃烧（HCCI）是有别于传统柴油机燃烧方式的一种全新燃烧方式，是指均匀的可燃混合气在气缸内被压缩直至自行着火燃烧。随着压缩过程的进行，气缸内的温度和压力不断升高，已混合均匀或基本混合均匀的可燃混合气的多点同时达到自燃条件，使燃烧在多点同时发生，而且没有明显的火焰前锋，燃烧反应迅速，燃烧温度低且分布较均匀。因而，只生成极少的 NO_x 和 PM，在低负荷时具有很高的热效率。

柴油机 HCCI 燃烧具有超低的 NO_x 和 PM 排放量，且具有很高的能量转换率，不但保留了传统柴油机的节能优势，还大大降低了排放，使其性能更加完美，这无疑具有很大的发展前景。不过，柴油机 HCCI 的 HC 和 CO 排放量偏高，有待进一步降低。另外，影响柴油机 HCCI 的因素较多，使其难以得到控制，必然要采用双模式运行方案，即中、低负荷时，采用 HCCI 方式；高负荷时，采用传统模式。

5.2.3 气流组织及多气门技术

1. 气流组织

适当的缸内气流运动有利于燃烧室中燃油喷雾与空气的混合，从而使燃烧更迅速更完全。尤其是当喷油系统的压力不够高使得喷雾不够细时，要求产生较强的涡流运动以促进油气的混合。强烈的进气涡流一般由切向气道或螺旋气道产生（图 5-9），它们均以不同程度地增加进气阻力为代价获得较强的涡流运动，结果是使泵气损失增大，充量系数下降。另外，小缸径高速柴油机的工作转速范围很大，进气系统产生的涡流往往难以同时满足各种转速下的要求，涡流转速过高或过低同样不利于燃烧。

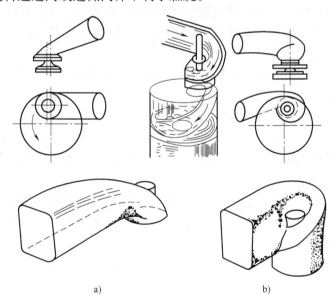

a)   b)

图 5-9　气道类型
a）切向气道　b）螺旋气道

2. 多气门技术

车用柴油机的转速可达 4000r/min 以上，完成一个工作行程只用极短的时间。高转速的强化柴油机需要燃烧更多的燃料，相应也需要更多的新鲜空气，传统的两气门已经很难在这么短的时间内完成换气工作。在一段时间内，气门技术甚至成为阻碍发动机技术进步的瓶颈。唯一的办法是扩大气体出入的通道，为此产生了多气门技术。

　　四气门发动机如图 5 - 10 所示。气门的排列有两种方式：一种是进气门和排气门混合排；另一种是进气门和排气门各自排成一列。前者的所有气门由一根凸轮轴通过 T 形杆驱动，但因气门在进气道中所处的位置不同，导致工作条件和效果不好；后者则无此缺点，但需要配备两根凸轮轴，即顶置式双凸轮轴（Double Over Head Camshaft，DOHC），如图 5 - 11 所示，这两根凸轮轴分别控制排列在气缸对称中心线两侧的进、排气门。近年来推出的发动机多采用这种形式。气门布置在气缸对称中心线的两侧且倾斜一定角度，目的是尽量扩大气门头部的直径，加大气流的通过面积，改善换气性能。

 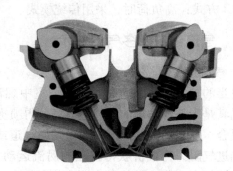

图 5 - 10　四气门发动机　　　　　　　　　　图 5 - 11　双顶置凸轮轴

　　从两气门、四气门到五气门，燃烧效率越来越高，但并不是气门数目越多，发动机的性能就越好，因为增加气门的数目就要增加相应的配气机构装置，从而使结构变得更复杂。

　　采用多气门的主要优点是：

　　1）扩大了进、排气门的总流通截面积，增大了柴油机的进、排气量，降低了泵气损失，使柴油机的燃烧更彻底。

　　2）喷油器可垂直布置在气缸轴线附近，对油气的混合有利，不仅改善了喷油器的冷却和活塞的热应力（两气门柴油机燃烧室在活塞头上偏置，使热应力不均匀），而且解决了由两气门柴油机喷油器斜置所造成的各喷油孔流动条件不同的问题，有利于燃油在燃烧室空间中的均匀分布，从而改善了燃烧过程。

　　3）可关闭部分通道，形成与柴油机转速相适应的进气气流强度，拓宽柴油机的高效工作转速范围。低速运转时采用上述方法，可使进气气流强度比高速时提高一倍，从而可提高低速时混合气的质量。

　　4）气门增多，则气门变小变轻，从而允许气门以更快的速度开启和关闭，增大了气门开启的时间断面值。

5.3　低排放燃油喷射系统

　　柴油机燃油喷射系统的基本任务是根据柴油机输出功率的需要，在每一循环中将精确的燃油量，按准确的喷油正时，以一定的喷射压力喷入燃烧室。在减少柴油机排放的措施中，燃油喷射系统的改进是关键环节。

　　低排放燃烧系统应该满足以下要求：

　　1）燃油粒度均匀且足够细，以提高雾化质量并加快燃烧速度，从而改善排放性能；各种工况下都应有较高的喷油压力，以得到足够高的燃油流出初速度，得到好的雾化效果。

　　2）优化喷油规律，实现每循环多次喷射。

　　3）每循环的喷油量要适应柴油机不同工况的低排放运行的实际需要。

　　4）优化全工况喷油正时，实现柴油机的动力性、经济性和排放性能综合最优。

5.3.1　喷油压力的影响

　　在喷油过程中，喷油压力是对柴油机性能影响极大的一个因素，特别是直喷式柴油机。在直喷式柴油机中，无论其燃烧室中有无涡流，燃油的雾化、贯穿度和混合气形成的能量主要来自喷油的能量。喷油压力越大，则喷油能量越高，喷雾越细，混合气形成和燃烧得越完全，因而柴油机的排放性能和动力性、经济性都将得以改善。

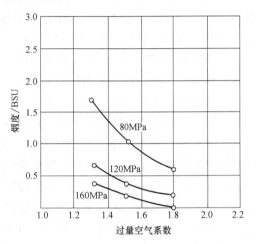

图 5 - 12　高压喷射降低炭烟的效果

　　高的喷射压力可以明显改善燃油和空气的混合程度，从而降低烟度和颗粒物（PM）的排放量，同时可以大大缩短着火延迟期，使柴油机工作柔和。为适应日益严格的排放法规的要求，喷射压力从原来的几十兆帕提高到了一百多兆帕，甚至 200MPa 以上。目前采用的高压共轨燃油喷射系统的喷射压力最高可以达到 220MPa。如图 5 - 12 所示，当喷油压力从 80MPa 提高到 160MPa 时，大负荷时的波许烟度从 1.7 降到 0.5 以下，中等负荷时接近于零。

　　一般供油系统的燃油喷射压力取决于喷油泵的几何供油速率、喷油器的喷孔总面积，以及喷油系统的结构刚度和泄漏情况等一系列因素。当喷油系统中有较长的高压油管时，高压腔内的压力波动会对喷射压力产生很大的影响。

　　对于目前仍广泛采用的喷油泵 – 油管 – 喷油嘴（P – L – N）系统，其喷油压力随转速的升高而升高，随柴油机负荷的增大而增大。这种特性对于低转速、小负荷条件下的柴油机燃油经济性和烟度不利。并且由于细长的高压油管、出油阀阀腔，以及其他高压腔容积等因素的制约，喷油压力的提高受限，有时还会因为供油系统参数匹配不当造成不正常的喷射现象。

　　泵喷嘴如图 5 - 13 所示，它将柱塞式喷油泵和喷油器做成一体，取消了高压油管，因此可提供更高的喷油压力。由于有害高压油腔容积较小，所以即使最高喷油压力达到 200MPa，易于控制喷油规律，也不会由于压力的波动而造成不正常的喷射现象。此外，喷油持续期缩短，使怠速和小负荷时喷油特性的稳定性得到改善。泵喷嘴安装在气缸盖上，由凸轮轴直接驱动。但由于泵喷嘴的尺寸比一般的喷油器大，因此布置时有一定的困难。泵喷嘴在高压喷油时使气缸盖受附加载荷，所以应注意确保气缸盖的强度和刚度。泵喷嘴系统的驱动凸轮与曲轴的距离较远，传动系统的负荷较大，这些都限制了泵喷嘴的广泛应用。因此，泵喷嘴多用于大、中型柴油机。

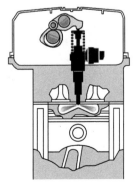

图 5 - 13　泵喷嘴

一般情况下，高压喷射会使 NO_x 的排放量增加，但如果合理利用高压喷射时燃烧持续期短的特点，同时推迟喷油时刻或利用废气再循环，则有可能使 PM 和 NO_x 的排放量同时降低。

5.3.2 喷油规律的优化

喷油规律即单位时间内由喷油器进入气缸内的燃油量，它是影响柴油机排放的主要因素。根据对柴油机工作过程的研究和分析，可得出以下结论：

1）滞燃期内的初期喷油量控制了初期放热率，从而影响了最高燃烧压力和最大压力升高率。这些都直接与柴油机噪声、工作粗暴性和 NO_x 的排放量等相关。

2）为了提高循环热效率，应尽量减小喷油持续角，并使放热中心接近上止点，使等容燃烧的比例增加。喷油持续角与平均喷油率是直接相关的，喷油持续角过大，即平均喷油率较小，不仅会因拉长燃烧时间、减小喷油压力而降低整机动力性和经济性，也会使燃烧过迟而导致 HC、CO 的排放量和烟度增加。

3）在喷油后期，喷油率应快速下降，以避免因燃烧拖延而造成烟度及耗油量的加大。喷油后期也不应该出现二次喷射及滴油等不正常情况。

为降低柴油机的排放，必须有较理想的燃烧过程，如抑制预混合燃烧以降低 NO_x 的生成量，促进扩散燃烧以降低 PM 的生成量和提高热效率。为了实现这种理想的燃烧过程，必须有合理的喷油规律，即"初期缓慢，中期急速，后期快断"，如图 5-14 所示。这种理想喷油规律的形状近似于"靴型"。初期喷油速率不能太高，目的是减少在滞燃期内形成的可燃混合气量，降低初期燃烧速率，以降低最高燃烧温度和压力升高率，从而抑制 NO_x 的生成量及降低燃烧噪声。喷油中期应采用高喷油压力和高喷油速率以提高扩散燃烧速度，防止生成大量的 PM 和降低热效率。喷油后期要迅速结束喷射，以避免在低的喷油压力和喷油速率下使燃油雾化变差，导致燃烧不完全而使 HC 和 PM 的排放量增加。

预喷射也是一种实现柴油机初期缓慢燃烧的喷油方法，如图 5-14 左上角所示的几种喷油模式。在主喷射前，有一少量的预先喷射，使得在着火延迟期内只能形成有限的可燃混合气量，这部分混合气只产生较弱的初期燃烧放热，并使随后的主喷射燃油的着火延迟期缩短，避免了一般直喷式柴油机燃烧初期急剧的压力、温度的升高，因而可明显降低 NO_x 的排放量。预喷射对燃烧过程的影响如图 5-15 所示。此外，超过一次以上的多段预喷射有助于改善柴油机起动和怠速时的燃烧稳定性，从而减少这些工况下柴油机 HC 的排放量。

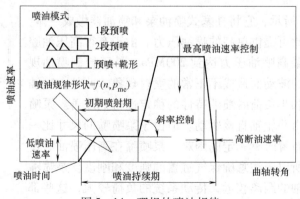

图 5-14　理想的喷油规律

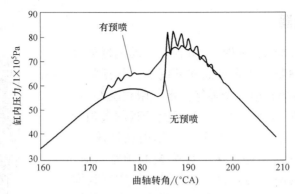

图 5 - 15   预喷射对燃烧过程的影响

要优化喷油规律，靠常规的机械喷油系统是很难完成的。只有采用电控喷油系统，才能灵活地控制喷油规律。特别是近几年出现的电控高压共轨喷射系统，可以在很大程度上实现对喷油规律的优化控制。

5.3.3   喷油时刻

喷油正时是指通过控制滞燃期来间接地影响发动机的性能。若喷油提前角过大，则燃料在柴油机的压缩行程中燃烧的数量就多，不仅会增加压缩负功，使燃油消耗率上升、功率下降，而且会因滞燃期较长，而使最高燃烧温度、压力迅速升高，使得柴油机工作粗暴、NO_x的排放量增加；如果喷油提前角过小，则燃料不能在上止点附近迅速燃烧，导致后燃增加，虽然最高燃烧温度和压力降低，但燃油消耗率和排气温度增高。所以，柴油机对应每一工况都有一个最佳喷油提前角。

喷油正时对柴油机 HC 排放量的影响比较复杂。它与燃烧室形状、喷油器结构参数及运转工况等有关，故不同机型的柴油机往往会得到不同的结果。喷油提前，滞燃期延长，使较多的燃油蒸气和小油粒被旋转气流带走，形成了一个较宽的过稀不着火区，同时燃油与壁面的碰撞增加，这会使 HC 的排放量增加；而喷油过迟，则会使较多的燃油没有足够的反应时间，HC 的排放量也会增加。

对 NO_x 而言，当喷油提前时，燃油在较低的空气温度和压力下喷入气缸，结果是使滞燃期延长，导致了氮氧化物的增加；推迟喷油则会降低初始放热率，使燃烧室中的最高温度降低，从而减少氮氧化物的排放量。所以，喷油正时的延迟是减少氮氧化物排放量的最快捷有效的措施。但喷油延迟必将使燃烧过程推迟进行，使最高燃烧压力降低，功率下降，燃油经济性变坏，并产生后燃现象，同时使排温升高，烟度增加。因此，喷油延迟必须适度。

大负荷时，影响 PM 排放量的主要是固相碳，喷油延迟，烟度会增加，即 PM 中固相碳的比例增加。而在小负荷、怠速工况下推迟喷油，由于燃烧温度低，燃烧不完善，从而导致 PM 中可溶性物质比例的增加。因此，将喷油延迟，PM 的排放量在各种工况下都会增加。但喷油过于提前，会使燃油在较低温度下喷入而得不到完全燃烧，也会导致烟度及 HC 排放量的增加，更重要的是还会导致 NO_x 排放量的增加。所以总有一个最佳喷油提前角，在该提前角下，柴油机的功率大，燃油消耗率低，PM 的含量也最小。

5.3.4 低排放喷油器

双弹簧喷油器的基本结构如图 5 - 16 所示。喷油器体内装有两个弹簧，一个弹簧作用在喷油器针阀上，其预紧力决定了喷油器的开启压力；第二个弹簧支承在限位套筒上，限位套筒决定了针阀的预行程（h_1），当针阀行程超过预行程时，限位套筒上升，这时两个弹簧同时作用在针阀上。在喷油过程中，当喷油压力超过第一个弹簧的预紧力时，喷油器针阀开启至碰到限位套筒为止，此时的针阀行程即为预行程（h_1），如图 5 - 17 所示。此时，只有很少量的预喷射燃油喷入燃烧室。当喷油器中的喷油压力继续提高时，喷油器针阀继续上升，直到针阀完全打开为止，完成主喷射行程（h_2），喷油器针阀完全打开，喷出大量燃油。这种分成两阶段的喷射过程实现了预混合燃烧，使燃烧较为柔和，降低了噪声。

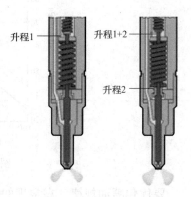

图 5 - 16　双弹簧喷油器

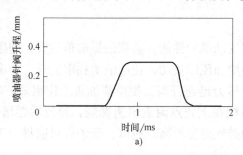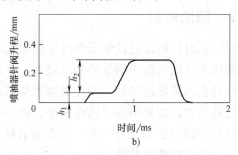

图 5 - 17　单弹簧喷油与双弹簧喷油针阀的升程

a）标准喷油器总成（单弹簧喷油器总成）　b）双弹簧喷油器总成

为了制造工艺上的方便，直喷式柴油机所用的闭式多孔喷油器的针阀尖端与针阀体之间一般有一个小空间，称为压力室，如图 5 - 18 所示。喷油器压力室容积中残存的燃油，在燃烧后期受热膨胀后有可能滴入燃烧室中，此时油滴雾化很差，不能完全燃烧，将成为未燃的 HC 排放物，也构成 PM 的 SOF。为了减少柴油机的 HC 排放量，应尽可能减小压力室的容积。但是，无压力室喷油器（VCO）的加工工艺复杂，而且当针阀升程很小时，针阀的微小挠动都有可能造成各喷孔喷出的油流速不均匀，从而影响混合气的形成。试验表明，当用小压力室喷油器代替标准压力室喷油器时，HC 的排放量可下降一半左右。

压力室容积=1.35mm³

a）

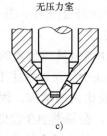

压力室容积=0.6mm³

b）

无压力室

c）

图 5 - 18　压力室结构不同的喷油器

a）标准压力室（SAC）　b）小压力室（MINI - SAC）　c）无压力室（VCO）

5.3.5　先进电控燃油喷射技术

由于过量空气系数较大，在未作净化处理的条件下，柴油机的燃烧通常较汽油机充分，CO 和 HC 的排放量较汽油机少很多，NO_x 的排放量约为汽油机的一半，但对人类健康极有害的 PM 的排放量则是汽油机的 30 ~ 80 倍。为了减少柴油机的 NO_x 排放量，较有效的方法是采用废气再循环技术，但它会使柴油机的经济性受到影响，其他为降低 PM 排放量而采取的机内净化措施往往又与降低 NO_x 的排放量相矛盾。所以，现代车用柴油机是以降低 NO_x 和 PM 排放量，降低噪声和燃油消耗为目的的。然而，影响和制约它们的因素太多，且其相互关系复杂，通常是在一定的约束条件下，通过优化目标函数中的变量参数来处理这些问题。这就要求柴油机的控制系统能自动获取有关信息，并按预定的"理想性能"对循环喷油量、喷油正时、喷油速率、喷油压力、配气正时等进行全面的柔性控制，以保证系统在结构参数、初始条件变化或目标函数极值点漂移时，能够自动维持在最优运行状态。对柴油机燃油喷射系统的要求是：在实现对喷油量进行精确控制的前提下，实现可独立于喷油量和发动机转速的高压喷射，同时实现对喷油正时的柔性控制和对喷油速率的优化控制。只有在柴油机上应用电控和其他相关技术，实现发动机的各种参数在不同工况下的最佳匹配，才能满足车用柴油机在提高动力性、降低油耗、改善排放等各个方面越来越严格的要求。

燃油供给系统的性能是影响缸内燃烧过程的重要因素，改进燃油供给系统是改善柴油机排放的重要措施之一。对柴油机采用电控燃油喷射技术，能够获得更高的燃烧效率，同时可降低燃烧峰值温度，从而减少柴油机的各种有害排放。在传统的柴油喷射系统的基础上，首先发展起来的电控喷射系统是位置控制系统，称为第一代电控喷射系统；基于电磁阀的时间控制系统称为第二代电控喷射系统；第三代电控系统——电控高压共轨系统将成为 21 世纪柴油机燃油喷射系统的主流。

1. 位置控制系统

第一代柴油机电控燃油喷射系统采用的是位置控制。它不仅保留了传统的泵 - 管 - 嘴系统，还保留了原喷油泵中的齿条、滑套和柱塞上的斜槽等控制油量的机械传动机构，只是对齿条或滑套的运动位置予以电子控制。在原以机械控制循环喷油量和供油正时的基础上，改进了机构功能，用线位移或角位移电磁执行机构控制油量调节杆的位移和提前器运动装置的位移，实现了对循环喷油量和供油正时的电控，其控制精度较机械式控制高，响应速度也较快。

位置控制式电控燃油喷射系统的特点如下：

1）计算机数字控制器通过伺服机构的连续位置控制，对喷射过程实现间接调节，故相对其他电控燃油喷射系统，它执行响应较慢、控制频率较低、控制精度不稳定。此外，它不能对各缸喷油量进行独立调节。

2）可变预行程控制机构虽能对喷油速率起到一定的调节作用，但不能改变传统喷射系统固有的喷射特性，并且使直列泵机构变得复杂。

3）几乎无需对柴油机本身结构进行改动，即可实现位置控制喷射，故其生产继承性好，便于对现有机型进行升级改造。

位置控制式电控燃油喷射系统的技术关键是油量和正时机构的位置伺服控制技术。

2. 时间控制系统

时间控制系统是第二代柴油机电控燃油喷射系统，它改变了传统喷射系统的结构，将原有的机械式喷油器改为高速强力电磁阀喷油器，以脉动信号来控制电磁阀的吸合与断开，以此来控制喷油器的开启与关闭。泵油机构和控制机构相对分开，燃油的计量由喷油器的开启时间和喷油压力的大小来确定，喷油正时由电磁阀的开启时刻控制，从而实现了对喷油量、喷油正时的柔性控制和一体控制，且极为灵活，其控制自由度和控制性能都是位置控制系统无法比拟的。

基于时间控制的电控喷油器单元的工作原理如图 5-19 所示。在电磁阀线圈不通电的状态下，溢油阀是开启的，低压系统与高压油腔相通。此状态下若柱塞向上移动，则低压油路中的燃油被吸入高压腔，即如图 5-19a 所示的吸油行程；即使柱塞向下移动压油，从高压腔推出的燃油经溢流口回流，喷油器仍保持关闭，如图 5-19b 所示的预行程。在油泵柱塞下行压油的过程中，电磁阀通电后溢流阀落座而关闭溢流口，高压油路中产生高压，一旦超过喷油器针阀的开启压力，燃油便喷入发动机燃烧室，即如图 5-19c 所示的供油行程。若将电磁阀断电，则溢流阀在弹簧力的作用下打开，高、低压油路连通，喷油器停喷，即如图 5-19d 所示的剩余行程。因此，在油泵供油行程中，喷射始点由电磁阀的关闭时刻决定，喷油量由电磁阀的开启时刻决定。喷油量和喷射始点都由高速电磁阀控制，控制量可从程序存储的 MAP 中作为目标进行选取。

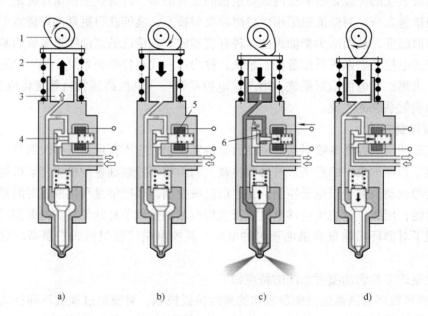

a)　　　　　　b)　　　　　　c)　　　　　　d)

图 5-19　时间控制的泵喷器的工作原理
a) 吸油行程　b) 预行程　c) 供油行程　d) 剩余行程
1—凸轮　2—柱塞　3—高压油腔　4—电磁阀芯　5—电磁阀线圈　6—溢流口

在时间控制系统中，用高速电磁溢流阀关闭的时刻来控制供油正时，其与循环供油量控制合二为一，大大简化了机构。

时间控制式电控燃油喷射系统的特点如下：

1）属于直接数字电控喷射系统，脉动式高压燃油与开关式电磁控制阀直接接口。

2）通过高速强力电磁阀的溢流控制实现对喷油量和喷油定时的控制，使传统喷油系统的结构得到简化和强化，喷射特性得到改善，适合于高压喷射。

3）燃油量的计量是一种时间计量方式，用两个连续的开关脉冲来设定有效供油行程。由于开关时间依赖于特定的瞬时转速，而在加速或减速期间速度变化非常快，因此要保持喷射的有效行程较为困难。

4）电磁阀的响应时间对喷油过程的影响较大，特别在高速时，需对电磁阀进行合理设计来尽量缩短响应时间，以提高控制精度。

时间控制式电控燃油喷射系统的技术关键是提高高速强力电磁阀的响应速度。

3. 电控高压共轨系统

电控高压共轨系统是第三代电控燃油喷射系统。在车用高速柴油机中，柴油喷射过程所用的时间只有千分之几秒，而且在喷射过程中，高压油管各处的压力随时间和位置的不同而变化。由于柴油的可压缩性和高压油管中柴油的压力波动，实际的喷油状态与喷油泵所规定的柱塞供油规律有较大的差异，油管内的压力波动有时会在主喷射之后，使喷油器处的压力再次上升到可以使针阀开启的压力，产生二次喷射现象。由于二次喷射的燃油雾化不良，不可能完全燃烧，于是增加了颗粒物和 HC 的排放量，油耗也随之增加。此外，每次喷射循环后，高压油管内的残余压力都会发生变化，随之引起不稳定喷射，尤其是在低转速区域内，严重时不仅喷油不均匀，而且会发生间歇性喷射现象。而电控高压共轨系统彻底解决了这种由燃油压力变化带来的缺陷。

如图 5-20 所示，电控高压共轨燃油喷射系统主要由电控单元（ECU）、高压油泵、共轨管和高压油管、电控喷油器及各种传感器和执行器等组成。低压燃油泵将燃油输入高压油泵，高压油泵将燃油加压送入高压共轨管，高压共轨管中的压力由电控单元根据共轨压力传感器的信号及需要进行调节；高压共轨管内的燃油经过高压油管，根据柴油机的运行状态，由电控单元从预置的脉谱图中确定合适的喷油正时、喷油持续期，然后由电控喷油器将燃油喷入气缸。

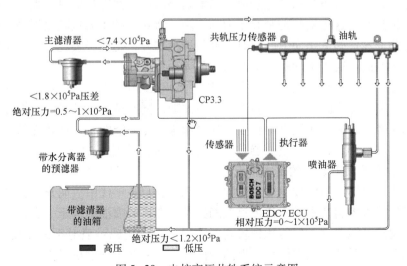

图 5-20 电控高压共轨系统示意图

（1）电控单元　电控单元一般是由逻辑模块和驱动模块两个集成电路板组成的。其中，逻辑模块是电控柴油机的控制核心，它接收柴油机工况的各传感器输入的信号，进行控制决策的运算处理，然后向驱动模块发出相应的指令。驱动模块具有放大电压、电流的作用，可将逻辑模块发出的指令信号放大后变成能直接驱动执行电磁阀的电压或电流。

（2）高压油泵　高压油泵由柴油机驱动，根据其结构和布置的不同，可分为轴向柱塞泵和径向柱塞泵（图 5-21）。高压油泵向高压共轨管的供油量由可控电动输油泵和高压油泵电磁阀控制决定，输油泵的供油量与发动机转速无关，因此可获得理想的发动机过渡工况的油压控制响应特性，即使是在怠速下也可获得所设计的最高油压，保证喷油压力的稳定性（即最小的油压波动）。

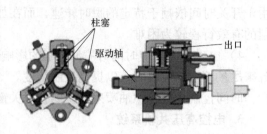

图 5-21　径向柱塞泵（博世公司）

（3）共轨管　共轨管是连接高压油泵和喷油器的桥梁，也是一个蓄压器，它将已经相互独立的高压燃油的供给过程与燃油的喷射过程联系起来。高压油泵不直接向喷油器提供高压燃油，而是将高压燃油泵入共轨管中，燃油喷射所需的燃油由共轨管供给，这样就减小了供油和喷油过程中燃油压力的波动。

共轨管中的压力波动是设计共轨管时所要考虑的重要参数，它直接影响喷油器的喷油量和各缸之间喷油量的差异。影响共轨管中油压波动的主要因素有：高压油泵的供油特性、喷油器和调节阀的工作特性及共轨管本身的特性。为使共轨管的压力波动不受喷油器、高压油泵和调节阀工作的影响，共轨管的长度、内径和容积的大小应合适，过大则柴油机的过渡工况响应不良，过小则共轨管中的压力脉动将导致各缸喷油量不均匀度的增加。

（4）电控喷油器　电控喷油器如图 5-22 所示。燃油来自于高压油路，经进油孔流向喷油器，同时流向控制室，控制室与燃油回路相连，途经一个受球阀控制其开关的泄油孔。泄油孔关闭时，作用于针阀控制活塞上的压力超过了它在喷油器针阀承压面的力，结果是针阀被迫进入阀座且将高压通道与燃烧室隔离。当电磁阀的电磁线圈通电时，喷油器的电磁阀被触发，泄油孔被打开，这将引起控制腔压力的下降，活塞上的压力也随之下降，一旦压力降至低于作用于喷油器针阀承压面上的力时，针阀即被打开，燃油经喷孔喷入燃烧室。喷油器通电喷油的持续时间取决于柴油机工况所需的喷油量。

（5）高压油管　高压油管是连接共轨管和电控喷油器的通道，它必须能够承受系统中的最大压力，在喷油停止时还要承受高频的压力波动，同时还应承载足够的燃油流量以减小燃油流动时的压降。各缸高压油管的长度应尽量相等且尽可能短，这样才能保证从共轨管到喷油器的压力损失最小，且每个喷油器具有相同的燃油喷射压力。

4. 高压共轨燃油喷射系统的基本特点

柴油机高压共轨燃油喷射技术在发达国家于 20 世纪 90 年代中后期开始已进入实用化阶段，它集成了计算机控制技术、现代传感检测技术及先进的喷油结构于一身，可实现传统喷油系统无法实现的功能。它不仅能达到较高的喷射压力，实现对喷射压力和喷油量的控制，而且能实现预喷射和后喷，从而优化了喷油特性形状，降低了柴油机噪声，大大减少了废气的排放量。该技术的主要特点是：

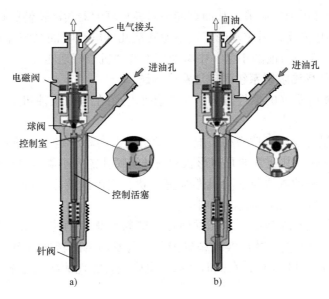

图 5 - 22　电控喷油器（博世公司）

a）喷油器关闭　b）喷油器打开

1）采用先进的电子控制装置并配有高速电磁开关阀，使得对喷油过程的控制十分方便，并且可控参数多，益于柴油机燃烧过程的全程优化。

2）对供油与喷油的控制相互独立，喷油压力几乎不随发动机转速的变化而变化，并且具有独立于转速的特点，可以改善发动机低速、低负荷时的性能。图 5 - 23 所示为不同供油系统的可能喷油压力与发动机转速的关系。

3）采用共轨方式供油，各喷油器间的相互影响小，高压油路中不会出现气泡和残压为零的现象，喷油系统的压力波动小。因此，在柴油机运转范围内，循环喷油量的变动小，各缸供油不均匀性得到改善，从而减轻了柴油机的工作粗暴现象并降低了排放量。

4）高速电磁开关阀的频响高，控制灵活，使得喷油系统喷射压力的可调范围大，并且能方便地实现包括预喷射、后喷等功能的多段喷射（图 5 - 24），为优化柴油机的喷油规律，改善其性能和降低废气排放量提供了有效手段。

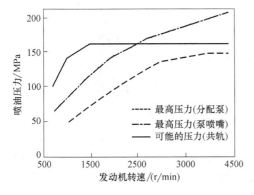

图 5 - 23　不同供油系统的可能喷油
　　　　　压力与发动机转速的关系

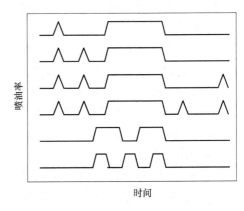

图 5 - 24　灵活多变的喷油策略

5）各缸喷油特性可独立调节，从而有能力对各缸喷油器喷油特性的偏差进行修正。

6）系统结构移植方便，适应范围广，不像其他几种电控喷油系统那样，对柴油机的结构形式有专门要求，能与目前的小型、中型及重型柴油机很好地匹配。

5. 使用高压共轨燃油喷射系统时应注意的问题

高压共轨燃油喷射系统的柔性很大，可方便地应用在各种柴油机上，但必须注意以下问题：

（1）系统供油量与发动机功率相匹配　发动机最大功率决定了共轨系统的最大供油量，从高压油泵的供油特性、共轨管的几何形状到喷油器喷孔的大小等应进行优化配合。

（2）喷油压力、喷油规律与发动机燃烧室形状、气体涡流相匹配　应根据发动机工况合理控制喷油压力、喷油规律及喷油正时等。

（3）提高电磁阀的动作速度　高压共轨燃油喷射系统中的控制元件多为电磁阀，只有提高电磁阀的动作响应速度，才能实现精确控制。若发动机的转速为5000r/min，喷油持续角为30°CA，则喷油时间为1ms，在此时间内，电磁阀要实现两次或更多次的喷油动作，其动作速度必须很快。

5.4　增压技术

所谓增压，就是利用增压器将空气或可燃混合气进行压缩，再送入发动机气缸的过程。增压后，每循环进入气缸的新鲜空气或混合气的充量密度增大，使实际充气量增加，从而达到提高发动机功率，改善经济性及排放性能的目的。增压比是指增压后气体压力与增压前气体压力之比，增压度则是发动机增压后所增加的功率与增压前的功率之比。

5.4.1　增压方式

根据增压器能量来源与利用方法的不同，发动机增压可分为下述四种类型。

1. 机械增压

机械增压方式如图5-25所示，增压器的转子由发动机曲轴通过齿轮或其他传动装置驱动，将空气压缩并送入发动机气缸。增压器可采用离心式压气机、螺旋转子式压气机或滑片转子式压气机等。

机械增压系统可有效地提高发动机的功率，并能用于二冲程发动机扫气及用于复合增压系统中。但是，增压后的气体压力不宜超过160~170kPa。因为若增压后的气体压力过高，将使驱动压气机的消耗功率急剧增加，最终导致整机性能的下降，特别是比油耗的上升。

2. 废气涡轮增压

废气涡轮增压的原理是使发动机排出的具有一定能量的废气进入涡轮并膨胀做功，废气涡轮的全部功率用于驱

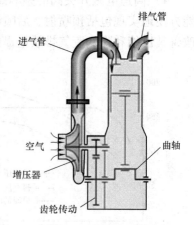

图5-25　机械增压示意图

动与涡轮机同轴旋转的压气机，在压气机中将新鲜空气压缩后再送入气缸（图5-26）。废气涡轮与压气机通常装成一体，称为废气涡轮增压器，其结构简单、工作可靠，在一般的自吸

式发动机上作必要的改装，即可使功率提高30%～50%，燃油消耗率降低5%左右，有利于改善整机的动力性、经济性和排放性能，因而获得了广泛应用。

3. 气波增压

气波增压是由曲轴驱动一个特殊转子，废气在转子中直接与空气接触，利用高压废气流的脉冲气波迫使空气在互相不混合的情况下受到压缩，从而提高进气压力（图5-27）。与废气涡轮增压相比，气波增压有其独特之处，如具有良好的瞬态响应性，改善了柴油机的加速性能；具有低速高的特点，很适用于工程机械用柴油机。另外，它还具有排气烟度低、废气污染小等优点。然而，到目前为止，气波增压系统由于其体积大、装配复杂、成本高和噪声大等原因，一直没有被普遍接受。

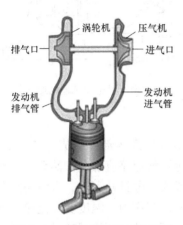

图 5-26　废气涡轮增压示意图

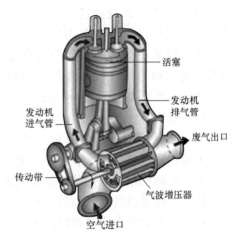

图 5-27　气波增压示意图

4. 复合增压

由上述各种方式组合而成的增压方式称为复合增压，如机械增压与涡轮增压的结合等。

5.4.2　废气涡轮增压

在发动机中，燃料所供能量中有20%～45%是由排气带走的，对非增压柴油机可取该百分比范围的低限值，对高增压柴油机可取高限值。例如，一台平均有效压力为1.8MPa的高增压中速四冲程柴油机，其燃料中将近47%的能量传给活塞做功，约10%的能量通过气缸壁散失掉，约43%的能量随排气流出气缸。涡轮增压系统的作用在于利用这部分排气能量，使其转换为压缩空气的有效功以增加发动机的充气量。

涡轮增压在大功率强化柴油机上的应用已半个世纪有余，但作为车用柴油机来说，涡轮增压技术的应用却相对滞后，增压车用柴油机的广泛应用不过30年左右的历史。原因有两点：一是小型涡轮增压器制造技术不成熟，以至其可靠性不符合汽车的要求，同时成本过高；二是增压柴油机的过渡工况性能不好，尤其是加速性能较差，当汽车主要在市内或等级较低的公路上行驶时，经常需要制动、加速，增压柴油机的驱动性能不能很好地发挥，反而会引起加速冒烟等弊病。

但是，随着小型高速涡轮增压器设计技术和制造工艺的成熟，涡轮增压器的效率大大提高，工作可靠性显著改善，成本也明显降低，增压柴油机的加速性得到了明显的改善。然而，对于涡轮增压在车用柴油机上的应用，最大的推动力来自于排放控制法规的日趋严格。现在，不仅重型车用柴油机几乎毫无例外地采用了增压技术，中型、轻型车，甚至轿车用柴油机也都采用增压技术，而且增压度越来越高，增压中冷的应用也越来越多。

1. 涡轮增压器的工作原理

废气涡轮增压器利用发动机的废气作为动力，在推动涡轮机旋转的同时带动安装在同一轴上的离心式压气机，使发动机的进气密度提高，从而提高发动机的充量。根据废气在涡轮中流动方向的不同，废气涡轮增压器可分为两大类：径流式涡轮增压器和轴流式涡轮增压器。车用发动机多采用径流式，以满足高转速及较高响应性能的要求。增压器的压气机部分都采用单级离心式结构。图5-28所示为径流式废气涡轮增压器的结构。

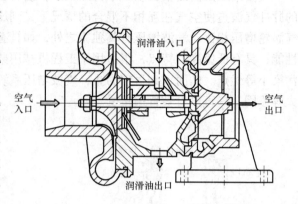

图 5-28　径流式废气涡轮增压器的结构

（1）离心式压气机的工作原理　离心式压气机主要由进气道、工作轮（含导风轮）、扩压器和出气蜗壳等部件组成，如图5-29所示。首先，新鲜充量沿截面收缩的轴向进气道进入工作轮，气流略有加速。然后，气流进入由工作轮上叶片组成的气流通道。由于工作轮的转速一般为每分钟几万转，有时高达每分钟十几万转，离心力的作用使得新鲜充量得到了很大的压缩，其压力、温度及气流速度均有较大程度的增加，这部分能量是由驱动工作轮的机械功转化而来的，而机械功又来源于与之同轴相连的涡轮。随后，压力提高了的气体沿工作轮径向流出，进入扩压器和出气蜗壳。由于两者均是截面逐渐增大的通道，气体所拥有动能的大部分会在其中转变为压力能，因此，压力可得以进一步升高，而气流速度则相应下降。

由此可见，新鲜充量在压气机中完成了一系列的功能转换，并将涡轮机传给压气机工作轮的机械能尽可能多地转变为进气充量的压力能。

每一转速下，当空气流量减少到低于某一数值时，压气机的工作便开始不稳定，气流将产生强烈的脉动，引起工作轮叶片的强烈振动，并产生很大的噪声，这种不稳定工作现象称为压气机的喘振。发生喘振是由于流量过小时，在叶片扩压器内和工作轮进口处气流与壁面分离所致。分离产生气流旋涡，撞击损失开始增大，气流分离现象将扩展到整个叶片扩压器和工作轮通道内，导致气流产生强烈的振荡和倒流，即发生喘振。当流量较大时，也会出现气流与壁面的分离现象，但由于气流惯性的存在，使得发生分离的气体受到其他气体的压缩而被局限在入口边缘，无法扩展到整个叶片，故此时仅仅增大了撞击损失，而不会产生喘振现象。压气机在工作时应尽量避免喘振，长时间喘振工作将使机件损坏。

除喘振外，压气机中还存在堵塞现象。增压器在某一转速下，通过压气机的气体流量随增压比的降低而增加，当流量增加到一定数值后，压气机通道中的某个截面达到临界条件（即流速达到当地声速，马赫数为1），此后即使增压比继续降低，气体流量也不再增加。此时的气体流量称为堵塞流量，它也是该转速下压气机所能达到的最大流量。

（2）径流式涡轮机的工作原理　径流式涡轮机的作用是将排气所拥有的能量尽可能多

地转化为涡轮旋转的机械功。径流式涡轮机主要由进气蜗壳、喷嘴环、工作轮及出气道等组成，如图 5-30 所示。

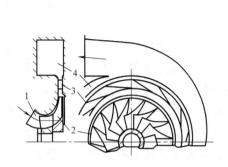

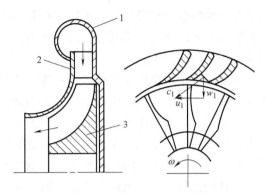

图 5-29　离心式压气机简图
1—进气道　2—工作轮　3—扩压器　4—蜗壳

图 5-30　径流式涡轮机的工作简图
1—进气蜗壳　2—喷嘴环　3—工作轮

排气从工作轮转子的外缘由进气蜗壳流入，做功后从涡轮中心轴向流出。根据增压系统的要求，蜗壳可以有多个进气口。根据有无喷嘴叶片，径流式涡轮机的喷嘴环分为有叶喷嘴环和无叶喷嘴环两种。有叶喷嘴环是由周向均匀安装、带有一定倾角的叶片所组成的多个渐缩通道。气流流过喷嘴环时，部分压力能转变为动能，气体得到加速而压力、温度下降，且具有很强的方向性，便于均匀有序地流入涡轮机的工作轮。

在工作轮中，气体向心流动，工作轮上叶片之间的通道呈渐缩状，气体在通道中将继续膨胀。气流在工作轮叶片的导向下转弯，由于离心力的作用，叶面凹面上的压力得到提高，而凸面的压力则降低，作用在叶片表面的压力的合力产生了转矩。此时，工作轮出口处气体的压力、温度及速度均下降，且出口处的气体速度已经大大小于进口速度，说明废气在喷嘴中膨胀所获得的动能已大部分传给了工作轮。

在排气涡轮的工作过程中，具有一定动能及压力能的排气在喷嘴环通道中仅部分得到加速，并在流经工作轮时大部分转变为机械功用来驱动压气机。

2. 涡轮增压系统

发动机的涡轮增压系统按其排气能量的利用方式，主要分为定压涡轮增压和脉冲涡轮增压两种基本形式，如图 5-31 所示。其他增压方式可以认为是由这两种系统演变和发展而来的。

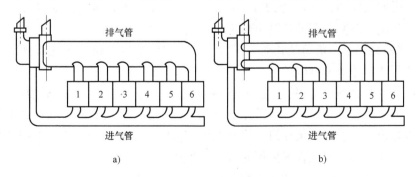

图 5-31　涡轮增压系统的两种基本形式
a）定压涡轮增压　b）脉冲涡轮增压

（1）定压涡轮增压系统　如图 5 - 31a 所示的定压涡轮增压系统将发动机各缸的排气集中排入一个体积较大的排气总管内，排气总管实际上起到了集气箱和稳容器的作用，然后将排气引向涡轮的整个喷嘴环。由于定压涡轮增压系统排气总管的容积大，为各缸排气提供了充分的膨胀空间，因此，排气总管内的压力振荡较小，进入涡轮前的压力基本不变，所以被称为定压涡轮增压系统。

定压涡轮增压系统的主要特点是：排气在从气缸流往涡轮的过程中，由于从排气支管进入排气总管时产生了气体自由膨胀损失，因此，排气能量的传递过程中损失了较多的脉冲能量。试验表明，当增压压力较低时，定压涡轮增压系统仅仅利用了排气能量的 12% ~ 15%，故采用定压涡轮增压系统的发动机，其低速转矩特性和加速性能较差；然而，由于涡轮前的排气压力的波动幅度小，所以涡轮的工作效率高，在增压比较高的工作条件下，脉冲能量占排气总能量的比例较小，因此增压比高时，采用定压涡轮增压系统有利于排气能量的利用。

（2）脉冲涡轮增压系统　如图 5 - 31b 所示的脉冲涡轮增压系统的特点是尽可能地将气缸中的废气直接、迅速地送到涡轮机中，在排气管中产生尽可能大的周期性的压力脉动，推动涡轮机工作。为此，涡轮机应靠近气缸，排气管应尽量短而细。为了减少各缸排气压力波的相互干扰，可用多根排气歧管将点火次序相邻气缸的排气相互隔开。

该系统有两缸共用一排气支管或三缸共用一排气支管的结构，依据点火顺序将扫气不发生干扰的气缸连接在同一根排气支管上，这样既可避免扫气干扰，又可较好地利用排气脉冲能量，低速性能好。对于缸数为 3 的倍数的发动机，当三缸共用一排气支管时，排气支管内的能量供给连续，增压系统的效率较高。但如果缸数不是 3 的倍数，就会出现剩余的一个气缸或两个气缸使用一根排气支管的情况，这样，涡轮与该排气支管相连的一段就会在发动机一个循环的某些时间段得不到排气能量，从而影响了该增压系统的效率。

脉冲涡轮增压系统的特点是：

1）由于避免了排气由支管进入总管时所产生的自由膨胀损失，因而能将排气的脉冲能量较大程度地传送至涡轮处，然而因该系统涡轮前的排气压力波动幅度大，故涡轮的工作效率较低。增压比低时，排气能量中脉冲能量所占的比例较大，采用脉冲增压时，虽然压力波动会使涡轮的效率降低，但此时脉冲能量的利用起主导作用。因此，低增压时采用该系统有利于排气能量的利用。

2）由于同一根排气管中没有其他气缸同时排气，随着废气流入涡轮，排气管中的压力很快下降，呈周期性脉动，从而使扫气期间进气管压力远高于排气管压力而有利于组织扫气，扫气作用明显，即使在部分负荷下也能保证良好扫气。

3）排气管的容积小，负荷变化时，排气压力波立即发生变化并迅速传到涡轮，使增压器的转速迅速改变，即动态响应性好。

4）脉冲系统的尺寸较大，特别是当气缸数很多时，排气管的结构也较复杂。

从以上分析可以看出：低增压时采用脉冲涡轮增压系统较为有利，而在高增压时宜采用定压涡轮增压系统。对于车用柴油机，由于其大部分时间是在部分负荷下工作，且对加速性能和转矩特性要求较高，因此普遍采用脉冲涡轮增压系统。

为了弥补定压涡轮增压和脉冲涡轮增压系统各自的不足，还可以采用一些新型的增压系统，如脉冲转换增压系统、多脉冲转换增压系统及模块式脉冲转换器系统等。

5.4.3　增压对排放的影响

车用柴油机的排放污染物主要有 CO、HC、NO_x 和 PM，此外，由于温室效应会引起全球变暖的问题，CO_2 的排放量也需要得到控制。

1. 增压对 CO 排放量的影响

柴油机中 CO 是燃料不完全燃烧的产物，主要在局部缺氧或低温下形成。柴油机燃烧通常在过量空气系数大于 1 的条件下进行，因此其 CO 的排放量比汽油机低。采用涡轮增压后，过量空气系数还要增大，燃料的雾化和混合进一步得到改善，发动机的缸内温度能保证燃料更充分地燃烧，CO 的排放量可进一步降低。

2. 增压对 HC 排放量的影响

柴油机排气中的 HC 主要是由原始燃料分子、分解的燃料分子及燃烧反应中的中间化合物组成的，小部分是由窜入气缸的润滑油生成的。增压后，进气密度增加、过量空气系数增大，可以提高燃油雾化质量，减少沉积于燃烧室壁面上的燃油，从而使 HC 的排放量减少。

3. 增压对 NO_x 排放量的影响

NO_x 的生成主要取决于燃烧过程中氧的浓度、温度和反应时间。降低 NO_x 排放量的措施是降低最高燃烧温度和氧的浓度，以及缩短高温持续的时间。

柴油机单纯增压后可能会因过量空气系数增大和燃烧温度升高而导致 NO_x 的增加。实际应用中，在柴油机增压的同时，常采用减小压缩比、推迟喷油正时和组织废气再循环等措施来减小热负荷和降低最高燃烧温度。压缩比的减小可以降低压缩终了时的介质温度，从而降低燃烧火焰温度；推迟喷油正时可以缩短滞燃期，减少油束稀薄区的燃料蒸发和混合，从而降低最高燃烧温度；废气再循环在一定程度上抑制了着火反应速度，从而可以控制最高温度。为解决由喷油正时推迟和废气再循环所导致的后燃期延长的问题，须增大供油速率，缩短喷油时间和燃烧时间。

采用进气中冷技术可以降低增压柴油机的进气温度，使燃烧温度得到有效控制，有利于减少 NO_x 的生成。

4. 增压对 PM 排放物的影响

影响柴油机 PM 生成的原因较复杂，其主要因素是过量空气系数、燃油雾化质量、喷油速率、燃烧过程和燃油质量等。一般柴油机中降低 NO_x 排放量的机内净化措施通常会导致 PM 排放量的增加。增压柴油机，特别是在采用高增压比和空 - 空中冷技术后，可显著增大进气密度，增加缸内可用的空气量。如同时采用高压燃油喷射、电控共轨喷射、低排放燃烧系统和中心喷嘴四气门技术等改善燃烧过程，则可有效地控制 PM 的排放。试验数据表明，采用增压中冷技术的柴油机可将 PM 的排放量降低约 45%。在大负荷区，与 PM 排放密切相关的可见污染物排放，也随着增压比的增大而显著下降。

5. 增压对 CO_2 排放及燃油经济性的影响

CO_2 是导致全球环境温度上升的主要温室效应气体之一，发达国家已就控制 CO_2 的排放量达成共识。低燃油消耗意味着更少的有害污染物排放量和 CO_2 的生成量。

增压柴油机燃油经济性的改善得益于废气能量的利用和燃烧效率的提高。另外，增压柴油机的平均有效压力增加，使得机械摩擦损失相对较小，且没有换气损失，因而机械效率提高。增压柴油机的比质量低，同样功率的柴油机可以做得更小、更轻，整车质量可以减小，也有利于燃油经济性的改善。

5.4.4 先进的涡轮增压技术

低速时，涡轮增压发动机因排气能量较少，涡轮所获得的功率不足，因而增压压力较低。在保持发动机相同标定功率的条件下，采用涡轮增压技术可显著减小发动机的排量以实现发动机的轻量化，从而改善发动机的燃油经济性。但随之而来的问题是：一方面，低速时稳态转矩变小，因低速时转矩不足，低速条件下的加速性能变差；另一方面，因进、排气系统中气体的可压缩性和涡轮旋转的惯性，从排气能量增多到增压压力上升需滞后一段时间，这一涡轮滞后现象在进、排气系统容积较大和增压器尺寸较大时尤其明显。受上述两方面因素的影响，加速时，轻量化的涡轮增压柴油机的转矩上升速率明显滞后于大排量的非增压柴油机。因瞬态响应滞后，涡轮增压柴油机加速时供气量的增加显著滞后于供油量的变化，因突加油量导致柴油机混合气过浓而排气冒烟的问题更为严重。

解决这一问题时普遍采用的方法是在增压系统中配置一个放气阀，如图 5-32 所示。选用的涡轮增压器应与发动机低速时的最大转矩工况相匹配，当发动机转速升高、排气能量富余时，为将增压压力、最高爆发压力及增压器转速限制在允许的范围之内，可将部分排气通过放气阀排掉，而使其在高负荷时的外特性运行线接近于水平线。这种高速时的放气装置具有结构简单、工作可靠的特点，但按低速匹配的涡轮流通截面积较小，从而增大了排气背压，影响了发动机经济性的提高。

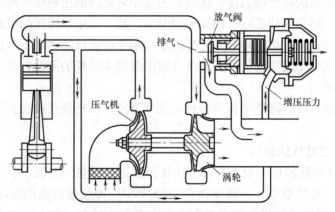

图 5-32 配置排气放气阀的涡轮增压系统

为显著提高涡轮增压发动机的低速转矩特性及加速性能，一些先进的涡轮增压技术相继在车用发动机上得到了应用。

1. 可变喷嘴环截面涡轮增压器（Variable Nozzle Turbine，VNT）

图 5-33 所示为一种可变喷嘴环的结构，喷嘴环流通截面可随叶片的转动而变化。在排气能量较少时的低速或加速工况下，通过减小喷嘴环的流通截面，增大涡轮入口处的排气压力和提高喷嘴环出口的气流速度，可使排气对涡轮做功的能力增强，使增压器的转速快速升高，进而使进气压力迅速提高，以改善低速大负荷和加速时的排放性能。当排气能量富足（如高速大负荷）时，则加大喷嘴环流通截面以降低排气背压，从而可提高发动机的经济性能。此时减少排气对涡轮的做功，可将增压压力和增压器转速控制在许可的范围内。

可变喷嘴环涡轮增压器的调节器分为气动调节器和电动调节器，与气动调节器相比，电动调节器对喷嘴环叶片的位置具有更快更精确的调控能力。

图 5-34 所示为不同类型发动机的转矩曲线，图中曲线由下至上依次为自然吸气（NA）、放气阀（WG）和可变喷嘴环截面涡轮增压器（VNT）。显然，可变喷嘴环截面涡轮增压器在低速时可提供更高的增压压力，从而使发动机具有更大的低速转矩。

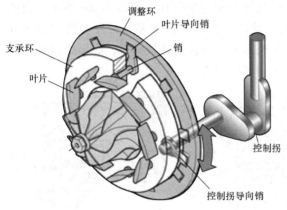

图 5-33　可变喷嘴环的结构

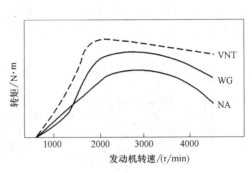

图 5-34　不同类型发动机的转矩曲线

2. 可调的两级涡轮增压系统

为达到更高的发动机性能，要求增压器提供更高的增压压力，并要求增压器在达到高增压比的情况下仍具有良好的效率。但是，这一要求对在车用发动机上采用的一级增压器难以实现，因而二级涡轮增压系统便应运而生，并首先用在载货车用柴油机上。2004年，宝马（BMW）公司在其顶级 3.0L 直列六缸柴油机上首次采用了可调的二级涡轮增压技术，图 5-35 为该系统的示意图。二级涡轮增压即两个涡轮增压器串联工作的增压系统。其中，高压级涡轮的尺寸较小，工作流量小，针对低速工况的性能进行设计；低压级涡轮的尺寸较大，工作流量大，针对发动机高速工况性能进行优化。图 5-36 所示为该系统的工作原理。

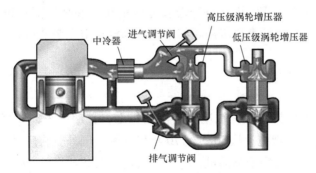

图 5-35　可调的二级涡轮增压系统

如图 5-36a 所示，在排气能量较少时的低速或加速工况下，排气调节阀关闭，全部排气先流过高压级涡轮，因高压级涡轮是根据低工况性能设计的，低工况下排气能量的利用率高，可使涡轮在较高的转速下工作。然后，排气经低压级涡轮膨胀做功，使排气能量得到充分利用。同时进气调节阀关闭，空气先经低压级再通过高压级压气机二次加压，在小流量时就能获得较高的增压比，从而使这些工况下的进气量充足，减少了发动机的碳烟排放，因此显著增大了发动机低速时的转矩。

随着发动机转速的提高，排气能量逐渐增大，排气调节阀部分开启，其开度大小取决于发动机工况。如图5-36b所示，一部分排气经高压级涡轮膨胀做功，另一部分排气则经调节阀直接通向低压级涡轮，因排气背压有所降低，从而改善了发动机的经济性能。

在排气能量富足的高速及大负荷工况下，排气调节阀完全打开，如图5-36c所示。因低压级涡轮针对发动机的高工况性能进行了优化，此时涡轮的工作效率高，发动机的经济性好。同时，进气调节阀开启，空气经低压级压气机压缩后直接通往发动机，高压级涡轮增压器不参与工作，从而限制了高速及大负荷工况时的增压压力。

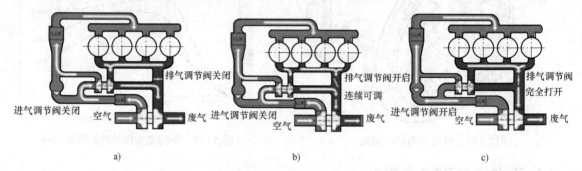

图5-36　可调的二级涡轮增压系统的工作原理

与可变喷嘴环截面涡轮增压器相比，可调的二级涡轮增压系统在高效工作的条件下可提供更高的增压压力。可变截面喷嘴环涡轮增压器虽然能灵活地调节喷嘴环的流通截面积，但改变的仅是涡轮的特性，压气机的特性并未发生变化；而可调的二级涡轮增压系统中的高压级涡轮和低压级涡轮则分别针对低速性能和高速性能进行优化，不仅在低速时能提供更大的增压压力，且高压级小尺寸涡轮的转动惯量低，增强了变工况时涡轮转速对负荷变化的响应能力，从而解决了因涡轮滞后导致柴油机加速时冒烟的问题。

由于可调二级涡轮增压系统在低速工况下的增压比得到了显著提高，瞬态特性显著改善，并且涡轮增压器工作可靠，因而越来越多地应用在一些高性能的轿车柴油机上，BMW公司还推出了一款可变喷嘴环高压级涡轮的二级可调涡轮增压柴油机。

5.5　废气再循环系统

废气再循环（EGR）技术首先被应用于汽油机上，长期以来，一直被认为是一种降低汽油机NO_x排放量的有效措施。从20世纪70年代开始，国外就将废气再循环技术应用于柴油机，研究表明，它同样适用于柴油机，并能有效地降低柴油机的NO_x排放量。

柴油机燃烧时，温度高、持续时间长及富氧状态是生成NO_x的三个要素。前两个要素随转速和负荷的增加而迅速增加，而富氧状态则与空燃比直接相关。因此，必须采取有效的措施降低燃烧峰值温度，缩短高温持续时间；同时应采用适当的空燃比，以降低NO_x的排放量。柴油机利用废气再循环技术降低NO_x排放量的基本原理和汽油机大致相同。

5.5.1　系统构成

1. 柴油机 EGR 系统

自然吸气柴油机所用的 EGR 系统与汽油机类似，如图 5 - 37 所示，由于进、排气之间有足够的压力差，因此 EGR 的控制比较容易。但 EGR 回流气中的 PM 可能引起气缸活塞组和进气门的磨损，为减轻这种影响，首先要尽可能地降低 PM 的排放量。

增压中冷柴油机根据 EGR 外部回路的不同，其 EGR 系统可分为低压回路连接法（LPL）和高压回路连接法（HPL）两种。

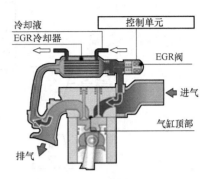

图 5 - 37　废气再循环示意图

（1）低压回路连接法　低压回路连接法是用外管将废气从涡轮前到压气机入口连接起来，如图 5 - 38 所示。涡轮前有较大的压力，而压气机前面的压力和大气压差不多，因此有较大的压差，不使用其他装置就能实现较大的 EGR 率。这种方法在柴油机的较大转速范围内均易实现。但是，废气流经增压器的压气机及增压中冷器，易造成增压器的腐蚀和中冷器的污损，使柴油机的可靠性和寿命降低；由于 EGR 气体要经过压气机这个气动部件，因此 EGR 气体随发动机工况变化的响应滞后。

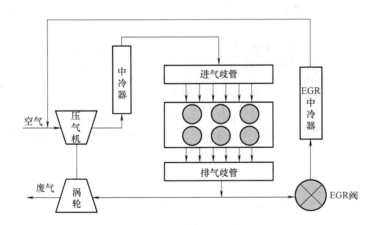

图 5 - 38　EGR 系统低压回路连接法

（2）高压回路连接法　将涡轮机的入口和压气机的出口用外管连接起来的方法称为高压回路连接法，如图 5 - 39 所示。其 EGR 随工况变化的响应性比较好；另外，由于排出的废气不经过压气机和中冷器，故避免了低压回路连接法中的问题。但在柴油机大、中负荷时，压气机出口的压力（增压压力）比涡轮入口的排气压力还高，逆向的压差使 EGR 难以实现。为了增大 EGR 实现的范围，人们采取了各种办法。例如，用节流阀对进气进行节流，使排气压力高于进气压力；在进气系统中设置一个文丘里管以保证大负荷时所需的压力差；或者采用专门的 EGR 泵，如图 5 - 40 所示。

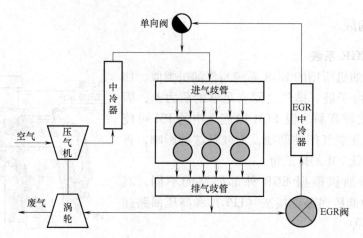

图 5-39　EGR 系统高压回路连接法

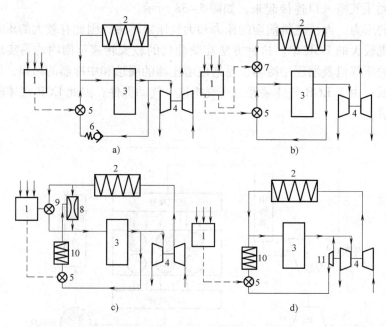

图 5-40　增压中冷柴油机的 EGR 系统

1—电控器　2—中冷器　3—柴油机　4—涡轮增压器　5—EGR 阀　6—排气脉冲阀
7—进气节流阀　8—文丘里管　9—文丘里管旁通阀　10—EGR 冷却器　11—EGR 泵
a) 使用排气脉冲阀　b) 使用进气节流阀　c) 使用文丘里管　d) 使用 EGR 泵

2. 柴油机 EGR 率的控制方法

柴油机 EGR 率的精确控制对于 NO_x 的净化效果极为重要。一般 EGR 控制系统有机械式和电控式两类。机械式控制的 EGR 率小（5% ~ 15%），结构复杂，因而应用不广；电控式系统不仅结构简单，还能进行较大的 EGR 率（15% ~ 20%）的控制。电控系统又分为开环和闭环控制。开环控制一般是基于三维 EGR 脉谱（MAP 图）的控制，即根据预先由试验确定的 EGR 率与发动机转速、负荷的对应关系进行控制；闭环控制可以将 EGR 阀开度作为反馈信号，也可直接将 EGR 率作为反馈信号，采用 EGR 率传感器，对进气中的氧气浓度进行检测，将检测结果反馈给 ECU，从而不断调整 EGR 率，使其始终保持在最佳状态。

5.5.2　柴油机 EGR 与汽油机 EGR 的比较

柴油机 EGR 与汽油机 EGR 的主要差别如下：

1）各工况要求的 EGR 率不同。对于汽油机来说，一般在大负荷、起动、暖机、息速、小负荷时不宜采用 EGR 或只允许较小的 EGR 率，在中等负荷工况下允许采用较大的 EGR 率。对于柴油机而言，在高速大负荷、高速小负荷时，由于燃烧阶段所必需的氧气浓度相对降低，助长了碳烟的排放，故应适当限制 EGR 率；部分负荷时采用较小的 EGR 率除可降低 NO_x 的排放量外，还可改善燃油经济性；低速小负荷时可用较大的 EGR 率，这是由于柴油机此时的过量空气系数较大，废气中的含氧量较高，故较大的 EGR 率不会对发动机的性能产生太大的影响。

2）EGR 率不同。由于柴油机总是以稀燃方式运行，其废气中的二氧化碳和水蒸气的比例要比汽油机低。因此，为了达到对柴油机缸内混合物热容量的实际影响，需要具有比汽油机高得多的 EGR 率。一般汽油机的 EGR 率最大不超过 20%，而直喷式柴油机的 EGR 率允许超过 40%，非直喷柴油机允许超过 25%。

3）柴油机进气管与排气管之间的压差较小，尤其是在涡轮增压柴油机中，大、中负荷工况范围内，压缩机出口的增压压力往往大于涡轮机出口的排气压力，EGR 难以自动实现，使 EGR 的应用工况范围及 EGR 的循环流量均受到限制。为扩大 EGR 的应用范围，需在进气管或排气管上安装节流装置，通过节流改变进气压力或排气压力。因此，柴油机的废气再循环系统要比汽油机的复杂。

5.5.3　废气再循环率对柴油机性能的影响

EGR 系统对发动机性能的影响实质上是通过对混合气成分的改变来影响发动机的动力性、经济性和排放性能。

EGR 对发动机性能的影响主要体现在空燃比 A/F 的改变上，随着 EGR 率的提高，A/F 逐渐降低，如图 5-41 所示。随着发动机工况的不同，它对空燃比的影响也不同。发动机在息速、小负荷及常用工况下，A/F 均很大，EGR 对混合气的稀释作用不大，允许采用较大的 EGR 率，但在小负荷时会影响发动机的着火稳定性；在大负荷时，A/F 约为 25:1，过大的 EGR 率会降低燃烧速度，使燃烧波动增加，并降低燃烧热效率，使功率和燃油经济性恶化，随之带来 CO、HC 和烟度的大幅增加。由此可见，EGR 对发动机的负面影响主要表现在大负荷工况下，尤其是使 HC 及 PM 的排放量增加，燃油消耗量增大。

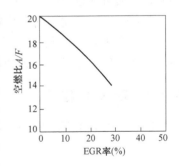

图 5-41　EGR 率对柴油机空燃比的影响

尽管在柴油机大负荷工况下采用 EGR 对其性能不利，但柴油机中 60% ~ 70% 的 NO_x 是在大、中负荷工况下产生的，只有 EGR 增加才能使 NO_x 的排放量迅速减少。EGR 率为 15% 时，NO_x 的排放量可以减少 50% 以上；EGR 率为 25% 时，NO_x 的排放量可减少 80% 以上。

在最大限度地提高 EGR 率的同时，为减少 EGR 对发动机性能带来的负面影响，可在柴油机上同时辅以其他技术措施，如涡轮增压中冷技术、电控高压共轨燃油喷射技术等。

第6章 柴油机后处理净化技术

为了满足越来越严格的排放法规的要求，目前柴油机主要通过缸内燃烧控制、改进燃油品质和后处理净化技术对其排放污染物进行控制。但前两种技术对柴油机污染物的控制效果有限，且不能通过单一技术的改进达到高排放法规（如欧 V 及以上）的限值要求，后处理净化技术是目前最被看好的一项污染物减排技术。因此，本章将主要基于柴油机的后处理净化技术，对其排放的 CO、HC，NO_x 和 PM 的减排净化技术进行介绍。

6.1 氧化催化转化器

柴油机氧化催化转化器（Diesel Oxidation Converter，DOC）主要通过催化氧化的方法，减少柴油机排气中 CO 和 HC 的排放；同时也可以通过氧化颗粒物中的可溶性有机物（SOF），在一定程度上减少颗粒物的排放。柴油机 DOC 的工作原理与汽油机三效催化器（Three Way Converter，TWC）的工作原理相似，不同的是前者工作在氧化性气体氛围中，而后者主要工作在还原性气体氛围中，因而其催化原理也不相同。

目前 DOC 主要以铂（Pt）、钯（Pd）等贵金属为催化剂，将整体蜂窝状物质如堇青石（一种镁铝硅酸盐）蜂窝陶瓷等作为催化剂载体，其对 CO 和 HC 的转化效率分别可达 90% 和 70% 左右，并可减轻柴油机排气的臭味。同时，其对颗粒物中 SOF 组分的去除率可高达 90%，从而可使总 PM 的脱除效率达到 15% ~ 30%。

工作温度对催化剂的转化效率具有较大的影响。当温度低于 150℃ 时，催化剂基本不起作用；而高于 400℃ 时，由于燃料中的硫形成硫酸盐，容易引起催化剂中毒而降低转化效率。因此，DOC 的最佳工作温度为 200 ~ 400℃。

6.1.1 DOC 的结构

DOC 主要由壳体、衬垫（减振层）、载体和催化剂涂层四个部分组成，如图 6-1 所示。

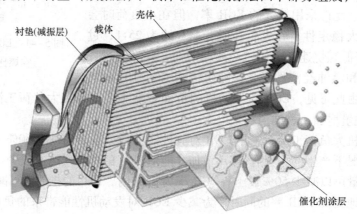

图 6-1 柴油机 DOC

1. 壳体

DOC 壳体通常选择不锈钢材料，以防止因氧化表面脱落而造成 DOC 的堵塞。通常催化转化器壳体的外面还装有半周或全周的隔热罩，其作用是减少 DOC 对汽车底盘的高温辐射，防止汽车在进入加油站时因 DOC 炙热的表面而引起火灾，此外，还可避免路面积水飞溅对 DOC 的激冷损坏及路面飞石的撞击损坏。

DOC 壳体应满足以下条件：

1）壳体的热膨胀系数要尽可能小。

2）壳体材料应具有较强的耐腐蚀性。

3）壳体的结构设计应尽可能考虑其强度和刚度要求。

4）壳体的形状设计要充分考虑空气动力学的需要。

2. 衬垫（减振层）

在催化剂载体和壳体之间有一层减振层，其材料有金属网和陶瓷衬垫两种。陶瓷衬垫在隔热性、抗冲击性、密封性方面和高低温下对载体的固定力都比金属网的性能优越，是目前主要采用的减振层材料。减振层的主要作用是：

1）固定易碎的陶瓷载体并保证其安全使用。

2）在 DOC 及内部构件受到冲击时起到缓冲减振的作用。

3）防止废气从载体与壳体之间的间隙处逸出。

4）在 DOC 载体和壳体之间起到隔热的作用。

5）起到一定的隔声、吸声的作用。

3. 载体

载体材料主要有蜂窝陶瓷载体和金属载体两种，其性能各有优缺点。

1）蜂窝陶瓷载体　具有膨胀性低、强度高、吸附性强（吸水率可达30%以上，便于涂覆催化剂）、耐磨损等优点，但也存在软化温度低（最高约为1400℃）、蜂窝网格壁较厚、排气阻力较大等缺点。

2）金属载体　具有温度适应性好、排气阻力小（壁厚仅为陶瓷载体的1/4 左右）、热容量小且预热性能好，有利于催化反应的进行，实现 HC 的零排放等优点，但也存在吸水率低、不便于涂覆催化剂等缺点。两种载体的性能比较见表6-1。

表6-1　两种载体的性能比较

载体类型	耐热冲击性	抗振动性	起燃性	气体流动性	净化性能	装配性	可靠性	成本
蜂窝陶瓷载体	良好	好	好	较好	好	要求高	好	一般
金属载体	好	很好	很好	较好	好	要求低	一般	较高

理想的载体应具有以下性能：

1）足够的机械强度，能抵抗汽车的正常振动。

2）足够的耐热性。

3）合适的孔隙结构或开孔率。

4）不含有使催化剂中毒的物质。

5) 不与催化剂发生相互作用。

6) 适当的吸水率，价格便宜。

4. 催化剂涂层

目前使用的载体尽管具有蜂窝结构，比表面积较大，但仍不能提供足够的面积以满足气体与催化剂的接触。为了增大催化剂与排气的接触面积，可以在载体表面涂覆一层活性涂层，如 $\gamma - Al_2O_3$，这样可使其比表面积扩大到 $100m^2/g$ 以上，然后采用浸渍或喷涂等方式将催化剂涂覆到载体上，如图 6-2 所示。

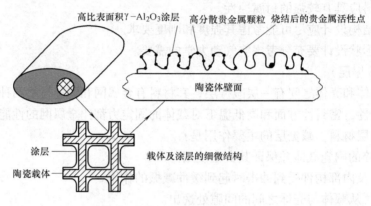

图 6-2 催化剂涂层

涂层表面上分散着作为催化活性材料的主催化剂（以贵金属催化剂为主，如铂、钯）和助催化剂（主要是稀土催化剂）。对于柴油机氧化催化剂，贵金属主要是铂和钯，不含铑元素。铑是三效催化剂中控制 NO_x 的主要成分，它在较低的排气温度下选择性地还原 NO_x 为氮气，同时产生少量的氨；铂的主要作用是转化 CO 和 HC；钯的作用与铂基本相同，但其催化能力较铂弱。之所以在催化剂中加入钯，主要是因为铂和钯可以起到协同作用，以提高催化剂的抗老化能力，在增强催化剂活性的同时降低硫酸盐的生成量。

6.1.2 催化剂的催化原理

柴油机 DOC 可将 CO、HC 和 PM 中的 SOF 氧化成 CO_2 和 H_2O。其反应方程见式（6-1）~式（6-4），反应原理如图 6-3 所示。

$$2CO + O_2 \rightarrow 2CO_2 \tag{6-1}$$

$$4HC + 5O_2 \rightarrow 4CO_2 + 2H_2O \tag{6-2}$$

$$[SOF] + O_2 \rightarrow CO_2 + H_2O \tag{6-3}$$

$$2SO_2 + O_2 \rightarrow 2SO_3 \tag{6-4}$$

柴油机废气中一般应含有 3% ~ 17% 的氧以保证发生上述反应。虽然柴油机的排气温度较低，导致 PM 中的碳烟难以氧化，但氧化催化剂可以转化 SOF 组分中的大部分 HC，达到降低 PM 排放总量的目的，SOF 组分的去除率高达 90% 以上，总 PM 的脱除效率可达到 15% ~ 30%。同时，气相的 HC 和 CO 的转化率可达 30% ~ 90%，并可减轻柴油机排气的臭味。

但当工作温度超过一定限度时，催化剂可能会促使 SO_2 氧化成 SO_3，进而生成硫酸盐，

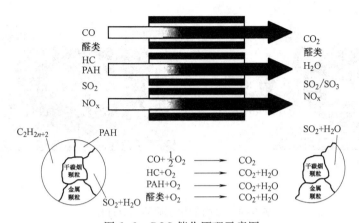

图 6-3 DOC 催化原理示意图

（图中多环芳香烃 PAH 和醛类是 SOF 组分的主要成分）

导致催化剂中毒。所以，使用高硫柴油会极大地影响 DOC 的转化率，也会降低其寿命。因此，提高燃油品质显得尤为重要。此外，催化剂的工作温度对转化效率的影响很大。温度低于 150℃时，催化剂基本不起作用；而温度高于 400℃时，由于硫酸盐会大量产生，反而使 PM 的排放量升高。因此，最佳工作温度是 200～400℃。

6.2 NO_x 机外净化技术

氮氧化物（NO_x）的主要成分是一氧化氮（NO）和二氧化氮（NO_2），其中大部分是 NO（含量通常为 85%～95%）。NO 是一种无色无味的气体，在空气中能氧化生成具有强烈刺激性气味的红棕色气体 NO_2，NO_2 对血液有毒性作用，会使神经麻痹，对肺部有刺激作用并有毒性。此外，NO_2 在强烈的阳光下会发生化学反应，形成二次污染，因此人们采取各种措施来减少其排放。目前，比较流行的柴油机脱除氮氧化物（De-NO_x）技术有吸附催化还原（LNT 或 NAC）法、选择性催化还原（SCR）法、等离子辅助催化还原法等。

6.2.1 吸附催化还原法

1. 工作原理简介

吸附催化还原法主要指稀燃氮氧化物捕集器（Lean NO_x Trap，LNT）或氮氧化物吸收催化剂（NO_x Adsorber Catalyst，NAC）技术（此后统一以 LNT 表示）。基于电控技术在汽车上的应用，由此产生了 LNT 技术，也有文献将其称为存储式 NO_x 催化转换装置（NO_x Storage -Reduction，NSR）。该装置最先是以稀燃汽油机为对象研制开发的，目前已在缸内直喷式汽油机上得到了成功应用。其以尾气中含有的 CO、HC 及 H_2 做还原剂，催化剂由贵金属（主要是铂，铑）、碱土金属（钠，钾，钡）及其化合物和稀土氧化物（主要是 La_2O_3）组成。其工作原理为：稀燃（富氧）时，NO 首先在贵金属（如铂）上被催化氧化为 NO_2，然后与 NO_x 存储物发生反应形成硝酸盐［如 NO_2 和碱土金属氧化物 BaO 反应生成 $Ba(NO_3)_2$］；富油燃烧时形成的硝酸盐不稳定而分解形成 NO_x，然后 NO_x 与还原成分 CO、HC 及 H_2 反应生成 N_2。其反应过程如图 6-4 所示。

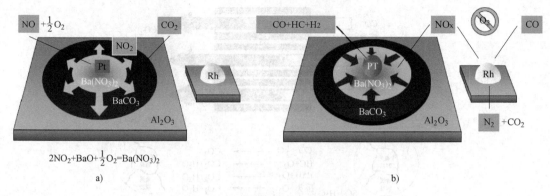

$$2NO_2+BaO+\frac{1}{2}O_2=Ba(NO_3)_2$$

a)　　　　　　　　　　　　　b)

图6-4　吸附催化还原的反应过程

a）富氧工况　b）富燃工况

通过对吸附和还原再生过程的合理搭配，LNT催化系统在较大的温度范围内具有较高的催化转化效率。LNT技术在稳态工况下可以将90%左右的NO_x还原。对柴油机而言，要使LNT技术在瞬态工况下获得很好的性能，则需要增加复杂的电控系统。影响LNT技术的最关键因素是燃料中的硫含量，因为废气中的硫将造成催化剂中毒，影响再生过程。同时，由于需要进行周期性的混合气浓稀工况的转换，故降低了燃油经济性，增加了CO_2的排放。丰田公司最先将这一技术应用在稀燃发动机上，该公司通过将LNT技术与降低PM的技术相结合而开发的柴油机颗粒物-氮氧化物减少系统（Diesel Particulate-NO_x Reduction System，DPNR）可同时降低NO_x和PM的排放量。

2. LNT的影响因素

（1）温度的影响　温度对LNT的捕集和还原两个阶段都有影响。

1）温度对捕集阶段的影响。研究表明，LNT捕集NO_x的最佳温度为300～400℃（$BaCO_3$）或350～450℃（其他碱金属）。温度过低，则NO难以氧化成NO_2；温度过高，则捕集的NO_x会被热解释放。虽然温度升高能使催化剂和载体的表面粗糙化，增加有效吸附面积，使NO_x的吸附量增加，但NO_x将热解释放得更快，最终导致NO_x有效吸附量的减少。

2）温度对还原阶段的影响。研究表明，当还原温度较低时，NH_3和N_2O等副产物的排放量将增加，且NO_x在低温时的还原效率很低。若LNT长期在高温下工作，会产生严重的热力老化，表现为：使载体表面的贵金属催化剂发生流失；使载体表面的吸附材料发生相变；使吸附材料和载体发生脱落等。

（2）燃油中S的影响　LNT耐S、易脱S材料及高脱S策略是目前研究的热点。这是因为：

1）燃烧生成的SO_2可在燃烧和后处理过程中生成硫酸盐，这些硫酸盐覆盖在载体表面，严重影响NO_x的捕集效果。

2）S燃烧生成的SO_2能像NO_2一样与$BaCO_3$反应生成$BaSO_4$，而$BaSO_4$特别稳定，严重阻碍了LNT的还原再生。此外，当以H_2为还原剂的LNT处于还原阶段时，S的存在还将导致NH_3排放量的明显增加。

（3）H_2O的影响　研究表明，H_2O的存在降低了LNT的捕集能力，主要是H_2O影响了载体

Al_2O_3 的活性。但 H_2O 的存在有助于促进 H_2 与 $Ba(NO_3)_2$ 发生还原反应生成 $N_2 + Ba(OH)_2$。

6.2.2　选择性催化还原法

1. 原理简介

选择性催化还原（Selective Catalytic Reduction，SCR）技术作为有效的排气后处理措施，最初应用在锅炉、焚烧炉和发电厂等固定式的污染源上，以降低 NO_x 的排放量。其基本原理是以氨气为还原剂，在催化剂的作用下将柴油机排气中的 NO_x 转化为无害的氮气（N_2）和水蒸气（H_2O）。尽管氨气本身无毒，但它是一种刺激性气味很强的气体，不便于直接在汽车上使用，故需采用向排气管中喷射尿素水溶液的方式提供反应所需的氨气。SCR 技术的一个非常显著的优点是它对燃油中的硫不敏感。

由于柴油机是富氧稀薄燃烧，废气中氧的体积分数可达到 10% 以上，HC 和 CO 的含量则较低，因此，汽油机使用的三效催化器技术对柴油机不适用。降低柴油机排气中 NO_x 排放量的方法只能是向排气中加入还原剂，对 NO_x 进行还原分解。NO_x 的催化还原技术有选择性非催化还原、非选择性催化还原和选择性催化还原三种。其中，选择性催化还原技术在柴油机上的应用最为广泛。

（1）选择性非催化还原（SNCR）　SNCR 技术只能在一定的温度区间（800~1000℃）内使用，而柴油机排气不可能达到这样高的温度。因此，只能通过在柴油机膨胀过程中，向气缸中喷入氨水来实现，但其效果不是很理想，该技术仅在发电厂得到了广泛应用。

（2）非选择性催化还原（NSCR）　在催化剂存在的条件下，还原剂优先与气相中的氧发生反应，再与 NO_x 发生反应的还原过程称非选择性催化还原。NSCR 技术将还原剂（如 CH_4、CO、H_2）喷入排气管中，其在铂或钯催化转换器的作用下与废气中的 NO_x 发生反应。由于尾气中的含氧量较高，还原剂很容易直接被氧化，消耗量极大，其应用也受到了限制。

（3）选择性催化还原（SCR）　SCR 技术分 $NH_3 - SCR$ 和 $HC - SCR$ 两类。前者研究得最早，它以 NH_3 为还原剂，氧气存在时能很好地还原 NO_x；最初应用于固定源产生的 NO_x；对于后者，在贫燃条件下可利用尾气中含有的少量 HC 来选择性地还原 NO_x，达到同时去除 HC 和 NO_x 的目的，见式（6-5）

$$HC + NO_x + O_2 \rightarrow N_2 + CO_2 + H_2O \tag{6-5}$$

2. SCR 技术

（1）NO_x 的 $NH_3 - SCR$ 选择性催化还原技术　该技术以氨、氨水或尿素为还原剂，催化剂以具有高活性和耐硫性的 $V_2O_5/WO_3/Al_2O_5/TiO_2/SiO_2$ 为主，可以脱除绝大部分的 NO_x，同时也能降低部分 HC 的排放量。由于尿素比氨或氨水更易于携带，且不具有刺激性气味，因此，以尿素（热解和水解后，分解成所需的氨）为还原剂的 SCR 技术被认为是最具有应用前景的。其主要反应见式（6-6）~式（6-8）

$$CO(NH_2)_2 + H_2O \rightarrow CO_2 + 2NH_3 + H_2O \tag{6-6}$$

（尿素在常温下能分解成氨气、二氧化碳和水）

$$4NO + 4NH_3 + O_2 \rightarrow 4N_2 + 6H_2O \tag{6-7}$$

（氨气与 NO 作用生成氮气和水）

$$6NO_2 + 8NH_3 \rightarrow 7N_2 + 12H_2O \tag{6-8}$$

（氨气与 NO_2 作用生成氮气和水）

其反应原理是：将 NH_3（即尿素水）喷射到废气中，在催化剂的作用下，利用 NH_3 将 NO_x 还原为 N_2 和 H_2O 并排放。NH_3 具有很强的选择性，它易与 NO_x 反应而不会与废气中通常存在的 O_2 发生反应。该反应过程可在柴油机排气温度范围 300～400℃ 的条件下进行。$NH_3 - SCR$ 技术的最大优点是它对 NO_x 的转化率相当高（大于 90%）。而难点在于：其成本高，需要采用催化转化器系统、NH_3 喷射装置、NH_3 存储器、排气传感器及控制单元，如图 6 - 5 所示。

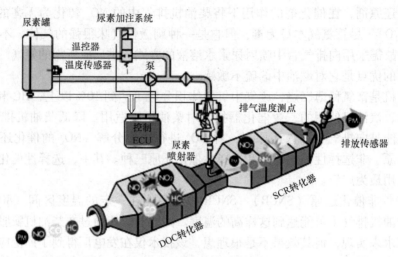

图 6 - 5　柴油机 SCR 系统

为了提高 SCR 转化器的反应温度，在其入口处还可增设 DOC，用来氧化废气中的 CO、HC 和 NO，以及在发动机冷起动时提高排气温度以满足 SCR 转化器的工作需要。

为获得较高的转化率，需要在催化之前将氨喷射到废气中，从而需要十分精确地布置管线，配备还原剂动态计量控制装置和精密的喷嘴，严格控制 NH_3 与 NO_x 的质量比，一般应低于 0.7～0.9。否则，当 NH_3 过量时，虽然 NO_x 的转化率较高，但还是会造成大量的 NH_3 泄漏，污染环境；还存在氨的运输及对仪器设备的腐蚀等问题。此外，为防止溶于水的尿素随温度的降低而结晶并堵塞输送管，需加入专用的添加剂。

目前，一些汽车生产厂家和研究机构纷纷对 SCR 系统进行了深入的研究，并证实了其车用的可行性。德国 FEV 公司于 1995 年将一套以尿素水溶液为还原剂的 SCR 系统装车试验。该系统主要由尿素喷嘴、SCR 催化剂、尿素剂量电子控制单元（DCU）、SCR 电子控制单元（ECU）等组成。在新欧洲运转工况（New European Driving Cycle，NEDC）测试循环下，其 NO_x 的最大转化效率高达 65%；在美国 FTP 测试循环下，其 NO_x 的最大转化效率高于 75%。多项研究表明，SCR 技术至少有两项明显的优势：一是不影响发动机的燃油经济性，二是易于改装，且反应温度较低，催化剂不含贵金属，寿命长，对硫不敏感等。

（2）NO_x 的 HC - SCR 选择性催化还原技术　1990 年，日本的 Iwamoto 和德国的 Held 研究小组分别报道了氧化气氛 Cu - ZSM - 5 催化剂上烷烃和烯烃能高选择性地还原 NO，打破了人们多年来认为 NH_3 是唯一能选择性还原 NO 的还原剂的概念，在 De - NO_x 技术研究中具有划时代的意义。汽车尾气在稀燃条件下氧过剩，CO 和 HC 的含量很低，而 NO_2 的含量比较高，可利用其少量的 HC 选择性地还原 NO_x（HC - SCR），达到同时除去 HC 和 NO_x 的目的。试验表明，烷烃、烯烃、芳香烃及柴油本身都能降低 NO_x 的排放量。NO_x 的转化效率不仅与碳氢化合物的种类有关，还与催化剂的选择及碳氢的比例有关。

6.2.3　等离子辅助催化还原法

SCR 技术所采用的钒基催化剂（如 $V_2O_5/WO_3/Al_2O_5/TiO_2/SiO_2$）的活性反应温度为 300 ~ 400℃，但该类催化在低温下（< 250℃）的活性较低，使其对 NO_x 的还原效率大幅度降低。例如，在 150℃时，SCR 对 NO_x 的转化效率将降低至 15% 左右。研究发现，当提高柴油机尾气 NO_x 中 NO_2 的比例时，可以在低温条件下（< 250℃）大大提高 SCR 系统对 NO_x 的转化效率。由于柴油机排气 NO_x 中 NO_2 的比例一般只有 5% ~ 15%，因此，可采用前述 DOC 将部分 NO 氧化为 NO_2，以促进 SCR 对 NO_x 的转化。但是，DOC 的贵金属 Pt 或 Pd 活性成分存在着高温老化和催化剂 S 中毒的问题；而且我国油品中 S 的含量普遍较高，使得 DOC 的应用受到了严重的限制。研究表明，低温等离子体（Nonthermal Plasma，NTP）技术是一项非常有效的 NO 氧化技术。因此，在柴油机排气低温工况下，联合采用低温等离子体和 SCR 技术，可以大幅度地提高 NH_3 – SCR 技术在柴油机低温冷起动或怠速时对 NO_x 的转化效率。同时，低温等离子体技术取代了贵金属对 NO 进行预氧化，可减少贵金属的使用，也可以解决催化剂硫中毒的问题，该系统可以在高硫分柴油条件下长期高效地工作。

1. 低温等离子体及其产生

等离子体是不同于固态、液态和气态的第四种物质存在形态，是由大量的电子、离子、自由基和中性粒子组成的集合体，具有宏观尺度的电中性和高导电性。等离子体中的离子、电子和激发态原子都是极为活泼的反应物质，可以加快通常条件下难以进行或速度很慢的反应过程。

低温等离子体的产生主要有以下几种方式：辉光放电、电晕放电、介质阻挡放电等。辉光放电需要在低气压条件下进行，难以在汽车上使用且应用成本昂贵，所以应用于柴油机尾气净化的主要是电晕放电和介质阻挡放电。电晕放电的范围较小、能量较低且放电的能量不均匀，主要以颗粒物静电捕集的方式在柴油机尾气净化中得以应用，该方式通过电极的放电作用加强碳烟颗粒物的荷电，再由静电捕捉的方式捕集脱除柴油机的碳烟颗粒物。介质阻挡放电的放电过程中会产生大量的自由基和准分子，它们的化学性质非常活跃，很容易与其他原子、分子或自由基发生反应而形成稳定的原子和分子，目前受到了广泛的关注。

2. 低温等离子体状态下尾气的净化机理

利用介质阻挡放电可在发动机尾气中产生大量低温等离子体，空气经过低温等离子体的作用后，会生成一系列氧化性极强的自由基（OH^*、HO_2^*）、原子氧（O）、臭氧（O_3）等强氧化物质，这些物质将发动机尾气中的 NO 氧化，并转化为 NO_2。其主要反应见式 (6-9) ~ 式 (6-16)。

$$O_2 \rightarrow 2O \tag{6-9}$$

$$O + N_2 \rightarrow NO + N \tag{6-10}$$

$$N + O_2 \rightarrow NO + O \tag{6-11}$$

$$N + OH^* \rightarrow NO + H \tag{6-12}$$

$$NO + O \rightarrow NO_2 \tag{6-13}$$

$$NO + 2OH^* \rightarrow NO_2 + H_2O \tag{6-14}$$

$$NO + HO_2^* \rightarrow NO_2 + OH^* \tag{6-15}$$

$$NO + O_3 \rightarrow 3NO_2 \tag{6-16}$$

可见，NO 在多种活性粒子（O_3、O、OH^*、HO_2^* 等）的作用下，将发生氧化反应生成 NO_2。NO 转化为 NO_2 的转化效率随氧含量的增加而迅速上升。此外，部分 NO 和 NO_2 也可与 N_2 电离产生的 N 离子反应，生成副产物 N_2O，见式（6-17）和式（6-18）。

$$NO + N \rightarrow N_2O \tag{6-17}$$

$$NO_2 + N \rightarrow N_2O + O \tag{6-18}$$

此外，部分 NO 也可与 N 离子发生反应，生成 N_2 而实现 NO_x 的脱除，见式（6-19）。

$$NO + N \rightarrow N_2 + O \tag{6-19}$$

但该反应对 NO_x 的脱除效率低，最大可以达到 10%～20%。

低温等离子体辅助催化技术是目前较为热门和较有前景的后处理技术，但实现 NTP 技术在汽车上的使用还有很多工作要做，目前尚存在以下问题：

1）等离子体对 NO_x 的反应机理尚不清楚，而且柴油机复杂的排气气氛对 NTP 转化 NO_x 的影响机理也有待进一步的研究。

2）NTP 技术与 NH_3-SCR 技术的协同作用，以及如何高效可靠地实现低温排气工况时 NO_x 的脱除也是急需解决的关键问题。

3）NTP 技术的能耗。NTP 技术的引入增加了汽车的燃油消耗，若要实现 NTP 协同 NH_3-SCR 技术对 NO_x 进行转化，NTP 技术将增加约 4%～6% 的燃油消耗，如何降低 NTP 的能耗也是目前迫切需要解决的关键问题。

6.3　颗粒物机外净化技术

对柴油机颗粒物的脱除包括机内控制技术和后处理技术。通过机内控制技术，柴油机的颗粒物排放已能很好地满足欧Ⅱ和欧Ⅲ排放法规。研究表明，采用机内控制技术改进后的柴油机能很大程度地减少颗粒物的排放量，但其产生的超细颗粒物的数量反而增加了，而颗粒物越细，对人体的危害越大。尾气后处理技术可以比较成功地减少细颗粒物的排放量，以弥补机内控制技术的不足。因此，为了满足更高的排放法规的要求，尤其是在欧Ⅳ排放法规颁布后，尾气后处理技术已成为一项必需的颗粒物减排技术。

在排气尾部增设颗粒物捕集器（Diesel Particulate Filter，DPF）对颗粒物进行捕集是最可行的一种后处理技术，通过拦截、碰撞、扩散等机理，过滤体可以将尾气中的颗粒物捕集起来。目前，商品化的表面过滤式颗粒物捕集器可以达到 90% 以上的捕集效率。此外，也可使用等离子体净化技术和静电分离技术等对颗粒物进行脱除。

6.3.1　颗粒物捕集器

1. 过滤材料

按照捕集器所用过滤体类型的不同，可以将捕集器分为壁流式蜂窝陶瓷过滤体、泡沫陶瓷过滤体、金属丝网过滤体和编织陶瓷纤维过滤体。

（1）壁流式蜂窝陶瓷过滤体　壁流式蜂窝陶瓷过滤体主要以表面过滤方式捕集柴油机颗粒物。如图 6-6 所示，柴油机尾气进入多孔蜂窝孔道后，由相邻的孔道流出，颗粒物被拦截在孔道的内表面，堆积成颗粒层，形成滤饼过滤，实现对颗粒物的过滤捕集。该过滤方式具有较高的过滤效率，可达 95% 以上，同时过滤体的结构强度高，且易于涂覆催化剂实现过滤体的催化再生，是目前研究的颗粒物捕集器中最为常用的过滤体。壁流式蜂窝陶瓷捕集器和过滤体的实物图如图 6-7、图 6-8 所示。由于壁流式蜂窝陶瓷过滤体的过滤压降高，因此，如何优化来流参数和结构参数以实现较高的过滤体捕集性能是目前研究的重点。

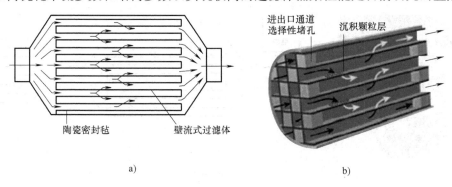

a)　　　　　　　　　　　　　b)

图 6-6　壁流式蜂窝陶瓷过滤体
a）二维结构　b）三维结构

图 6-7　壁流式蜂窝陶瓷捕集器实物图
（带封装外壳）

图 6-8　壁流式蜂窝陶瓷过滤体实物图

（2）泡沫陶瓷过滤体　泡沫陶瓷过滤体主要以深床过滤方式捕集柴油机颗粒物。如图 6-9 所示，颗粒物进入过滤体内部后，通过拦截、碰撞、扩散等机理被过滤体捕集起来。该过滤方式的过滤效率较低，通常小于 50%，这成为限制泡沫陶瓷过滤体用于柴油机排气颗粒物减排的瓶颈问题，其优势是过滤压降小，且便于涂覆催化剂实现催化再生。

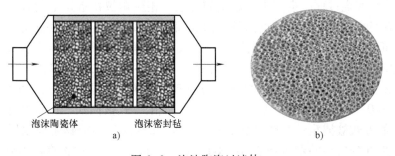

a)　　　　　　　　　　　　　b)

图 6-9　泡沫陶瓷过滤体
a）结构示意图　b）泡沫陶瓷实物图

（3）金属丝网过滤体 多孔金属丝网过滤体的强度高，抗热冲击和机械冲击的能力强，并可根据需要制成各种形式，如图 6-10a 所示。利用不锈钢丝网作为过滤体，采用电晕荷电技术（图 6-10b）提高过滤效率，颗粒物捕集效率可达 50% ~ 75%。但多孔金属过滤体在高温环境下易被氧化和腐蚀，且不易涂覆催化剂进行连续再生，需采用主动再生方式外加装置，导致其结构复杂且需要耗费外加能量。

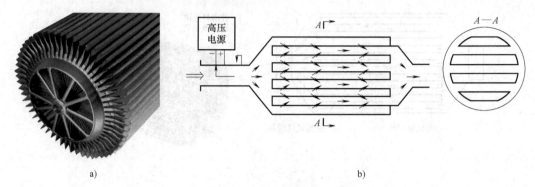

a)   b)

图 6-10 金属丝网捕集器

a) 金属丝网捕集器实物图 b) 静电金属丝网捕集器原理图

从机械强度、过滤性能等方面考虑，在上述几种类型的过滤体中，壁流式蜂窝陶瓷过滤体具有最好的综合性能，更适于作为车用柴油机 DPF 系统的过滤体，是目前应用最为广泛的过滤体形式。

2. 过滤机理

如前所述，壁流式蜂窝陶瓷过滤体主要以物理过滤的方式对柴油机颗粒物进行捕集。对于过滤机理而言，过滤介质对颗粒物的捕集通常是通过惯性碰撞、拦截、扩散和静电捕集等机理进行的，如图 6-11 所示。对于直径较大的颗粒物，当其随气流通过过滤介质时，气体的流向发生改变，但由于颗粒物质量较大来不及改变原有的运动轨迹，会以惯性碰撞的方式碰撞到过滤介质上而被捕集，这种捕集方式称为惯性碰撞捕集。对于直径较小的颗粒物，其与气体流动具有较好的跟随性，气体流量改变时，颗粒物的运动轨迹也随之改变，但颗粒物在流动过程中会接触到过滤介质而被捕集，这种捕集方式称为拦截。对于非常细小的颗粒物（<100nm），由于气固两相流与过滤介质壁面间存在颗粒物浓度差，颗粒物会以扩散的方式扩散到过滤介质表面而被捕集，这种捕集方式称为扩散捕集。对于带有一定静电的颗粒（柴油机颗粒物在燃烧过程中会产生一定量的静电，相应颗粒物带正电荷或负电荷，但整体呈中性），随着捕集的进行，相应的过滤介质也带正电或负电（或过滤介质自身带电），因此，可以通过正负电吸引的方式对颗粒进行捕集，这种捕集方式称为静电捕集。

如前所述，不同直径大小的颗粒物通常通过不同的捕集方式被捕获，其过滤效率也不同，如图 6-12 所示。当颗粒物直径小于 0.1μm 时，颗粒物主要以扩散捕集的方式被捕获；当颗粒物直径为 0.1 ~ 1.0μm 时，颗粒物主要以拦截的方式被捕获，也有少部分较小的颗粒可以通过扩散的方式被捕集；当颗粒物直径大于 1.0μm 时，颗粒物主要以惯性碰撞的方式被捕获，也有少部分较小的颗粒物通过拦截的方式被捕集。以颗粒物直径划分各区并不十分严格，对不同尺寸颗粒物以何种方式被捕集还需要依据具体的过滤条件（过滤速度、过滤温度、过滤介质孔径大小等）来确定。总体来看，对于颗粒物与过滤介质孔径相差较大的过滤情况而言，颗粒物以拦截的方式被捕获的概率较小，因而其过滤效率较其他过滤方式低。

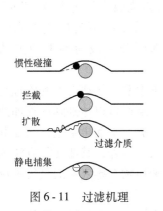

图 6-11　过滤机理

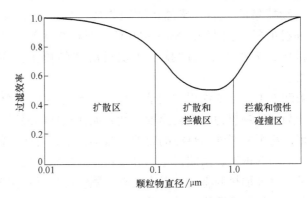

图 6-12　颗粒物直径对过滤效率的影响

目前的研究认为，壁流式蜂窝陶瓷过滤体捕集柴油机颗粒物的过程经历了深床过滤和颗粒层过滤两个阶段，如图 6-13 所示。

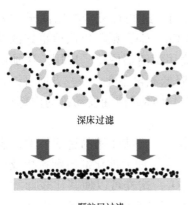

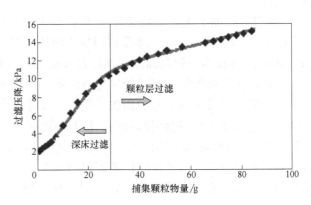

图 6-13　颗粒物沉积过程及其过滤压降

柴油机颗粒物的尺寸主要集中在 0.1~0.3μm 的范围内，因此，对于洁净的壁流式蜂窝陶瓷过滤体，壁面过滤介质的孔径较大（通常为 10~30μm），颗粒物主要以扩散和拦截的方式被过滤捕集（深床过滤），过滤效率较低，约为 60% 左右。但随着颗粒物的沉积，当颗粒堆积在通道壁面形成颗粒层后，过滤介质的孔径变小（与柴油机颗粒物的尺寸相当），以颗粒层过滤的方式捕集柴油机颗粒物，颗粒物被拦截的概率提高，因而其过滤效率也提高（可以达到 90% 以上）。

壁流式蜂窝陶瓷过滤体过滤压降的变化趋势为：在深床过滤期，由于颗粒物在多孔介质孔道内沉积，逐渐堵塞孔道，气体的流通面积减少，微孔内流速增加，因此，过滤压降逐渐增加，且以非线性方式增长；在颗粒层过滤期，颗粒物沉积在过滤介质表面形成颗粒层后，颗粒层高度随时间近似呈线性增长，其过滤压降也呈现线性增长趋势。

3. 捕集器再生技术

随着颗粒物在捕集器内部沉积量的增加，过滤体的压降逐渐增大，导致排气阻力增大，使缸内燃烧恶化，影响了柴油机的动力输出和经济性。因此，当过滤体的压降达到一定程度后（通常限定柴油机的排气背压小于16kPa），需要将过滤体进行再生，降低其过滤压降，实现连续捕集的目的。柴油机颗粒物的主要成分是碳烟，其燃烧温度约为550～700℃，而柴油机的排气温度为180～450℃，颗粒物无法在柴油机正常工况下的排气中完全燃烧。因此，需要采用辅助技术实现过滤体的再生。再生技术可分为被动再生和主动再生两类。

被动再生包括燃油添加剂催化再生、连续再生、NO_2 辅助再生等。被动再生的原理是利用催化剂降低颗粒物的氧化温度，使其能在较低的温度下氧化，从而可以达到降低外加热源的功率，甚至取消外加热源的目的，被动再生具有明显的技术优势。主动再生包括喷油助燃再生、电加热再生、微波再生、红外再生，反吹再生等。除反吹再生外，其他几种方法的原理都是通过外加热源将尾气温度提高至颗粒物的燃烧温度，使颗粒物与尾气中的氧气等反应以清除颗粒物，实现再生的目的。

（1）被动再生　被动再生也称催化再生或连续再生。其催化剂需要与颗粒物及氧化剂接触才能发挥作用，一般有两种主要的催化剂加载方式：在燃油中加入催化剂和将催化剂涂覆在过滤体上。

1）通过在燃油中加入有机盐添加剂的方式加入催化剂。这些有机盐的阳离子主要有 Ce、Cu、Pt、Ba、Li、Fe 等，如果同时加入两种金属，如 Cu–Ce，则可以取得更好的催化效果。其中，Ce 作为一种燃油添加剂已经在柴油轿车的商用滤清器中得到应用。添加的催化剂一方面由于分散性好，可以较好地催化颗粒物氧化，降低氧化温度；另一方面可以补充催化剂由于硫中毒或挥发引起的损失。但是，催化剂会在过滤体或柴油发动机的内部积累，前者会堵塞过滤体，后者会引起阀门、活塞的磨损。

2）将催化剂涂覆到过滤体上，可以避免上述问题的出现。目前使用的过滤体的比表面积都相对较小（如 SiC 过滤体的比表面积约为 $0.13m^2/g$）。为了增大催化剂与颗粒物及空气的接触面积，可以在过滤体表面涂覆一层载体，如 $\gamma-Al_2O_3$，这样可以使其比表面积扩大到 $100m^2/g$ 以上，然后采用浸渍或喷涂等方式将催化剂涂覆到过滤体上，就可以制得催化捕集器。目前主要研究的催化剂有贵金属催化剂（如 Pt 等）、低熔点催化剂（包括 Cs_2O、V_2O_5、MoO_3、Cs_2SO_4 及其混合物等）、碱金属催化剂（如 K、Cs 等的氧化物和盐）及过渡金属复合型催化剂（包括钙钛矿 ABO_3 及尖晶石 AB_2O_4 等类型的催化剂）等。

相比较而言，贵金属催化剂具有很好的催化活性，但其价格昂贵，催化剂成本最高；低熔点催化剂的活性较强，但是高温下易损失且会造成二次污染；碱金属催化剂虽然活性很好，但容易发生硫中毒。和其他类型的催化剂相比，钙钛矿型催化剂具有以下优势：

① 具有较好的催化活性。

② 稳定性好。钙钛矿型催化剂具有稳定的晶格结构，热稳定性好。

③ 价格低。普遍使用的钙钛矿型催化剂多由 Mn 和 Co 等过渡元素及稀土金属构成，其成本远远低于贵金属催化剂。

④ 可同时脱除碳烟和 NO_x。钙钛矿型催化剂在氧化颗粒物的同时可以还原 NO_x，具有同时脱除碳烟和 NO_x 的效果。

综合考虑催化剂的活性、稳定性、抗中毒性能和成本，钙钛矿型催化剂是可选的再生用催化剂。

（2）主动再生

1）喷油助燃再生。该技术发展得较早，20 世纪 80 年代即在国外的大型客车上被采用。它通过一套专门的系统，适时地向过滤体上游喷入一定量的燃油或燃气，再将其点燃，使排气温度和过滤体的温度上升，实现颗粒物在过滤体内的燃烧，从而实现过滤体再生的目的，如图 6 - 14 所示。但该措施对燃烧器的可靠性要求高，如果点火不成功，则会使燃料沉积在过滤体上，引起二次沉积，使后面的再生变得困难，并且会引起二次污染。该技术需要的燃料喷射和点火系统使整个捕集系统变得复杂和昂贵，能源的消耗也会额外增加。

此外，基于柴油机高压多次喷射技术，可以通过缸内燃油的后喷射技术提高排气温度，实现过滤体的再生。该技术需要与柴油机的燃油喷射系统进行匹配，同时需要采取优化后喷射的控制策略，是目前的一个重点研究方向。

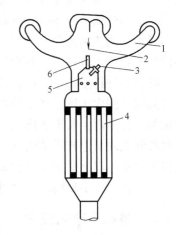

图 6 - 14　喷油助燃再生技术
1—排气歧管　2—燃油　3—电热塞
4—滤芯　5—燃烧器　6—喷油器

2）电加热再生。该技术和燃烧器再生相似，不同的是用电能替代了燃料能，如图 6 - 15 所示。在过滤体的上游安装一个电热装置，需要再生时，起动电加热装置，提高排气和过滤体表面的温度，使颗粒物燃烧以实现再生。该技术比较简单，可控性好。但由于是表面加热，电热丝的加热效率不高，加上陶瓷的导热性一般，需要一定量的气流配合进行，才能保证再生完全。另外，该技术易造成加热

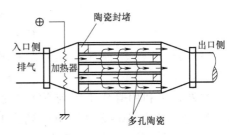

图 6 - 15　电加热再生技术

的不均匀性，当颗粒物沉积过多且不均匀性较大时，会加剧过滤体内部再生的不均匀性，导致局部过热而引起损坏。

3）微波再生。微波具有选择加热和空间加热的特点。就选择加热而言，陶瓷材料过滤体对微波的吸收能力较差，但颗粒物对微波的吸收能力很强，是陶瓷的 100 倍以上。因此，在微波加热的过程中，颗粒物是主要的被加热对象。这种选择加热对于提高能量利用率，延长过滤体寿命，提高再生效率十分有利。微波具有良好的空间加热特性，由于微波能量在过滤体中是空间分布的，再生时是对整个过滤体进行体积加热，可以使沉积在过滤体内部的颗粒物在当地吸热、着火和燃烧。因此，过滤体内的温度梯度小，减少了热应力损坏过滤体的可能性。该技术的主要问题是要合理设计微波场及再生装置，以适应汽车的正常使用情况，保证微波再生的有效性、安全性和可靠性。

4）红外再生。该技术是基于碳对辐射能的吸收能力较强，以及陶瓷的导热性能较差的特性。利用加热装置加热某些具有较强辐射能力的红外材料，然后由其通过辐射的方式加热过滤体中的沉积颗粒物，来实现过滤体的再生。该技术的能量利用率低，加热速度慢，也不属于空间加热，同样存在加热不均匀等问题。

5）反吹再生。该技术的最大特点是将颗粒物的燃烧过程和捕集过程分离，从而提高了滤清器和再生系统的寿命及可靠性。当需要再生时，具有一定压力的压缩空气从过滤体出口

高速喷入，其方向与排气方向相反。沉积的颗粒物从过滤体表面清除，进入专门的收集器，再通过电加热或其他燃烧装置将颗粒物烧掉。该技术不存在过滤体烧熔或破裂的问题，从而提高了系统的使用寿命。该技术的高压气源是一个最大的问题，并且反吹有时会不彻底，从而使排气背压上升过多，将直接导致柴油机动力性和经济性的恶化。

综合各种再生技术，催化再生技术依靠催化剂降低颗粒物的燃烧温度，在正常的柴油机排气温度范围内实现过滤体的再生，其技术优势明显。但寻求稳定、高效、低成本、耐硫的催化剂一直是再生技术的研究方向，该技术的开发是目前的一个研究重点。相比较而言，外加热源的主动再生技术的缺点是需要外加装置，以及消耗能源、结构复杂且经济性差；但主动再生技术可以不受柴油硫含量、颗粒物堆积量及柴油机排气温度的影响，具有较好的可靠性和可控性，也是目前的一个重点研究方向。

6.3.2 等离子净化技术

与 DOC 技术对柴油机颗粒物中 SOF 组分进行氧化的目的相同，等离子体技术也可利用其产生的氧化能力极强的 OH^*、HO_2^*、O 原子及 O_3 在柴油机排气中对颗粒物的 SOF 组分进行氧化。PM 的氧化反应见式（6-20）~式（6-23）。

$$C + 2O \rightarrow CO_2 \tag{6-20}$$

$$C + 4OH^* \rightarrow CO_2 + 2H_2O \tag{6-21}$$

$$3C + 4HO_2^* \rightarrow 3CO_2 + 2H_2O \tag{6-22}$$

$$3C + 2O_3 \rightarrow 3CO_2 \tag{6-23}$$

此外，可利用等离子体与 NO 氧化反应生成的具有强氧化性的 NO_2 对排气中的 PM 进行氧化，见式（6-24）。NO_2 氧化 PM 的反应活化能约为 $60kJ/mol$，而 O_2 直接氧化 PM 的反应活化能为 $120 \sim 170kJ/mol$，即 NO_2 比 O_2 具有更高的氧化活性。但 NO_2 在柴油机排气中的含量较小，如何高效地利用有限的 NO_2 实现 PM 的氧化再生是目前的一个热点研究方向。

$$C + 2NO_2 \rightarrow 2NO + CO_2 \tag{6-24}$$

等离子体技术对 PM 的净化作用有限，它主要对其 SOF 组分进行氧化，起到辅助再生的作用。而且该技术具有结构复杂、成本较高和能耗较高等缺点，其应用还需要进行深入的研究和系统优化。

6.3.3 静电分离技术

静电分离碳烟颗粒物捕捉器的工作原理类似于静电除尘。柴油机废气中的碳烟在高压电晕放电场中荷电，并在电场的作用下移向电极并积聚，如图 6-16 所示，过一段时间后可用燃烧的方法再生。由于它不像陶瓷那样易被破坏，因而能够较好地解决再生的问题。图中的小盘套在中心轴上，并作轴向固定；大盘为环状，其外径与反应器内径相等，轴向也有定位，须使盘间距保持一致。中心轴的两端由陶瓷元件固定在外壳上，既可以保持绝缘，又能承受高温。反应器的外壳接地，心轴与电源的正高压或副高压相连。在小盘的外圆或大盘的内圆两侧加工出一定密度的针尖，这些针尖与其相对的圆盘面之间形成圆锥状等离子放电区，排气经过这些等离子区域时，碳烟就被荷电，并根据其电荷的性质向相应的极板运动，从而将碳烟捕捉。为了提高捕捉效率，气流路径被设计成了迷宫的形式，排气从切向流入，这样，碳烟在随排气流动的过程中，可被多次荷电，使聚合作用加强，从而提高了碳烟的静电捕捉效率。

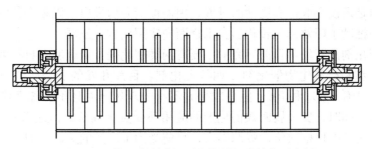

图6-16　静电分离碳烟颗粒物捕捉器结构示意图

研究发现，该技术具有较高的捕集效率，中、低负荷工况下其效率高于90%；在美国道路试验工况FTP-75下，其总效率可达70%以上。而且其能耗低，功率约为50W。但该技术需要配置高压电源（14kV及以上），系统复杂，而且装置所需的空间较大，因此其应用还需要进行深入的研究和系统优化。

6.4　四效催化转化器

上述各种污染物减排技术主要是针对单一的柴油机排放污染物（CO、HC、NO_x和PM）进行减排的后处理净化技术。为了达到保护环境的目的，目前世界各国的排放量法规都对这四种污染物的排放量进行了限制，能否采用一种后处理装置实现对这四种污染物的同时脱除，如同三效催化转化器对汽油机排放的CO、HC和NO_x同时脱除一样，这就是柴油机四效催化转化器的由来。

6.4.1　原理简介

如前所述，柴油机四效催化技术是从汽油机的三效催化技术演变而来的。汽油机的三效催化技术已经非常成熟，目前已得到了广泛的应用，但却无法直接应用于柴油机，其主要原因如下：

1）柴油机排气中氧的含量很高，而在氧化氛围中实现NO_x的还原，对催化剂的还原选择性要求极高。

2）柴油机的排气温度低于汽油机的排气温度，要求催化剂具有较低的催化活性温度。

3）柴油车排气中含有大量的PM和一定的SO_x，容易导致催化剂中毒。因此，在柴油机的排气条件下，开发像汽油机三效催化剂那样有效的四效催化体系是一个难点。

四效催化转化器的基本原理是使颗粒物和NO_x互为氧化剂和还原剂，并在同一催化剂床上除去CO、HC、NO_x和PM，实现柴油车尾气的净化，达到严格的排放法规的要求，这将是柴油机后处理系统的研究方向。目前的研究主要集中在催化转化器的优化组合和四效催化剂的开发上。

目前，国内外已经开发了许多类型的车用柴油机四效催化转化系统，这些系统以PM催化氧化技术和NO_x催化还原技术相结合的复合技术为主。具体来讲，即将贫燃NO_x催化剂

（LNT）和颗粒物捕集器两种技术，或者将 LNT 和柴油氧化催化剂两种技术综合为一体的单一装置。近年来，欧洲和日本的许多大公司比较注重对同时催化脱除上述四种污染物的单一技术的研究，但是还没有取得实质性的进展，因而他们先后推出了以复合技术为主的四效催化转化器，从而推动了四效催化转化器技术逐渐向实用化方向发展。

对于四效催化剂的开发，目前研究的主要有两类催化剂：贵金属（Pt）四效催化剂和非贵金属（钙钛矿型复合氧化物催化剂）四效催化剂。目前开发的贵金属四效催化剂确实能够同时去除 CO、HC、NO_x 和 PM，但是效果并不十分理想，而且不能长期满足排放法规的要求，耐久性低。同时，贵金属四效催化剂的应用还受贵金属资源匮乏及价格昂贵的限制。钙钛矿型四效催化剂的价格廉价，资源丰富，目前受到了广泛的关注。但该类催化剂的催化转化性能还有待进一步提高，尤其是对于 NO 选择还原为 N_2 的催化性能还有待进一步开发。

6.4.2 各类四效催化净化系统

美国 Ceryx 公司的柴油车排气净化采用了 QuadCAT 四效催化转化器。该转化器由四个部分组成：热交换器，用来吸收 DPF 尾部高温气体的热量以加热系统进气，提高催化性能；柴油 DPF 或 DOC；稀燃 NO_x 催化剂；燃料喷射系统和控制系统。将 QuadCAT 转化器装载于 12L 排气量、300kW 的重型柴油车上，使用 2 号柴油［含硫量（体积分数，下同）大于 350×10^{-6}］时，可以使柴油车 CO 和 HC 的排放量减少 95% 以上，PM 的排放量减少 90%，NO_x 的排放量减少 44%。该转化器已经投产，供重型柴油车和柴油小轿车使用。但是 QuadCAT 转化器还有待改进，需提高 NO_x 的转化率和 NO_x 转化为 N_2 的选择性。

日本三菱汽车公司开发出了新一代柴油轿车尾气四效催化转化器，该转化器由前后两段蜂窝陶瓷负载催化剂构成：前段是添加 HC 吸附剂的 Pt 基选择还原催化剂（HC‒SCR），能够高效净化 NO_x；后段是将 HC、CO 和碳烟中的可溶有机组分 SOF 氧化的 Pt 基氧化催化剂。将前段和后段催化剂中 Pt 的含量调至平衡，即可抑制前段的 HC 由于氧化而造成的氧气损失，从而确保了前段的 NO_x 转化率和后段的 SOF 氧化效果；改进后段催化剂涂层材料的组分，可以增强其氧化选择性，抑制 SO_2 氧化成 SO_3。该公司使用含硫 500×10^{-6} 的 2 号柴油，在发动机排气量为 2.8L、总质量为 2410kg 的汽车上进行了 8 万 km 的寿命试验。结果表明，这种具有优良氧化还原催化性能的四效催化剂和 EGR 共同组成的四效催化系统使排气中 NO_x 的排放量小于 0.14g/km，PM 的排放量小于 0.08g/km。这种四效催化转化器已装在该公司的柴油轿车上使用，同时向欧洲推广使用。

2000 年，英国 Johnson Matthey 公司公开了一种新的 SCRT 四效催化转化器技术，它由连续再生颗粒物滤清器（CRT‒DPF）和选择性催化还原技术（SCR）结合而成。该转化器适用于重型柴油卡车和公共汽车发动机排气中 CO、HC、NO_x 和 PM 的净化，已在欧洲广泛使用。SCRT 四效催化转化器可降低 PM 和 NO_x 排放量的 75%~90%，对 CO 和 HC 也有较好的净化效果。SCRT 技术与无硫燃料配合使用，可满足美国 2007 年的排放标准。

2000 年，日本丰田（Toyota）汽车公司公布了车用柴油机新一代催化转化器（DPNR）技术。该装置以多孔陶瓷颗粒物过滤体和稀薄混合汽油机所使用的 NO_x 储存还原三效催化技术为基础。在稀燃条件下，NO_x 被催化剂吸附储藏，然后在富燃条件下被释放出来并得以还原净化；PM 在稀燃条件下被排气中的氧气氧化，在富燃条件下，被储存的 NO_x 脱附后还原时放出的活性氧氧化。在操作的初始阶段，DPNR 对 PM 和 NO_x 的转化率大于 80%。但是，DPNR 系统必须用于采用共轨式燃油喷射装置、涡轮增压器、中冷器、EGR 装置的直喷式柴油机，且须使用低硫柴油（含量小于 30×10^{-6}），才能长期保持高转化率。

大量研究表明，柴油机四效催化技术能够有效降低其排气中的 CO、HC、NO_x 和 PM，但要想达到商业化的要求，还有大量工作要做：

1）柴油较汽油的含硫量高，硫的存在容易使催化剂中毒。因此，开发柴油机四效催化剂在追求高活性、高选择性的同时，还要注重催化剂抗硫性能的提高。

2）低温冷起动时催化剂的活性低，污染物的排放量较高，因此，冷起动时对排放污染物的有效转化或吸附也是必须解决的关键问题之一。

3）目前所研发的四效催化剂的效果不是很理想，如何科学地利用各种材料的特性来合理地设计制备出高活性的多组分四效催化剂，是亟待解决的核心问题之一。

4）柴油机四效催化净化体系远非一种催化剂所能实现的，其中包括各种催化剂的科学制备流程、催化剂性能及表征、整个催化剂体系的构建，以及各催化剂反应的耦合等。

这些也是成功开发四效催化剂的关键问题，有待于进一步研究和发展。柴油机四效催化技术被认为是一种最理想的柴油车尾气排放控制技术，具有很好的应用前景。目前，柴油车尾气四效催化净化技术的研究已经取得了一定的进展，尽管其净化效果还不够理想，但是经过不懈的技术开发和组合创新，柴油车尾气四效催化净化技术将会逐渐成熟并被普及，并最终成为解决柴油车尾气排放控制问题的一项主要措施。

第7章 排放污染物的测试技术

正确地测试排放污染物是研究内燃机有害排放物的形成及控制技术的重要前提，随着各国汽车排放标准的日趋严格，其排放测试技术也在不断完善。对排放污染物进行测试的基本要求如下：

1）对所测的成分有较高的选择性，也就是说，测量值受排气中其他成分的干扰小。

2）有与所测量的成分浓度相当的灵敏度。

3）具有较高的可靠性且容易使用。

一个完整的排气成分测试应该包括取样、分析和结果整理三部分。

7.1 汽车排放污染物的取样系统

取样是汽车排放测试的第一步，取样方法不同，取样系统也有所不同。取样系统的功能在于对样气进行预处理，以便按一定要求将其送入分析系统。取样的正确与否对测量结果的正确性影响极大。对取样系统的基本要求有：

1）样气在进入测试仪器前，其所测成分必须能定量地再现排气中该成分的浓度。

2）在较长的时间内，不受其他因素的干扰。

取样过程中的主要干扰因素有：

1）可冷凝成分。在大多数测试过程中，被测气体的冷却总是伴随着冷凝现象。在测试仪器里，冷凝液会造成测量误差。

2）吸附和化学反应。被测成分在输送过程中的吸附和化学反应会造成该成分质量的变化，这对浓度很低成分的测量结果的影响很大。有些材料对一定的化学反应有催化作用，特别是在温度较高的区域，如加热的输送管道，会造成某些成分的测量误差。

目前常采用的取样系统有直接取样系统、定容取样系统和稀释取样系统等。

7.1.1 直接取样系统

直接取样是指在发动机台架上进行排放测试，对气态成分一般采用直接取样分析的方法。将取样探头直接插入内燃机的排气管内，用取样泵直接采集一定量的气样，经过粗、细过滤器，滤去气体中的灰尘，供排气分析仪分析。为了防止气样中的水分对分析仪的干扰，一般在系统中加设由冷凝器和排水装置组成的水分离器，用冷凝法除湿。为防止 HC 中那些蒸气压低的高沸点成分溶于水而产生测量误差，取样导管应做成加热式，对于汽油机应保持在 130℃ 左右，对于柴油机应保持在 180～200℃。

直接取样法简单，操作方便，适于连续观察由变工况引起的排气成分的变化，广泛应用于重型汽车发动机台架试验及怠速法检测。图 7-1 所示为发动机台架测试的直接取样系统流程图。

发动机在测功机台架上稳定运行，分析用样气直接从发动机的排气管中抽取。因为未

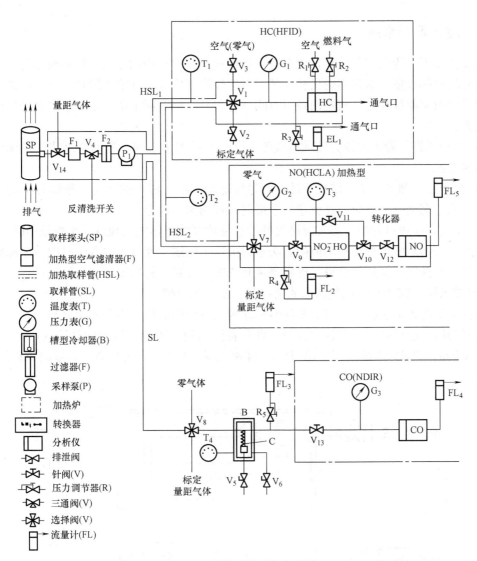

图 7-1　直接取样系统流程图

经稀释的排气污染物的浓度较高,从而保证了较高的测量精度。取样泵 P_1 将排气经加热取样管 HSL_1(保温 453～473K)输送到氢火焰离子型检测器 HFID 中分析 HC,经加热取样管 HSL_2(保温 368～473K)输送到加热型化学发光分析仪 HCLA 分析 NO;另外,排气经取样管 SL 输送到不分光红外线吸收型分析仪 NDIR 分析 CO 和 CO_2。为了排除水蒸气对 NDIR 工作的干扰,应使用温度保持在 273～277K 的槽型冷却器 B 来冷却和凝结排气样气中的水分。

取样探头一般为一端封闭、多孔、平直的不锈钢探头,将其垂直插入排气管内,插入长度不少于排气管内径的 80%。探头处的排气温度不应低于 343K,进行天然气(Natural Gas,NG)发动机测试时,取样探头应安装在距排气歧管或增压器法兰盘出口 1.5～2.5m 的位置外。反清扫系统利用高压气体清洗滤清器,以免过于频繁地拆装滤清器。

7.1.2　定容取样系统

一般情况下，废气成分分析仪器都是测量该成分在排气中的浓度，然后根据排气流量算出该成分的总排放量，这在内燃机稳定状态下比较容易实现。在非稳定状态下，理论上可以把所测得的浓度曲线和排气流量曲线对时间进行积分，但实际上由于以下几方面的原因，其误差很大：

1）发动机排气管中的压力波动造成各工况的气样流量不同，测量结果往往是偏向高负荷高转速工况。

2）由于排气测量系统的取样系统和测量仪器动态响应滞后的不同，很难和所测得的内燃机排气流量完全——对应，这就造成了最后计算结果的误差。

3）在气样输送过程中，各工况样气的混合使浓度曲线不能再现发动机排放的时间。

为此，人们采取了测量平均值的方法来解决这个问题。最直观的方法是把一个标准测试循环中的所有排气收集到气袋里，然后测量其浓度和气量，算出循环的总排放量。这种方法（全量取样系统）需要很大的气袋来收集排气，十分不方便。

现在对于内燃机非稳定状态中及许多标准测试循环中的排气成分的测量和计算，如对于在底盘测功机上进行的轻型车排放检测，世界各国均规定采用定容取样系统（Constant Volume Sampling，CVS）取样。图7-2所示为容积式泵（PDP）定容取样测量系统原理简图。

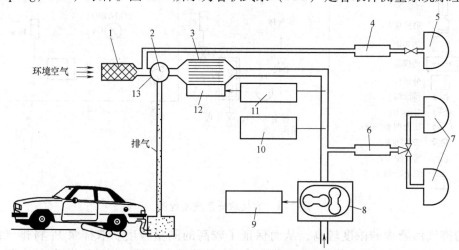

图7-2　容积式泵（PDP）定容取样测量系统原理简图
1—过滤器　2—混合室　3—换热器　4—取样泵　5—环境空气袋　6—取样泵　7—样气袋
8—抽气泵　9—转速表　10—温度显示器　11—温度调节器　12—加热器　13—混合室

在定容取样系统中，内燃机的全部排气排入稀释风道中，与经滤清器滤过的空气混合，抽气泵8把稀释排气经过由温度调节器11控制的换热器3和加热器12吸走。抽气泵8输送的稀释排气体积流量可以从转速表9的指示器上读取。温度测量用来计算质量流量，并用来检查质量流量的恒定程度，被测气样通过取样泵6收入样气袋7中。为监测环境条件，用来稀释排气的空气通过取样泵4收入环境空气袋5中。测试循环结束后，将对各样气袋里的气体分别进行分析。在测试循环结束后，将测量气袋中各污染物成分的浓度，再乘上定容取样系统中流过的稀释排气总量，即为内燃机在测量过程中各种成分的总排放量。测量总流量的常用方法为容积式泵

（Positive Displacement Pump，PDP）和临界流量文丘里管（Critical Flow Venturi，CFV）两种。

1. 带容积式泵的定容取样系统

带容积式泵的定容取样（PDP－CVS）系统如图7-3所示。容积式泵每转的抽气体积是一定的，只要容积式泵的转速不变，其总流量就基本不变。

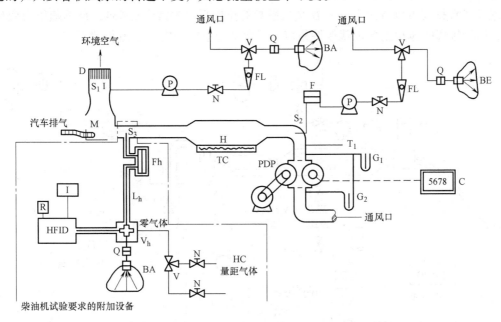

图7-3 带容积式泵的定容取样（PDP－CVS）系统

D—稀释空气滤清器 M—混合室 H—热交换器 TC—温度控制系统 PDP—容积式泵 T_1—温度传感器

G_1、G_2—压力表 S_1—收集稀释空气定量样气的取样口 S_2—收集稀释排气定量样气的取样口 F—滤清器

P—取样泵 N—流量控制器 FL—流量计 V—快速动作阀 Q—快速接头 BA—稀释空气取样袋

BE—稀释排气取样袋 C—容积泵转数计数器 虚线部分—压燃式发动机车辆分析HC时的附加设备

Fh—加热滤清器 S_3—取样口 V_h—加热式多通阀 HFID—加热式氢火焰离子型分析仪

R及I—记录积分瞬时HC浓度设备 L_h—加热取样管

稀释排气的质量流量可以通过泵的体积流量（转速）计算得出

$$q_{mdg} = \frac{p_1 q_V}{R T_1} M_{dg} \tag{7-1}$$

式中 q_{mdg}——稀释排气的质量流量（kg/s）；

p_1——稀释排气在泵进口处的压力（Pa）；

T_1——稀释排气在泵进口处的温度（K）；

q_V——稀释排气的体积流量（m^3/s）；

R——摩尔气体常数，$R = 8314.4 J/(kmol \cdot K)$

M_{dg}——稀释排气的摩尔质量（kg/kmol）。

在这里，p_1的变化很小，泵可以保证稀释排气具有恒定的体积流量。唯一的变量是温度。因此，为了保证恒定的稀释排气质量流量，在带容积式泵的定容取样系统中，需要在泵前安装换热器，使T_1在整个测试过程中的变化不超过一定的范围。

PDP系统可使流量无级变化，但其结构庞大，且质量流量受温度的影响较大。

2. 带临界流量文丘里管的定容取样系统

采用临界流量文丘里管的定容取样（CFV-CVS）系统如图7-4所示。在抽气泵前安装了一个文丘里管，其总流量由文丘里管来确定。文丘里管有这样一个特性：当文丘里管的出口压力与进口压力之比低于临界压力比（空气为0.53）时，气体流动达到超临界流动，此时气体（稀释排气可以看做空气）在文丘里管的流量系数为常数0.484，且不随压力变化而变化，稀释排气的体积流量也就保持稳定。只要文丘里管一定，总流量就不变。

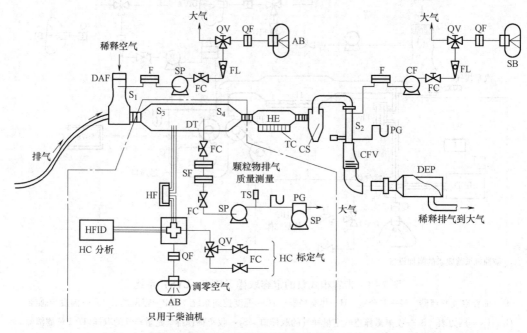

图7-4　采用临界流量文丘里管的定容取样（CFV-CVS）系统

AB—稀释空气取样袋　CF—积累流量计　CFV—临界流量文丘里管　CS—旋风分离器　DAF—稀释空气滤清器

DEP—稀释排气抽气泵　DT—稀释风道　F—过滤器　FC—流量控制器　FL—流量计　HE—换热器

HF—加热过滤器　PG—压力表　QF—快接管接头　QV—快作用阀　$S_1 \sim S_4$—取样探头　SB—稀释排气取样袋

SF—测量颗粒物排放质量的取样过滤器　SP—取样泵　TC—温度控制器　TS—温度传感器

当定容取样系统中抽气泵的吸力足够大时，流经文丘里管的稀释排气质量流量 q_{mdg}（kg/s）满足下列关系

$$q_{mdg} = A\psi p_1 \left(\frac{2M_{dg}}{RT_1}\right)^{1/2} \tag{7-2}$$

式中　p_1——稀释排气在文丘里管进口处的压力（Pa）；

T_1——稀释排气在文丘里管进口处的温度（K）；

A——文丘里管的喉口截面面积（m^2）；

M_{dg}——稀释排气的摩尔质量（kg/kmol）；

ψ——文丘里管喉口截面的流量系数。

采用临界流量文丘里管时，稀释排气的质量流量也仅和稀释排气在文丘里管进口处的温度有关。从上式可以看出，与容积式泵相比，采用临界流量文丘里管时，温度变化对质量流量的影响相对较小。因此，在许多场合中可以免去换热器。

但是临界流量文丘里管系统改变总流量时需要更换文丘里管，只能是有级的改变。

定容取样法与直接取样法比较，由于其取样系统没有低温冷却器，而且对柴油机试验还采取了附加保温措施，因而减少了高沸点 HC 冷凝或溶于水中的损失；由于排气经稀释后才收集到取样袋中，也减少了因化学活性强的物质相互反应而引起的成分变化。故定容取样法得到了广泛应用。

7.1.3　稀释取样系统

把柴油机排气中的颗粒物收集到滤纸上，用微克级精度的精密天平称得滤纸在收集颗粒物后和收集颗粒物前的质量差，就可得到颗粒物的质量。测量柴油机的颗粒物排放量时，用稀释风道颗粒物取样系统，使颗粒物样品能再现柴油机排气中的颗粒物排放特性。根据柴油机排气经过稀释风道的比例，柴油机颗粒物质量的测量可分为全流式稀释风道取样系统（Full Flow Dilution Sampling System，FFDSS）和分流式稀释风道取样系统（Partial Flow Dilution Sampling System，PFDSS）。前者将全部排气引入稀释风道中，其测量精度高，但体积庞大，价格昂贵；后者仅将部分排气引入稀释风道里，因而体积较小。

1. 全流式稀释风道取样系统

图 7-5 所示为稀释柴油机全部排气的全流式稀释风道取样系统，它可以是由初级稀释风道（PDT）和颗粒物取样系统（PSS）等构成的单级稀释取样（Single Dilution Sampling，SDS）系统；也可是由初级稀释风道和次级稀释取样系统（SDT）组成的双级稀释取样（Double Dilution Sampling，DDS）系统。

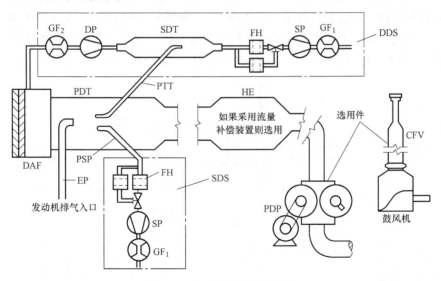

图 7-5　全流式稀释取样系统

EP—排气管　PDP—容积式泵　CFV—临界流量文丘里管　HE—热交换器　PDT—初级稀释风道
SDS—单级稀释取样　DDS—双级稀释取样　PSP—颗粒物取样探头　PTT—颗粒物传输管
SDT—次级稀释通道　DAF—稀释空气过滤器　FH—滤纸保持架　SP—颗粒物取样泵
DP—稀释用空气泵　GF—气体计量仪或流量测定仪

采用双级稀释取样系统是为了减小全流稀释 CVS 取样系统设备的体积和降低其价格，它允许使用第二级稀释风道，即从第一级风道中取出部分稀释排气，在第二级小风道中进行第二次稀释。此时，第一级风道的排气温度只要低于190℃即可，一次稀释比可以较低，抽气泵可选得较小；第二级风道再把样气温度稀释到标准规定的52℃以下，然后用取样滤纸采集颗粒物。

一般说来，从发动机排气歧管或涡轮增压器出口到稀释通道的排气管长度不得超过10m。如果排气管超过4m，则超过4m的部分都应隔热。隔热材料的径向厚度应至少为25mm，其热导率在温度为673K时不得大于0.1W/(m·K)。

初级稀释风道PDT中应有足够的湍流强度和足够的混合长度，以保证取样前柴油机排气管EP排出的排气经稀释空气滤清器DAF净化后的稀释空气混合均匀。单级稀释系统的直径至少为460mm，双级稀释系统的直径至少为200mm。发动机的排气应顺气流引入初级稀释通道并充分混合。

对仅用于SDS的颗粒物取样探头PSP和仅用于DDS的颗粒物传输管PTT，两者必须逆气流安装在稀释用空气和排气混合均匀的地方（即在稀释通道的中心线上，在排气进入稀释通道点的下游约10倍管径的地方），其内径均至少为12mm，不得加热。PSP探头前端到滤纸保持架的距离不得超过1020mm；PTT入口平面到出口平面的距离不得超过910mm；颗粒物样气的出口必须位于次级稀释通道的中心线上，并朝向下游。

2. 分流式稀释风道取样系统

由于全流式稀释风道取样系统设备笨重，占地面积大，测试功耗也大，所以测量重型车用柴油机稳态颗粒物排放时，可把一部分柴油机排气输入分流式稀释风道取样系统。图7-6所示为测量重型车用柴油机稳态颗粒物排放用的分流式稀释风道取样系统。柴油机排气管（EP）中的排气通过等动态取样探头（ISP或PR）和颗粒物取样传输管（TT）输送到稀释通道（DT）。通过DT的稀释排气流量由颗粒物取样系统（PSS）中的流量控制器（FC_2）和颗粒物取样泵（SP）控制，稀释空气流量由流量控制器（FC_1）控制。

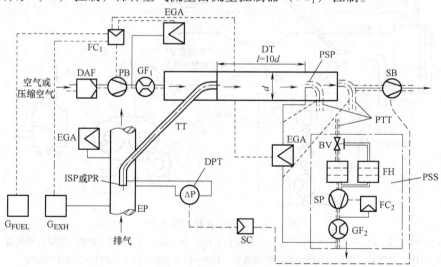

图7-6 分流式稀释风道取样系统

EP—排气管 PR—取样探头 ISP—等动态取样探头 EGA—排气分析仪 TT—颗粒物取样传输管 SC—压力控制装置
DPT—差压传感器 FC_1—流量控制器 GF_1、GF_2—气体计量仪或流量测定仪 G_{FUEL}—燃料流量计量仪
G_{EXH}—排气流量计量仪 SB—抽风机 PB—压力机 DAF—稀释空气过滤器 DT—稀释通道 PSS—颗粒物取样系统
PSP—颗粒物取样探头 PTT—颗粒物传输管 FH—滤纸保持架 SP—颗粒物取样泵 FC_2—流量控制器 BV—球阀

7.2 排气成分分析仪

目前，用于内燃机气体排放污染物分析测试的方法主要有三种，即用不分光红外线分析仪（Non – Dispersive Infra – Red Analyzer，NDIR 分析仪）测量 CO 和 CO_2；用化学发光分析仪（Chemical Luminescence Detector，CLD）测量 NO_x；用氢火焰离子化分析仪（Flame Ionization Detector，FID）测量 HC。当需从总碳氢化合物（THC）中分出无甲烷碳氢化合物（NMHC）时，一般用气相色谱仪测量 CH_4。内燃机排气中的氧一般用顺磁分析仪测量。

7.2.1 不分光红外线分析仪

不分光红外线分析仪是根据不同气体对红外线的选择性吸收原理提出的。红外线是波长为 $0.8 \sim 600 \mu m$ 的电磁波，多数气体具有吸收特定波长的红外线的能力。除单原子气体（如 Ar、Ne）和同原子的双原子气体（如 N_2、O_2 和 H_2 等）之外，大多数非对称分子（由不同原子构成的分子）都具有吸收红外线的特性。汽车排气中的有害气体均为非对称分子，如 CO 能吸收波长为 $4.5 \sim 5 \mu m$ 的红外线，CO_2 能吸收波长为 $4 \sim 4.5 \mu m$ 的红外线。所谓"不分光红外线"是指对于特定的被测气体，测量时所用的红外线的波长是一定的。

设 I_0 为红外线对气体的入射强度，I 为经气体吸收后透射出的红外线强度，则两者的关系遵循比尔（Bill）定律

$$I = I_0 \exp(- k_\lambda cl) \tag{7-3}$$

式中 k_λ——气体对波长为 λ 的红外线的吸收系数，对于某一特定成分，k_λ 为常数；

      c——气体浓度；

      l——红外光透射过的气体厚度。

由式（7-3）可知，当入射的红外线强度 I_0、待测成分（即 k_λ）及其厚度 l 一定时，透射的红外线强度 I 就成了待测气体浓度的单值函数。

图 7-7 所示为 NDIR 的工作原理。参比室 9 中充满了不吸收红外线的气体（如 N_2），被测气体流过分析室 3，从红外光源 11 射出的强度为 I_0 的红外线经过旋转光栅 1 周期性地射入参比室 9 和分析室 3。

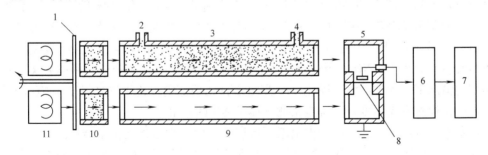

图 7-7 NDIR 仪的工作原理

1—旋转光栅 2—试样入口 3—分析室 4—试样出口 5—检测器 6—放大器
7—指示仪 8—金属膜片 9—参比室 10—滤波室 11—红外光源

由于被测气体吸收红外线，使得透射过分析室的红外线减少，其强度变为 I；而参比室

内的气体不吸收红外线，其透射红外线强度仍为 I_0；两室透射出的红外线周期性地进入检测器 5。检测器有两个接收室，里面充有与被测气体成分相同的气体，中间用兼作电容器极板的金属膜片 8 隔开。接收室中的气体周期性地被红外线加热，从而产生周期性的压力变化。由于来自分析室的红外线强度 I 小于来自参比室的红外线强度 I_0，因此，金属膜片向分析室一侧凸起，电容量减少，并且正比于被测气体的浓度。把电容量的变化调制为交流电压信号的变化，经放大器 6 后显示在指示仪 7 或其他输出装置上。为防止其他气体成分对被测成分测量的干扰，在光路上设置了滤波室 10，滤掉干扰气体能吸收的波段。例如，分析 CO 时，在滤波室中充以 CO_2 和 CH_4 等，分析时就不会受排气中的 CO_2 和 CH_4 成分的干扰；分析 CO_2 时，则应充入 CO、CH_4 等。使用旋转光栅的目的是产生交流电压输出信号，因为交流信号放大器的无漂移特性一般优于直流放大器。

应当注意的是，内燃机排气中有上百种 HC，而 NDIR 只能检测某一波长段的 HC。例如，在检测器的接收室内充填正己烷（C_6H_{14}），则测量仪器对饱和烃敏感，而对非饱和烃和芳香烃不敏感。因而测量结果主要反映了饱和烃的含量，而不代表各种 HC 的总含量。另外，用 NDIR 测量 NO 时，由于输出信号是非线性的且易受干扰，因此测量精度较低。排放法规规定，CO 和 CO_2 用不分光红外线分析仪测量。

7.2.2 化学发光分析仪

化学发光分析仪是目前测定内燃机 NO_x 排放量的最好方法，它具有灵敏度高（检测下限为体积分数 10^{-7} 数量级）、响应快（2～4s）、输出线性好（在 0～10^{-2} 量程内呈线性输出特性）和适用于低浓度连续分析等优点。

用化学发光法测量 NO_x 的原理是基于 NO 与臭氧的反应

$$NO + O_3 \rightarrow NO_2^* + O_2 \qquad (7-4)$$

$$NO_2^* \rightarrow NO_2 + h\upsilon \qquad (7-5)$$

式中　NO_2^*——激发态 NO_2；

　　　 h——普朗克常数；

　　　 υ——光子的频率。

测量时，被测气体中的 NO 与 O_3 反应生成 NO_2 时，其中有 10% 的 NO_2 处于激发态（NO_2^*），这种激发态 NO_2^* 在衰减回基态 NO_2 的过程中，会发出波长为 0.6～3μm 的光量子 hυ（近红外光谱线），称为化学发光。化学发光的强度与 NO 和 O_3 两反应物含量的乘积成正比，还与反应室的压力、NO 在反应室内的滞留时间及样气中其他分子的种类有关。在其他条件不变的情况下，O_3 的含量通常比 NO 高很多且几乎恒定，化学发光强度与 NO 的含量成正比。因此，检测发光强度就可确定被测气体中 NO 的含量。

化学发光反应产生的光子经光电倍增管转换后，由放大器送往记录器检测。

由式（7-4）还可看出，化学发光法从原理上讲只能测量 NO 的含量，而无法测量 NO_2 的含量。实际应用中可以先通过适当的转换将 NO_2 还原成 NO，然后进行上述分析过程。

化学发光分析仪的工作原理如图 7-8 所示。O_2 持续不断地进入臭氧发生器 2，产生的臭氧 O_3 进入反应室 1。被测气体根据需要由通道 A 或 B 进入反应室 1。通道 A 直接通向反应室，这个通道只能测量 NO 的浓度；检测 NO_2 时，被测气体通过通道 B 后，样气中的 NO_2

将在催化转换器 7 中按式（7-6）转化成 NO，然后进入反应室。

$$2NO_2 \rightarrow 2NO + O_2 \qquad (7-6)$$

这样，仪器测量得到的是 NO 和 NO_2 的总和 NO_x 的含量。利用测得的 NO_x 与 NO 含量的差值，即可确定被测气体中 NO_2 的含量。

设置滤光片 4 的目的是分离给定的光谱区域，以避免其他气体成分对测量的干扰。光电倍增管检测器 5 的微弱信号经信号放大器 6 放大后输出。

为使 NO_2 尽可能完全地转化成 NO，催化转化器中的温度必须在 920K 以上。在实际测量中，常会出现 NO_2 测量值过低的

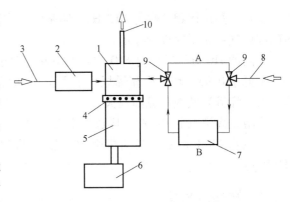

图 7-8　化学发光分析仪的工作原理

1—反应室　2—臭氧发生器　3—氧入口　4—滤光片
5—光电倍增管检测器　6—信号放大器　7—催化转化器
8—样气入口　9—转换开关　10—反应室出口

问题。主要原因有两个：一是催化转化器老化，NO_2 向 NO 的转化率下降；二是 NO_2 冷凝在水中。因此，在 NO_2 含量较高的排放测量中（如直接取样测量柴油机排放时），必须将取样系统加热，并且应在使用过程中定期检查催化转化效率，当其低于 90% 时，应予以更新。

CLD 除了可以测量 NO 和 NO_2 以外，如果在 CLD 前安装一个高温（700℃）不锈钢转换器，在测量 NO 和 NO_2 之前，把 NH_3 氧化为 NO，也可类似地测量排气中 NH_3 的含量，这一般用于 SCR 系统。

7.2.3　氢火焰离子化分析仪

氢火焰离子化分析仪是目前测量汽车排放中 HC 含量的最有效手段。FID 的灵敏度高，可测到极低含量的 HC，且线性范围宽，对环境温度和压力也不敏感。因其产生火焰使用的燃料为氢气，故称为氢火焰离子法。

FID 的工作原理是：利用 HC 在氢火焰中燃烧的高温（2300℃左右），使 HC 离子化成自由离子，其离子数与 HC 的含量基本上成正比。

如图 7-9 所示，被测气体与氢气混合后，从入口进入燃烧器，由燃烧器喷油器喷出，在空气的助燃下由通电的点火丝点燃。HC 在缺氧的氢火焰的高温下裂解产生元素态碳，然后形成碳离子 C^+，这些离子在 100～300V 外加电压的作用下形成离子流，微弱的离子电流（约 10^{-12}A）经放大后输出。测量离子流的电流即可测得碳原子的含量，从而反映出相应的 HC 的含量。

FID 不受样气中水蒸气的影响，但可能受到氧的干扰。这种干扰可用两种措施

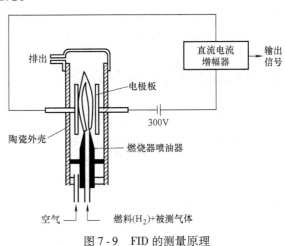

图 7-9　FID 的测量原理

来减少：一是用体积分数为 40% H_2 + 60% He 的混合气代替纯 H_2；二是用含氧量接近待测气体的零点气和量距气进行标定。

不同的 HC 分子结构对 FID 的影响不同。对于 FID 显示的 C 原子数与实际原子数之比，烷烃不低于 0.95，环烷烃和烯烃一般不低于 0.90，而对芳香烃特别是含氧有机物（如醇、醛、醚、酯等）响应的偏离较大。

为防止高沸点的 HC 在取样过程中发生凝结，应对取样管路进行加热。测量汽油机排气时应加热到 130℃ 左右，柴油机则须加热到 190℃，并要求使用加热式氢火焰离子检测器（HFID）。

7.2.4　顺磁分析仪

在关于内燃机排放的研究中，有时需要测量排气中氧的含量。氧含量的测量可采用顺磁分析仪，其原理是基于氧的顺磁性。气体受不均匀磁场的作用时会受到力的作用，如果该气体是顺磁性的，则此力指向磁场增强的方向；如果是反磁性的，则指向磁场减弱的方向。大多数气体是反磁性的，只有少数气体是高度顺磁性的。内燃机排气中的顺磁性气体有氧和氮氧化物，氧是一种强顺磁性气体，氮氧化物有较弱的顺磁性，NO 和 NO_2 的顺磁性分别为氧的 44% 和 29%。一般情况下，内燃机排气中氧的含量比氮氧化物高得多，所以可用顺磁分析仪测量排气中的氧含量。

图 7-10 所示为一种顺磁分析仪（Paramagnetic Analyser，PMA）的工作原理。样气 3 中的氧 2 在永久磁铁 6 产生的磁场的吸引下，自左向右地充入水平玻璃管 5 中。在磁场强度最大的地方，样气被电热丝 4 加热，加热后的氧的顺磁性下降，磁铁对它的吸引力小于冷态的氧。冷的样气被吸到磁极中心，挤走热的样气；冷的样气被加热后又被挤走。这样，玻璃管 5 中就形成了气体流动，也称磁风，其速度与样气中氧的浓度成正比。如果加热丝 4 同时起热线风速仪的作用，就可以简单地测定磁风速度，从而测得样气中的氧含量。

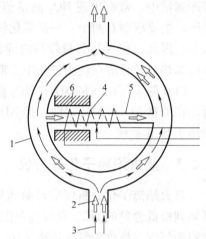

图 7-10　顺磁分析仪的工作原理
1—环形室　2—样气中的氧　3—样气
4—加热丝　5—玻璃管　6—永久磁铁

7.3　颗粒物测量与成分分析

排气颗粒物是指发动机排气经净化的空气稀释后，当其温度不超过 325K（52℃）时，在规定的过滤介质上收集到的所有物质。由于要保持过滤介质的表面温度不超过 325K（52℃），所以进行颗粒物取样时，排气必须经过稀释。相应的颗粒物取样系统有全流式和分流式稀释系统两种，如图 7-5 和图 7-6 所示。

7.3.1　颗粒物质量测量

用符合要求的取样系统把排气颗粒物收集在滤清器上，用微克级精密天平称得滤清器在收集颗粒物前后的质量差，就可获得颗粒物排放的质量。

颗粒物测量滤清器通常采用滤纸。为了保证测量的精度，空白滤纸和有颗粒物滤纸的质量测量必须在调温调湿的洁净小室内进行。空白滤纸应至少在取样前 2h 放入小室内的滤纸盒中，待稳定后测量和记录其质量，然后仍放在小室内直到使用。如果滤纸从小室取出后 1h 内没有使用，则在使用前必须重新测量质量。收集颗粒物后的滤纸在小室内至少放置 2h，但不得超过 36h，然后测量总质量。颗粒物滤纸与空白滤纸的质量差就是颗粒物的质量，按一定的计算程序即可计算出颗粒物的比排放量（g/km 或 g/kW·h）。

排气颗粒物的比排放量可用下式计算

$$M_p = \frac{V_{mix}}{V_{ep}d}m_f \quad 或 \quad m_f = \frac{V_{ep}}{V_{mix}}M_p d \tag{7-7}$$

式中　V_{ep}——流经滤清器的颗粒物体积（m^3）；

　　　V_{mix}——流经通道的颗粒物体积（m^3）；

　　　M_p——排放颗粒物的比排放量（g/km）；

　　　m_f——滤清器收集的颗粒物质量（g）

　　　d——与运转循环一致的距离（km）。

现在的很多研究开始关注颗粒物排放的绝对个数，并认为现代柴油机的高压供油技术虽然降低了颗粒物的质量排放量，但是颗粒物排放的个数并未减少，只是单个颗粒物的粒径减少了。而这些小粒径的颗粒物对人体的危害更为严重。所以，有人建议在进行柴油机颗粒物排放测试时，应测量颗粒物的个数。如果未来的排放法规与此相关，则相应的测试方法必然会发生变化，即从质量排放测量转向对个数及粒径的测量。

7.3.2　颗粒物成分分析

如前所述，颗粒物主要是由碳烟、可溶性有机物和硫酸盐组成的，根据各部分所占比例和具体组成成分，可以推测其产生的原因，为发动机和排气后处理系统的设计改进提供指导。因此，尽管法规中仅要求测量颗粒物的总排放量，不要求进行颗粒物成分分析，但在研究工作中，经常要对颗粒物的成分进行分析，这对颗粒物形成、氧化过程及颗粒物后处理技术的研究等都具有重要意义。

1. 热解质量分析法

热解质量分析法（TGA）要使用热质分析仪。在惰性气体（如 N_2）中，将颗粒物按规定的加热速率加热到 650℃，保温 5min，使其中可挥发有机成分（Volatile Organic Compounds，VOC）蒸发掉。根据加热过程前后颗粒物样品的质量变化，就可求出 VOC 在颗粒物总质量中所占的比例。用热解质量法测得的 VOC 主要是高沸点 HC 和硫酸盐，基本与 SOF 相吻合。然后，用空气置换 N_2，在 650℃ 的条件下，颗粒物中的部分碳烟被空气中的 O_2 氧化，进一步减少的质量对应着被氧化的碳烟成分，残留的则是微量的灰分。

该方法的优点是准确快捷，能测出试样的质量损失率连续变化曲线，可据此定量分析 VOC 中的不同馏分，测定碳烟在各种条件下的氧化速率。如对 VOC 进行冷凝，则可继续对 VOC 进行定性分析。其缺点是价格昂贵，且一次只能处理一个试样；TGA 分析中必须将颗粒物试样与滤纸一起加热，而法规规定的涂聚四氟乙烯的滤纸不能满足耐热性的要求，所以要采用耐热的滤纸专门取样，如无涂层的玻璃纤维滤纸能基本满足要求；此外，必须考虑取样滤纸的质量损失。

2. 真空挥发法

真空挥发法（Vacuum Volatilization，VV）是将颗粒物样品置于真空干燥箱内，在一定的温度（一般为473K左右）和真空度（一般为95kPa以上）下加热3h，使颗粒物中的VOC很快挥发出来，其质量变化即为颗粒物中VOC的含量。这种方法所用的设备简单，操作方便，真空干燥箱具有较大的容积，一次可同时处理多个样品，具有很高的效率。虽然柴油机排气颗粒物中的VOC并不完全等同于SOF，但该方法与下面所述的索氏萃取法相比，其测量结果的差别不超过10%，实际使用中没有问题。这种方法的主要缺点是不能记录被测试样的质量变化过程，收集VOC较困难。

3. 索氏萃取法

颗粒物中的SOF可采用萃取法进行采集，常用的有索氏萃取法（Soxhlet Extraction，SE），所用装置如图7-11所示。萃取溶剂通常采用二氯甲烷，其沸点为315K，比样品中SOF的沸点低得多。具体方法是：将盛有溶剂的烧瓶4置于恒温浴缸3中，用水加热使溶剂蒸发，并上升到冷凝管8中，冷凝物回到颗粒物样品室7中浸泡微粒样品6，进行萃取；当萃取液达到一定体积时，经虹吸管5流回烧瓶；这样，溶剂在萃取器中循环流动，不断将颗粒物中的SOF带到烧瓶中，直到萃取完全。

萃取一般连续进行8h就可完成，样品的原始质量与残渣质量（在吸附的溶剂挥发完全后测量）之差就是SOF质量。SOF与VOC的区别在于，SOF中只有高沸点的HC，而VOC中实际上还包括硫酸盐。

该方法从原理上说，是测量柴油机排放颗粒物中SOF含量的最准确的方法，且萃取液可多次使用；其不足之处是耗时多，操作较复杂。

汽车排放颗粒物中的SOF成分复杂，可通过液相色谱仪GC进一步分析，以弄清其中各种HC的来源。一般低于C_{19}的HC来自于柴油，高于C_{28}的则来自于润滑油。如果色谱仪与质谱仪联用（色质联机分析GC–MS），则可对复杂有机物进行更细致的分析。

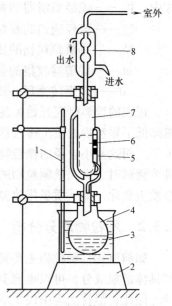

图7-11 索氏萃取装置简图
1—温度计 2—电炉 3—浴缸
4—烧瓶 5—虹吸管 6—样品
7—样品室 8—冷凝管

4. 硫酸盐的分析方法

颗粒物中所含的硫酸盐可溶解于二甲基丙酮溶液或水中，根据溶解前后滤纸质量的变化，可求出硫酸盐在颗粒物中的含量。也可用测量含有硫酸盐的二甲基丙酮溶液的导电性的方法确定硫酸盐的质量。

7.4 烟度测量与分析

柴油机颗粒物的生成以碳烟为核心，在中等以上负荷下，碳烟的比例大，SOF的比例较小，所以长期以对排气烟度的测量来表征碳烟的多少。

烟度的测量方法主要有两类：一类是滤纸法，先用滤纸收集一定的烟气，再比较滤纸表面对光反射率的变化来测量烟度，所用的测量仪器为滤纸式烟度计；另一类是不透光烟度法，它利用烟气对光的吸收作用，即根据光从烟气中的透过度测量烟度，所用的测量仪器为不透光烟度计。

7.4.1　滤纸式烟度计

德国波许（Bosch）烟度计是典型的滤纸式烟度计，它主要由定容取样泵和检测仪两部分组成。定容取样泵从排气中抽取一定容积（330mL ± 15mL）的样气，使样气通过装在夹具上的滤纸，将样气中的碳烟沉积在滤纸上。由于抽取的样气数量恒定，故滤纸被染黑的程度能反映样气中碳烟的含量。可利用如图 7 - 12 所示的检测仪测量滤纸黑度，由白炽电灯泡光源射向已取样滤纸的光线，一部分被滤纸上的碳烟所吸收，另一部分被反射到环形的光电管上而产生光电流，并由指示器指示输出。光电越小，滤纸的反射率越低，即滤纸的染黑程度越高，表明被测碳烟的含量越高。检测结果以波许烟度单位（BSU）表示，0 为无污染滤纸的黑度，10 为全黑滤纸的黑度，在 0~10 之间均匀分度。

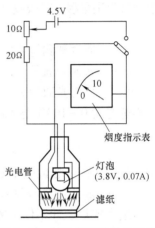

图 7 - 12　波许烟度计的检测仪

为保证滤纸式烟度计读数稳定，一要保证光源稳定，二要保证滤纸规格统一。烟度滤纸的反射系数应为 0.92 ± 0.03，当量孔径为 $45\mu m$，在压差 $2~4kPa$ 下的透气度为 $3L/(cm^2 \cdot min)$，厚度为 $0.18~0.20mm$。

波许烟度计结构简单，使用方便，能用于碳烟的质量测量。但不能用于变工况下的瞬态测量，也不能测量由油雾造成的蓝烟和白烟。由于柴油机颗粒物中各种成分对光线的吸收能力不同，不同柴油机在不同工况下测得的滤纸烟度值与颗粒物质量之间没有完全一一对应的关系。

7.4.2　不透光烟度计

不透光式烟度计的工作原理是利用透光衰减率来测试排气中的烟度。它让部分或全部排气流过由光源和接收器构成的光通道，接收器所接收的光强度的减弱程度就代表排气的烟度。这种烟度计除烟度显示部分外，其检测部分主要由校正装置、光源与光电检测单元（光电池等）组成。哈特里奇烟度计的基本结构如图 7 - 13 所示。

测量前，将转换手柄 5 转向校正位置（光源 1 和光电池 4 位于图中的虚线位置），此时光源和光电检测单元分别位于校正管的两端，用鼓风机 7 将干净的空气引入校正

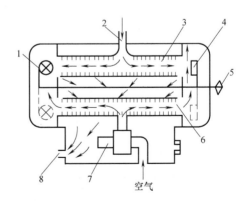

图 7 - 13　哈特里奇烟度计的基本结构
1—光源　2—排气入口　3—排气测试管　4—光电池
5—转换手柄　6—空气校正器　7—鼓风机　8—排气出口

管，对烟度计进行零点校正。然后，将手柄转向测量位置（光源和光电池位于图中的实线位置），使光源和光电检测单元分别位于测量管两端，让被测气体连续不断地流经排气测试管，光电检测单元即可连续测出排放气体对光源发射光的透光度（或衰减率）。通过显示记录仪表，可观察到排放烟度随时间的变化情况。

不透光烟度计的显示仪表应有两种计量单位，一种为绝对光吸收系数单位，$0 \sim \infty \, \mathrm{m}^{-1}$；另一种为不透光度的线性分度单位，$0 \sim 100\%$。两种计量单位的量程均应以光全通过时为 0，全遮挡时为满量程。光吸收系数 k 按下式计算

$$\phi = \phi_0 \times \mathrm{e}^{-kL} \tag{7-8}$$

式中　L——通过被测气体的光通道的有效长度；

　　ϕ_0——入射光通量；

　　ϕ——出射光通量。

不透光度 $0 \sim 100\%$ 与光吸收系数 k 之间的关系为

$$k = -\frac{1}{L}\ln\left(1 - \frac{N}{100}\right) \tag{7-9}$$

式中　N——不透光度读数（%）；

　　k——相应的光吸收系数值。

不透光式烟度计不仅可测黑烟，而且可测蓝烟和白烟。它对低浓度的可见污染物有较高的分辨率，可以进行连续测量。它不仅可用来研究柴油机的瞬态碳烟和其他可见污染物的排放性能，而且可以方便地测量排放法规中所要求的自由加速烟度和有负荷加速烟度。

第8章 汽车排放法规及测试规范

8.1 概述

排放法规既是对内燃机及汽车工业发展的限制，又从客观上促进了内燃机及汽车技术的进步。排放法规的核心内容实际上有两个，即排放限值和检测方法。美国和日本从20世纪60年代开始就对汽车排放进行控制，美国的排放法规要求最严，日本紧跟其后。美国在1994年开始执行极其严格的低污染汽车排放法规（LEV）之后，美、日之间的距离略为拉开。欧洲控制排放比美、日晚，而且标准要求较松，但是到1992年实施欧洲第1阶段（欧 I）排放法规后，其步伐加快，已超过日本，接近美国LEV计划。美国、日本和欧洲的汽车排放法规形成了当今世界三大汽车排放法规体系。我国的排放法规基本上是在参照欧洲排放法规的基础上制定的。

1. 工况法与怠速法

汽车排放污染物的检测，从检测方法上划分，主要有怠速法和工况法两种。怠速法是测量汽车在怠速工况下排放污染物的一种方法，一般仅测量 CO 和 HC，测量仪器采用便携式排放分析仪。这种方法具有简便易行、测试装置价格便宜和便于携带，以及试验时间短等优点；但其测量精度较低，测量结果缺乏全面性和代表性。怠速法目前主要作为环保部门对在用车的排放进行监测，以及汽车修理厂对车辆的排放性能进行简易评价的方法。

工况法是指将若干汽车常用工况和排放污染较重的工况组合成一个或若干个测试循环，试验时测取汽车在整个测试循环中的排放水平。各国家的工况法测试循环要适应该国（或城市）的交通形态。交通形态是指根据交通流量测算出来的车辆平均速度和停车频率的关系。图 8-1 所示为美国和日本的交通形态。从图中可以看出，日本和美国的交通流量无根本性区别，只是美国高速行驶的概率较高，这一因素在制定工况循环时应予以考虑。依据交通形态制定的测试循环能得到与实际行驶状况相应的工况，从而可得到该工况下的排放状况。我国的工况法测试采用欧洲体系（ECE）。与怠速法相比，工况法的检测结果可以比较全面地反映汽车的排放水

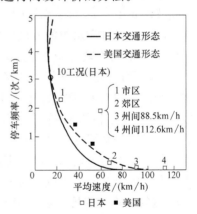

图 8-1 平均速度与停车频率的关系

平，一般用于新车的认证许可检测，但其试验设备的价格往往是怠速法的 100～200 倍。

2. 轻型车与重型车

工况法又根据测试对象是轻型车还是重型车而采用不同的试验方法。各国对轻型车和重型车的定义不完全统一，但一般将总质量为 400～3500（4000）kg 及乘员在 9～12 人以下的车辆作为轻型车，为了与农用车区别，还规定最高车速在 50km/h 以上；而将总质量在 3500

（4000）kg 以上的作为重型车。

轻型车的排放检测要求在底盘测功机上进行，被检车辆按规定的测试循环运转，试验结果用单位行驶里程的排放质量（g/km）表示。

在重型车方面，因为能进行重型车试验的底盘测功机的价格太昂贵，目前国内外采用的公认的测试方式是通过发动机台架进行相关的排放测试，将整车状态下发动机的运行状况在发动机台架上模拟运行，其结果用发动机的比排放量[g/(kW·h)]表示。国外少数的测试及研究机构已将重型车在底盘测功机上的排放测试作为研究重点，为今后重型车整车排放测试技术的推广和排放控制策略的运用研究作技术储备。

3. 排放限值

工况法检测中的排放限值一般分为两类，即型式认证试验限值和产品一致性试验限值。型式认证试验是针对新设计车型的认证试验；产品一致性试验是针对批量生产车辆的认证试验，要求从成批生产的车辆中任意抽取一辆或若干辆进行试验。一般情况下，型式认证试验限值严于产品一致性试验限值，但两种排放限值今后有合二为一的趋势。

8.2 排放法规的演变

自 20 世纪 50 年代以来，人们越来越多地使用汽车，这不仅造成了交通拥挤和环境噪声的大幅度增加，而且汽车排放污染物对人体和环境也造成了严重的危害。早在 20 世纪 40 年代中期，美国洛杉矶市发生了严重的石油型空气污染——光化学烟雾，促使美国加利福尼亚州成为世界上第一个实施控制汽车排放法规的地区。1968 年，美国联邦政府通过了《清洁空气法》（CAA）修正案，并在国家环境保护局（EPA）建立了流动源办公室，开始对全国的汽车排放进行控制。继美国之后，世界各国也根据各自不同的环境状况和汽车保有量特点，陆续颁布了一系列限制汽车尾气有害排放的法规。

车用发动机排放法规的发展大体可分为三个阶段。

1. 法规形成阶段（20 世纪 70 年代）

这个阶段是排放限制起步和完善的时期。从控制汽油机曲轴箱排放的 HC 开始，然后是控制怠速排放的 CO、HC 浓度，再逐步实施工况法，控制发动机尾气中的 CO、HC 和 NO_x 排放量。这一时期污染物降低的比例一般为 40% ~ 60%，采用的控制技术主要是发动机的改造，包括燃烧系统的改进和化油器的改进，如稀化空燃比、延迟点火提前角、进气预热和进气恒温等，将简单化油器改为带有多项净化装置的复杂化油器，并提高化油器的流量控制精度。有的国家开始采用废气再循环装置来降低 NO_x 的排放量。

2. 法规加强与完善阶段（20 世纪 80 年代到 90 年代初）

这个阶段实际上是 1970 年美国《清洁空气法》（CAA）修正案正式实施的时期。该修正案鉴于当时的技术水平，对某些限值延缓执行，同时规定空气污染严重的区域要实行车辆定期检查和维修制度。该修正案实施后，车辆排放的 CO 和 HC 量减少了 90%，NO_x 的排放也要相应减少。这一阶段是汽车排放控制技术发展最快、大气质量改善效果最为明显的时期。先进的三效催化剂和电子燃油喷射技术就是在这一时期得到了发展。这些新技术的采用不仅使汽车排放污染物得以大幅度的降低，而且使动力性、经济性和驾驶性能得到了较大程度的改善，促进了汽车工业的技术进步。与此同时，使用三效催化剂对汽油的含铅量提出了较严格的要求，也促进了石油工业的发展，实现了汽油无铅化。

3. 加强排放限制，进入低排放阶段（20 世纪 90 年代中到 21 世纪初）

1990 年，美国再次修订《清洁空气法》并正式形成《清洁空气修正案》（CAAA），此修正案要求进一步改善空气质量，特别是那些臭氧和 CO 浓度较高的大城市。该法案对机动车的要求是：继续从严制定尾气排放标准，并重申给存在特殊空气质量问题的州以自主从严制定排放标准的权力；确定新配方汽油方案；制定有关清洁代用燃料和清洁车辆的法规等。这一时期第一阶段的限值要求 CO、HC、NO_x 的排放量降低 30% ~ 60%，第二阶段的限值要求比第一阶段再降低 50%，几乎达到零排放。要达到这一时期的排放限值，不仅需要对车辆技术进行改进，还要对燃料进行改善。相应采取的技术措施有：改进催化剂成分，电控发动机技术（包括电控多点燃油喷射、电控点火、电控 EGR 和电控催化器等），新配方汽油，低污染或无污染的代用燃料汽车、电动汽车、太阳能汽车等。节能、低污染或无污染已成为今后世界汽车工业的发展方向。

8.3　国外汽车排放法规和测试规范

8.3.1　美国轻型汽车排放法规和测试规范

美国加州于 1960 年立法控制汽车排气污染物，在 1963 年美国政府颁布《大气净化法》的当年，加州开始控制曲轴箱燃油蒸发物排放；1966 年，加州颁布 "7 工况法" 汽车排放法规，1968 年联邦采用 "7 工况法" 控制汽车排放；1970 年，加州开始控制轿车燃油蒸发物排放。美国联邦政府从 1970 年开始制定一系列车辆排放控制法规，1972 年采用美国城市标准测试循环 FTP - 72（Federal Test Procedure），该循环是根据对洛杉矶市早晨上班时段大量汽车实测行驶工况的统计获得的，也称 LA - 4C 冷起动工况测试循环，如图 8 - 2a 所示。

1975 年，在 FTP - 72 的基础上增加了一个热起动行驶工况，称为 FTP - 75，也称 LA - 4CH 冷热起动工况测试循环，并一直沿用到现在，如图 8 - 2b 所示。在转鼓台上进行试验时，要求被测车辆在 20 ~ 30℃ 的恒温条件下放置 12h 以上。整个测试循环由四段组成：0 ~ 505s 为冷起动过渡段 A；506 ~ 1372s 为稳定段 B；之后关闭汽油机停车 600s；最后热起动汽油机，按热状态工况重复冷起动过渡段，1973 ~ 2477s，为热起动过渡段 C。整个实验工况的循环时间为 1877s + 600s（停车）；相应的行驶距离为 17.94km，平均车速为 34.1km/h，最高车速为 91.2km/h，所以这是一个对应发动机低中速、低中负荷运行为主的测试循环。三个运行段的排放物分别被收集到三套样气袋中，将测定结果乘以不同的加权系数，相加后除以总行驶距离，即可得比排放量，单位为 g/mile［1g/mile =（1/1.60）g/km］。其中，冷起动过渡段的加权系数为 0.43，稳定段的加权系数为 1.0，热起动过渡段的加权系数为 0.57。

从 1975 年到 20 世纪 80 年代，美国排放法规大幅度加严，特别强化了 NO_x 排放量的限值，同时再加强了对 HC 和 CO 的控制。1990 年，美国国会对《大气净化法》作了重大修订，对汽车排放提出了更高的要求，针对轻型车规定了两套标准：第一阶段（Tier 1）标准和第二阶段（Tier 2）标准。第一阶段标准于 1991 年 6 月 5 日最终定稿发行，从 1994 年到

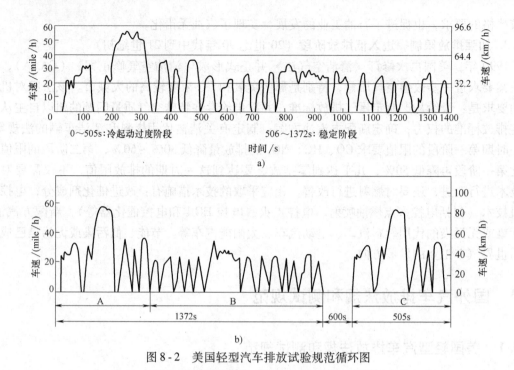

图 8-2 美国轻型汽车排放试验规范循环图

a）FTP-72 冷起动工况 b）FTP-75 冷热起动工况

（1mile = 1609m）

1997 年被逐渐引入，并于 1997 年开始全面执行；第二阶段标准于 1999 年 12 月 21 日发行，从 2004 年到 2009 年逐步实施。美国轻型汽车的排放限值见表 8-1。

表 8-1 美国轻型汽车的排放限值（FTP-75）

标准名称	实施年份	保证里程/km	排放限值/（g/km）			
			CO	HC	NO$_x$	PT[1]
Tier 1	1994	80000	2.11	0.16（NMHC）	0.25	0.05
		160000	2.61	0.19（NMHC）	0.37	0.05
Tier 2	2004	80000	1.06	0.08（NMOG）	0.124	0.05
		160000	1.06	0.08（NMOG）	0.124	0.05

① 颗粒物排放只用于柴油车。

1994 年，加利福尼亚州制定的低污染汽车排放法规，将轻型车分为过渡低排放车（Transitional Low Emissions Vehicle，TLEV）、低排放车（Low Emission Vehicle，LEV）、超低排放车（Ultra Low Emission Vehicle，ULEV）和零排放车（Zero Emission Vehicle，ZEV），并且规定从 1998 年起，销售到加州的轻型车中应有 2% 为无污染排放（零排放），2001 年为5%，2003 年达到 10%。2004 年，加利福尼亚州进一步强化了汽车排放法规，排放限值定为 ULEV 的 1/4，称为特超低排放汽车（Super Ultra Low Emission Vehicle，SULEV）。

8.3.2 欧洲轻型汽车排放法规和测试规范

欧洲经济委员会（UNECE or ECE）和欧洲经济共同体（EEC）的各成员国从 1992 年

起，统一使用一个轻型车排放法规。欧洲汽车的排放由 UNECE 的排放法规（Regulation）和 EEC（即后来的欧盟 EU）的排放指令（Directive）加以控制。该标准体系将欧洲的汽车分为总质量不大于 3.5t 的轻型车和总质量大于 3.5t 的重型车两类。轻型车包括柴油车和汽油车，重型车只有柴油车的排放标准而无重型汽油车的排放标准，这是由于欧洲不生产或极少生产重型汽油车。

当欧洲排放法规发展到欧 V/欧 VI 阶段时，人们不再按之前的总重来划分轻、重型汽车，而是采用基准质量进行划分。轻型车欧 V/欧 VI 标准所指的轻型汽车为基准质量不超过 2610kg 的 M_1 类、M_2 类、N_1 类和 N_2 类汽车。

欧洲经济委员会从 1970 年开始，以 ECE R15 法规的形式对轻型汽油车的排放污染物和曲轴箱污染物排放进行控制，以后每隔 3 ~ 4 年修订加严一次，形成了 ECER15 - 01（1975）、ECE R15 - 02（1977）、ECE R15 - 03（1979）系列排放法规。在 1975 年前执行的 ECE R15 和 ECE R15 - 01 法规只限制 CO 和 HC 的排放量；从 1977 年的 ECE R15 - 02 法规开始，增加了对 NO_x 的限值要求。为控制 NO_x 的排放，1982 ~ 1985 年实施的 ECE R15 - 04 法规将 HC 和 NO_x 的总量作为一个限值来进行控制。从 1988 年起，排放法规细分为 ECE R83 和 ECE R15 - 04 两部分，其中，ECE R83 适用于最大总质量不大于 2500kg 或定员 6 人以下的燃油（含铅汽油、无铅汽油、柴油）汽车，ECE R15 - 04 适用于最大总质量大于 2500kg 而小于 3500kg 的汽车。为了达到 ECE R83 法规的要求，1989 年起 ECE 开始使用无铅汽油。

ECE 在 1991 年修改了 ECE R83 法规，制定了欧 I 排放法规，从 1992 年开始实施。该法规积极向美国的排放法规靠拢，大大加严了排放限值。考虑到道路交通情况的变化，及时修改了试验规范，采用 ECE15（城区）工况 + EUDC（城郊）工况试验循环。欧洲现行的轻型汽车排放测试循环如图 8 - 3 所示。它由若干等加速、等减速、等速和怠速工况组成，分为两个部分，第一部分也称城市工况（City Cycle），由反复四次的 15 工况（ECE15）构成，是在 1970 年制定的，模拟市内道路的行驶状况；1992 年起加上了反映城郊高速公路行驶状况的城郊工况（Extra Urban Driving Cycle，EUDC）的第二部分。整个循环的试验时间为 1220s，当量里程约为 11km，平均车速为 32.5km/h，最高车速提高到了 120km/h，对于功率小于 30kW 的小型汽车，其最高车速可降为 90km/h。

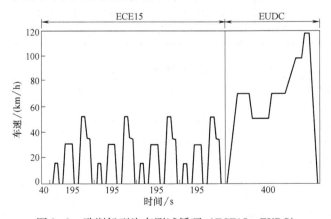

图 8 - 3　欧洲轻型汽车测试循环（ECE15 + EUDC）

欧洲的汽车排放法规大致分为 1992 年前的若干阶段，以及从 1992 年起实施的欧 I 阶段、1996 年起实施的欧Ⅱ阶段、2000 年起实施的欧Ⅲ阶段、2005 年起实施的欧Ⅳ阶段和 2009 年起实施的重型柴油车欧Ⅴ阶段。其排放法规限值已接近美国过渡低污染车（TLEV）的限值水平，欧Ⅱ法规中不仅在型式认证时对汽车的排放限值加严，而且规定进行生产一致性检查时的排放限值与型式认证的限值相同。欧洲各阶段的排放标准见表 8-2，欧洲轻型汽车各阶段排放标准的限值见表 8-3 和表 8-4。2000 年起执行的欧Ⅲ排放法规对 HC 和 NO_x 分别规定了限值；另外，在欧Ⅰ和欧Ⅱ阶段的测试中，排放测量是在起动后 40s 才开始的，这样无法测得冷起动时较高的污染物排放，而从欧Ⅲ阶段开始，这个 40s 已被取消，即对实际排放控制水平的要求更严了。欧Ⅲ阶段还新增了如低温冷起动排放试验、OBD 系统功能检查、LPG/NG 汽车排放试验、80000km 内的在用车工况法排放一致性检查、替代用催化器的认证试验等项目。

表 8-2　欧洲各阶段的排放标准

标准	标准号	实施时间	车辆类型
欧Ⅰ	91/441/EEC	1992 年 7 月 1 日	最大总质量不超过 2500kg 的 6 座或 6 座以下的乘用车
	93/59/EEC	1993 年 10 月 1 日	最大总质量不超过 2500kg 的 6 座或 6 座以下的乘用车 最大总质量为 2500~3500kg 的 7~9 座乘用车，以及最大总质量不超过 3500kg 的商用车
欧Ⅱ	94/12/EC	1996 年 1 月 1 日	最大总质量不超过 2500kg 的 6 座或 6 座以下的乘用车
	96/69/EC	1997 年 1 月 1 日	最大总质量不超过 2500kg 的 6 座或 6 座以下的乘用车 最大总质量为 2500kg~3500kg 的 7~9 座乘用车，以及最大总质量不超过 3500kg 的商用车
欧Ⅲ/欧Ⅳ	98/69/EC	欧Ⅲ：2000 年 1 月 1 日 欧Ⅳ：2005 年 1 月 1 日	最大总质量不超过 3500kg 的 M_1 类、M_2 类、N_1 类汽车
欧Ⅴ/欧Ⅵ	EC NO　715/2007 EC NO　692/2008	欧Ⅴ：2009 年 9 月 1 日 欧Ⅵ：2014 年 9 月 1 日	基准质量不超过 2610kg 的 M_1 类、M_2 类、N_1 类和 N_2 类汽车

表 8-3　欧洲乘用车排放标准的限值（M_1[①]类）　　　　　　　　（单位：g/km）

标准	实施日期	CO	HC	NMHC	HC + NO_x	NO_x	PM
			柴油				
欧Ⅰ[②]	1992 年 7 月	2.72 (3.16)			0.97 (1.13)		0.14 (0.18)
欧Ⅱ，IDI	1996 年 1 月	1.0			0.7		0.08
欧Ⅱ，DI	1996 年 1 月	1.0			0.9		0.10
欧Ⅲ	2000 年 1 月	0.64			0.56	0.50	0.05
欧Ⅳ	2005 年 1 月	0.50			0.30	0.25	0.025
欧Ⅴ	2009 年 9 月	0.50			0.23	0.18	0.005
欧Ⅵ	2014 年 9 月	0.50			0.17	0.08	0.005

（续）

标准	实施日期	CO	HC	NMHC	HC + NO$_x$	NO$_x$	PM
				汽油			
欧 I [2]	1992 年 7 月	2.72 (3.16)			0.97 (1.13)		
欧 II	1996 年 1 月	2.2			0.5		
欧 III	2000 年 1 月	2.3	0.20			0.15	
欧 IV	2005 年 1 月	1.0	0.10			0.08	
欧 V	2009 年 9 月	1.0	0.10	0.068		0.06	0.005
欧 VI	2014 年 9 月	1.0	0.10	0.068		0.06	0.005

① 欧 I 到欧 IV，基准质量 > 2500kg 的乘用车适用于 N$_1$ 类车的限值。
② 括号里是生产一致性的限值。

表 8-4　欧洲轻型商用车排放标准的限值　　　　　　　　（单位：g/km）

车型分类	标准	实施日期	CO	HC	NMHC	HC + NO$_x$	NO$_x$	PM
N$_1$，I 级 <1305kg	欧 I	1994 年 10 月	2.72	—		0.97	—	0.14
	欧 II，IDI	1998 年 1 月	1.0	—		0.70		0.08
	欧 II，DI	1998 年 1 月	1.0	—		0.90		0.10
	欧 III	2000 年 1 月	0.64	—		0.56	0.50	0.05
	欧 IV	2005 年 1 月	0.50	—		0.30	0.25	0.025
	欧 V	2009 年 9 月	0.50	—		0.23	0.18	0.005
	欧 VI	2014 年 9 月	0.50	—		0.17	0.08	0.005
N$_1$，II 级 1305 ~ 1760kg	欧 I	1994 年 10 月	5.17	—		1.40	—	0.19
	欧 II，IDI	1998 年 1 月	1.25	—		1.0		0.12
	欧 II，DI	1998 年 1 月	1.25	—		1.30		0.14
	欧 III	2001 年 1 月	0.80	—		0.72	0.65	0.07
	欧 IV	2006 年 1 月	0.63	—		0.39	0.33	0.04
	欧 V	2010 年 9 月	0.63	—		0.295	0.235	0.005
	欧 VI	2015 年 9 月	0.63	—		0.195	0.105	0.005
N$_1$，III 级 >1760kg	欧 I	1994 年 10 月	6.90	—		1.70	—	0.25
	欧 II，IDI	1998 年 1 月	1.5	—		1.20	—	0.17
	欧 II，DI	1998 年 1 月	1.5	—		1.60	—	0.20
	欧 III	2001 年 1 月	0.95	—		0.86	0.78	0.10
	欧 IV	2006 年 1 月	0.74	—		0.46	0.39	0.06
	欧 V	2010 年 9 月	0.74	—		0.350	0.280	0.005
	欧 VI	2015 年 9 月	0.74	—		0.215	0.125	0.005

8.3.3　日本轻型汽车排放法规和测试规范

日本从 1966 年起开始控制汽车排放污染，对新车进行 4 工况检测，控制 CO 的含量小于 3%，1969 年加严到 2.5%；1971 年规定小型车的 CO 排放量小于 1.5%，轻型车的 CO 排放量小于 3%；1973 年增加 HC 和 NO$_x$ 的排放限值作为排放控制指标；1986 年对柴油轿车的排放进行控制，对在用车实施定期车检法规；自 1991 年起，新车采用 10.15 工况法试验，排放限值不变；1993 年开始对所有柴油车排放进行控制。日本排放法规的前期限值比较松，但后来居上，在控制排放的第二阶段，其某些限值的严格程度已超过了美国（如对 NO$_x$ 的限制），日本的排放法规是在全国范围内强制执行的。

1. 测试规范

日本的测试规范有 10 工况法、11 工况法和 10.15 工况法。在 1991 年之前，日本一直采用 10 工况热起动法来模拟日本城市交通起步多、停车多的情况。被测试小汽车先以 40km/h 等速连续运转 15min，再按如图 8-4 所示的工况连续运转 6 个循环（每个循环 135s，相应行驶距离为 0.664km），对后 5 个循环进行尾气排放测量，所以 10 工况法也称热试验。试验平均车速为 17.7km/h，最高车速为 40.0km/h，相应行驶距离为 0.664km×6＝3.984km。

对于冷起动的排放，通过采用 11 工况法冷起动试验进行测试。被试小汽车在室温 20～30℃下停放 6h 后，冷起动汽油机，怠速运转 25s，接着按如图 8-5 所示的 11 工况试验循环连续进行四次（每个循环 120s，行驶距离为 1.021km），共 505s，4 个循环全部进行排放计量。相应的平均车速为 30.6km/h，最高车速为 60.0km/h，行驶距离为 1.021km×4＝4.084km，怠速运转时间占总试验时间的 21.7%。

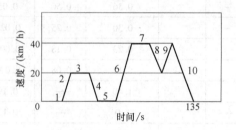

图 8-4　日本 10 工况（城市、
热起动）试验循环

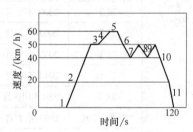

图 8-5　日本 11 工况（城郊、
冷起动）试验循环

1991 年，日本在 10 工况法的基础上补充了一个郊区路段的 15 工况试验循环，即"10.15"工况法。它是三个连续的 10 工况试验循环加上一个 15 工况试验循环，如图 8-6 所示。被测试小汽车先以 60.0km/h 等速连续运转 15min，然后按 10.15 工况进行试验，共 660s，相应的行驶距离为 4.16km，平均车速为 22.7km/h，最高车速为 70.0km/h，怠速运转时间占总试验时间的 31.4%。

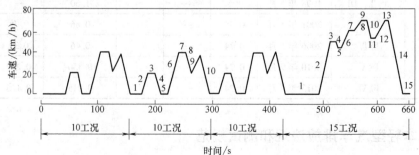

图 8-6　日本 10.15 工况试验循环

10.15 工况主要从欧洲学习而来。2005 年，日本汽车排放法规引入了最新测试循环——JC08 循环，如图 8-7 所示。该工况像美国模拟测试工况那样加入了更多的变速工况，再现了汽车在拥挤的城市中行驶的情况，包括怠速和频繁的加速与减速。JC08 循环的持续时间为 1204s，总行驶里程为 8.171km，平均速度为 24.4km/h（不含怠速平均车速为 34.8km/h），最大速度为 81.6km/h。JC08 循环包括热起动和冷起动两种模式，于 2011 年 10 月开始实施。

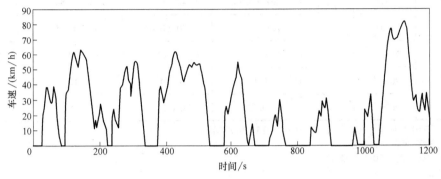

图 8-7　日本 JC08 试验循环

（1）JC08 热起动模式　试验车辆以（60±2）km/h 的恒定速度进行 15min 或更长时间的暖机之后，马上恢复到怠速工况，紧接着在底盘测功机上运行 JC08 循环中从 1032~1204s 的一段试验工况，最后运行一个完整的 JC08 循环，并同时收集测量排放污染物。

（2）JC08 冷起动模式　试验车辆首先在底盘测功机上运行一次 JC08 循环对车辆进行预处理，然后将试验车辆（发动机关闭）放置在室温为（25±5）℃的浸车室中 6~36h。浸车之后，试验车辆开始正式试验，即在底盘测功机上运行一次 JC08 循环，并同时收集测量排放污染物。

2. 排放限值

日本柴油轻型车的排放限值见表 8-5，燃用汽油或液化石油气（LPG）的轻型机动车的排放限值见表 8-6。日本汽车排放法规限值有最高值和平均值两种。

表 8-5　柴油轻型车的排放限值　　　　　　　（单位：g/km）

车辆总质量/kg	年份	试验循环	CO 平均（最大）	HC 平均（最大）	NOx 平均（最大）	PM 平均（最大）
≤1250	1986	10.15 模式	2.1（2.7）	0.40（0.62）	0.70（0.98）	
	1990		2.1（2.7）	0.40（0.62）	0.50（0.72）	
	1994		2.1（2.7）	0.40（0.62）	0.50（0.72）	0.20（0.34）
	1997		2.1（2.7）	0.40（0.62）	0.40（0.55）	0.08（0.14）
	2002①		0.63	0.12	0.28	0.052
	2005②	JC08③	0.63	0.024④	0.14	0.013
	2009		0.63	0.024④	0.08	0.005

（续）

车辆总质量/kg	年份	试验循环	CO 平均（最大）	HC 平均（最大）	NOₓ 平均（最大）	PM 平均（最大）
>1250	1986	10.15模式	2.1（2.7）	0.40（0.62）	0.90（1.26）	
	1990		2.1（2.7）	0.40（0.62）	0.60（0.84）	
	1994		2.1（2.7）	0.40（0.62）	0.60（0.84）	0.20（0.34）
	1997		2.1（2.7）	0.40（0.62）	0.40（0.55）	0.08（0.14）
	2002①	JC08③	0.63	0.12	0.30	0.056
	2005②		0.63	0.024④	0.15	0.014
	2009⑤		0.63	0.024④	0.08	0.005

① 2002 年 10 月对国内汽车实行，2004 年 9 月对进口汽车实行。
② 截至 2005 年底全面实行。
③ 逐步实行，截至 2011 年全面实行。
④ 无甲烷。
⑤ 2009 年 10 月对国内新车型实行，2010 年 9 月对现有车型和进口车实行。

表 8-6　汽油或 LPG 轻型机动车的排放限值

车辆分类	试验工况	单位	限值 CO	限值 HC	限值 NOₓ
车辆总重在 1.7t 以下，或者专供乘用的乘车定员在 10 人以下的普通及轻型机动车，或者专供乘用的微型机动车	10.15	g/km	1.27（0.67）	0.17（0.08）	0.17（0.08）
	11	g/test	31.1（9.0）	4.42（2.20）	2.50（1.40）
车辆总重为 1.7~2.5t 的普通型及轻型机动车	10.15	g/km	8.42（6.50）	0.39（0.25）	0.63（0.40）
	11	g/test	104（76）	9.50（7.00）	6.60（5.00）
微型机动车（专供乘用的除外）	10.15	g/km	8.42（6.50）	0.39（0.25）	0.48（0.25）
	11	g/test	104（76）	9.50（7.00）	6.60（4.40）

注：括号内的数值为平均值，括号外的数值为最高值。

8.3.4　国外重型汽车排放法规和测试规范

1. 美国

对于重型车用柴油机，美国从 1973 年开始用稳态 13 工况法对其进行测试，加权计算污染物排放量。从 1984 年起，重型车发动机的排放测试用瞬态测试循环取代了稳态 13 工况测试循环，以更好地模拟美国重型货车和公共汽车在城市中，包括市区和市郊的街道和高速公路上的行驶情况的急剧变化。美国重型车用发动机瞬态台架测试循环如图 8-8 所示。

整个测试循环由四段组成。第一段为模拟纽约城市道路的 NYNF，代表不太拥挤的市内

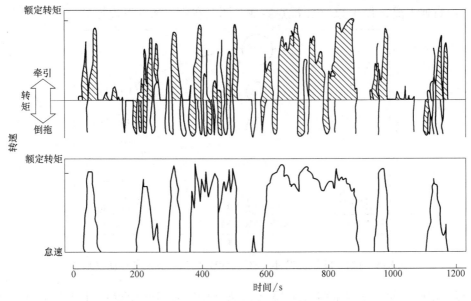

图 8 - 8　美国重型车用发动机瞬态台架测试循环

交通，但有频繁的停车和起步；第二段为模拟洛杉矶城市道路的 LANF，代表拥挤的市内交通，但停车不多；第三段为模拟洛杉矶高速公路的 LAFY，代表拥挤的高速公路交通；第四段重复第一段。瞬态测试循环含有发动机的非稳态运转状态。发动机以出厂状态安装在测试台上，由一台瞬态控制计算机以每秒的间隔给出转矩和转速指令并进行检测。每循环历时 1200s，平均车速为 30km/h，行驶距离为 10.3km。

在瞬态测试循环中，给定的转矩和转速值都是其最大值的相对值。根据已知的标定转速和全负荷特性曲线，可以给定每个瞬态的转矩和转速值。进行排放测试时，瞬态循环要运行两遍，第一遍从冷起动开始（机油温度应控制在 20 ~ 24℃），结束后停机 20min，再进行第二遍热起动循环。冷起动循环排放量与热起动循环排放量以 1:7 的比例进行加权平均。瞬态测试要用全流式稀释取样系统取样。

美国重型车用柴油机的排放限值见表 8 - 7。

表 8 - 7　美国重型车用柴油机的排放限值　　　　　　［单位：$g/(kW \cdot h)$］

实施年份	车辆类型	CO	THC	NO_x	PT
1994	重型汽车	20.8	1.74	6.71	0.134
1996	城市公共汽车	20.8	1.74	6.71	0.067
1998	重型汽车	20.8	1.74	5.36	0.134
1998	城市公共汽车	20.8	1.74	5.36	0.067
2004	重型汽车	20.8	$NMHC + NO_x = 3.30$		0.134
2007	重型汽车		$NMHC + NO_x = 0.08$		0.027

2. 欧洲

13 工况法是目前应用最广泛的重型车用柴油机排放测试循环。图 8 - 9 所示为欧洲 13 工况循环（ECE R49）的工况点及各点的加权系数，它由额定转速和最大转矩转速的各 5 个工况点及 3 次怠速工况，共计 13 个工况点组成，测量在稳态条件下进行。

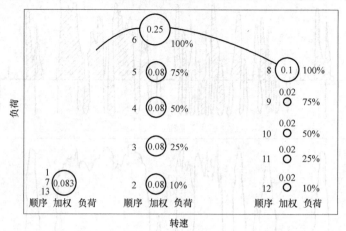

图 8-9　欧洲 13 工况循环（ECE R49）的工况点及各点加权系数

我国从 2000 年起也等效采用欧洲 13 工况法（GB 17691—1999）。这种方法最先是由美国加州在 1971 年提出的，美国联邦于 1974 年也采用了这种方法，只是加权系数与欧洲的有所不同。另外，日本对重型汽油车和重型柴油车均采用 13 工况法，但两者的工况点分布和加权系数并不相同。

2000 年实施的欧Ⅲ法规对 13 工况作了若干修正，称为欧洲稳态标准测试循环（European Stationary Cycle，ESC）。如图 8-10a 所示，ESC 的测试转速有 3 个，以发动机外特性曲线上 50% 额定功率所对应的转速为 0；以高于额定转速，且功率降到 70% 额定功率时所对应的转速为 100% 转速，则 3 个测试转速 A、B 和 C 分别为该转速区间内的 25%、50% 和 75% 转速。

ESC 各工况点的运行时间，除了怠速为 4min 外，其余 12 个工况点均为 2min。测试时工况的调整必须在前 20s 内完成，把转速稳定到规定值（±50r/min），转矩稳定到该转速最大转矩的 ±2%。ESC 各工况点的测试顺序及加权系数如图 8-10b 所示。

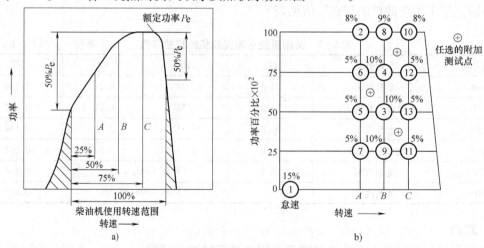

图 8-10　欧洲稳态标准测试循环
a）测试转速的定义　b）工况点的测试顺序及加权系数

每工况的颗粒物取样时间至少为 4s，最迟要在每工况终点前 5s 结束。根据制造厂的要求，ESC 可以重复运行多次以收集更多的颗粒物样品，但气态污染物只能在第一个循环中测定。

为了防止利用电控系统作弊（例如，以牺牲非测试工况的排放来改善测试工况点的排放等），排放检测者在柴油机有负荷的测试工况范围（图 8 - 10a 中的阴影区）内可任意设定 3 个工况点进行附加测试，以考核系统的一致性。

对比图 8 - 9 和图 8 - 10 可以看出，新 13 工况法（ESC）与旧 13 工况法（ECE R49）相比，前者工况点的分布比较均匀，怠速加权系数减小，全负荷工况的加权系数减小，中速中负荷工况的加权系数加大，更接近现代重型汽车柴油机的实际使用情况。

另外，ESC 还包括一个动态烟度测试（European Load Response Test，ELR 试验），它是在上述 A、B、C 三个转速下，由 10% 负荷开始突然将油门加到最大，用透光式烟度计测量这个过程的烟度最大值。

对于使用先进的排气后处理技术（如颗粒物捕集器或 NO_x 还原催化器）的重型车用柴油机和气体燃料发动机，欧Ⅲ标准中还要求加试一个欧洲瞬态循环（European Transient Cycle，ETC），用于检验排气后处理系统的性能。ETC 历时 30min，分别模拟 10min 城市街道、10min 乡村公路和 10min 高速公路，如图 8 - 11 所示。城市道路行驶路况的最高车速为 50km/h，行驶速度较慢且需频繁起动、停车和怠速；乡村行驶路况的车流量较小，但存在陡坡的路

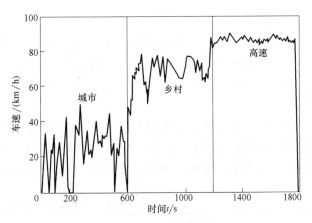

图 8 - 11　ETC 排放测试

面，平均车速可达 72km/h；高速行驶路况的路面很平，车速基本稳定，可达 88km/h。

自 1992 年以来，欧洲重型车用柴油机各阶段法规的排放限值见表 8 - 8。有关试验结果表明，同一柴油机用 ECE R49 和 ESC 测得的排放量有如下对应关系：ECE R49 的 lg/(kW·h) 的 CO、HC、NO_x 和 PT 分别对应于 ESC 的 0.75g/(kW·h)、0.85g/(kW·h)、1.03g/(kW·h) 和 0.91g/(kW·h)。因此，欧Ⅲ的限值实际上比欧Ⅱ下降了 30%。

表 8 - 8　欧洲重型车用柴油机的排放限值　　　　［单位：g/(kW·h)］

排放标准	测试循环	实施年份	排放限制						动态烟度
			CO	HC	NMHC	CH4	NO_x	PT	
欧Ⅰ	ECE R49	1992	4.5	1.1	—	—	8.0	0.36 0.61[①]	
欧Ⅱ		1996	4.0	1.1	—	—	7.0	0.15 0.25[②]	
欧Ⅲ	ESC	2000	2.1	0.66	—	—	5.0	0.10 0.13[②]	
	ELR	2000	—	—	—	—	—	—	0.8m⁻¹

（续）

排放标准	测试循环	实施年份	排放限制						
			CO	HC	NMHC	CH4	NO$_x$	PT	动态烟度
欧Ⅲ	ETC	2000	5.45	—	0.78	1.6	5.0	0.16 0.21[②]	
欧Ⅳ	ESC ELR	2005	1.5	0.46			3.5	0.02	0.5m^{-1}
欧Ⅴ	ESC ELR	2008	1.5	0.46			2.0	0.02	0.5m^{-1}
欧Ⅵ	ESC	2013	1.5	0.13			0.4	0.01	

① 适用于功率≤85kW 的柴油机。

② 适用于单缸排量＜0.7L、标定转速＞3000r/min 的柴油机。

3. 日本

1994 以前，日本重型车采用 6 工况稳态测试循环，CO 和 HC 的排放限值一直未改变，NO$_x$ 的排放限值则逐步加严，柴油机的 NO$_x$ 分分隔式和直喷式两种限值。1994 年以后，日本采用类似于美国的 13 工况法，制定了汽油机、柴油机两种 13 工况测试法，测试规范见表 8 - 9。

从 2005 年开始，日本重型车排放法规规定汽车发动机使用硫含量为 5×10^{-6}（质量分数）的燃料进行测试，测试程序为 JE05 整车排放测试工况法，如图 8 - 12 所示。整个测试循环的时间约为 1800s，平均速度为 26.94km/h，最高速度为 88km/h。

表 8 - 9 日本重型车 13 工况测试规范

	汽油或液化石油气车				柴油车		
工况	转速比（%）	功率比（%）	加权系数（%）	工况	转速比（%）	功率比（%）	加权系数（%）
1	20	0	20.5	1	20	0	15.7
2	40	20	3.7	2	40	40	3.6
3	40	40	2.7	3	40	60	3.9
4	20	0	20.5	4	20	0	15.7
5	60	20	2.9	5	60	20	8.8
6	60	40	6.4	6	60	40	11.7
7	80	40	4.1	7	80	40	5.8
8	80	60	3.2	8	80	60	2.8
9	60	60	7.7	9	60	60	6.6
10	60	80	5.5	10	60	80	3.4
11	60	95	4.9	11	60	45	2.8
12	80	80	3.7	12	40	20	9.6
13	60→20	5→0	14.2	13	60→20	20→0	9.6

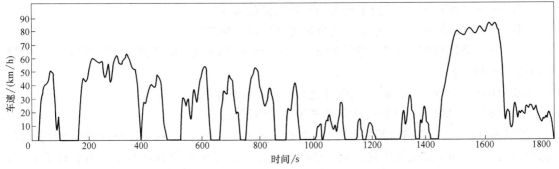

图 8-12 日本重型车 JE05 排放瞬态测试循环

从 1994 年起，日本全面加严了对 CO、HC 和 NO_x 的排放限值，并开始控制柴油车的颗粒物排放量，并很快加严，到 1997 年对颗粒物的排放限值降低了 64%。1998 年，日本再次作出强化排放控制的新规划，提出了新的短期和长期目标要求。短期目标要求，柴油机到 2003 年和 1997 年相比，其 CO、HC、NO_x 和 PM 的排放限值各降低 70%、70%、25% 和 28%；汽油机到 2001 年和 1998 年相比，其 CO、HC 和 NO_x 的排放限值各降低 69%、68% 和 69%。从 2009 年 10 月起，对新销售的柴油动力车实施新的尾气排放标准，新标准的严格程度为世界之最。实施新标准后，氮氧化物（NO_x）的排放量根据车型的不同减少了 40% ~ 65%；颗粒物（PM）的排放量减少了 53% ~ 64%。日本重型柴油商用车的排放标准见表 8-10。

表 8-10 日本重型柴油商用车的排放标准

实施年度	测试循环	单位	CO 均值（最大）	HC 均值（最大）	NO_x 均值（最大）	PM 均值（最大）
1988/89	6 工况	10^{-6}	790（980）	510（670）	DI：400（520） IDI：260（350）	
1994	13 工况	g/（kW·h）	7.40（9.20）	2.90（3.80）	DI：6.00（7.80） IDI：5.00（6.80）	0.70（0.96）
1997[1]			7.40（9.20）	2.90（3.80）	4.50（5.80）	0.25（0.49）
2003[2]			2.22	0.87	3.38	0.18
2005[3]	JE05		2.22	0.17[4]	2	0.027
2009			2.22	0.17[4]	0.7	0.01

① 1997：2500kg < GVW ≤3500kg；1998：3500 < GVW ≤12000kg；1999：GVW >12000kg。

② 2003：GVW ≤12000kg；2004：GVW >12000kg。

③ 2005 年年末未完全实施。

④ 非甲烷烃类。

8.4 我国汽车排放法规的历史沿革

我国机动车的污染控制工作始于 1979 年《中华人民共和国环境保护法（试行）》颁布以后，于 1983 年首次发布了国家汽车排放标准 GB 3842 ~ 3844，并于 1984 年 4 月 1 日起实施。它们的名称分别如下：

GB 3842—1983——《汽油车怠速污染物排放标准》；

GB 3843—1983——《柴油车自由加速烟度排放标准》；

GB 3844—1983——《汽车柴油机全负荷烟度排放标准》。

1989 年，我国制定了参照欧洲 ECE15 – 03 和采用 ECE15 – 04 法规的轻型汽车污染物排放标准，分别如下：

GB 11641—1989——《轻型汽车排气污染物排放标准》；

GB 11642—1989——《轻型汽车排气污染物测试方法》。

1993 年 11 月，批准于 1994 年 5 月 1 日起实施 GB 14761.1 ~ 14761.7—1993 等七项汽车排放标准，对汽油车急速污染物、柴油车自由加速烟度和全负荷烟度的排放限值有所加严，同时增加了对汽油车曲轴箱污染物排放及蒸发排放污染的限制。这七项排放标准全面取代了我国从 1983 年到 1989 年颁布的各项汽车排放标准，分别如下：

GB 14761.1—1993——《轻型汽车排气污染物排放标准》；

GB 14761.2—1993——《车用汽油机排气污染物排放标准》；

GB 14761.3—1993——《汽油车燃油蒸发污染物排放标准》；

GB 14761.4—1993——《汽车曲轴箱污染物排放标准》；

GB 14761.5—1993——《汽油车急速污染物排放标准》；

GB 14761.6—1993——《柴油车自由加速烟度排放标准》；

GB 14761.7—1993——《汽车柴油机全负荷烟度排放标准》。

由于在世界三大排放标准体系中，欧洲排放法规在标准的严格程度、道路交通情况等方面相对较适用于我国的实际情况，因此，我国在充分吸收欧美的经验后，全面等效地采用了在欧盟（EU）指令、ECE 技术内容和部分欧共体（EEC）法规的基础上形成的中国排放法规体系。1999 年，我国颁布了四项等效采用欧洲排放法规的排放标准，分别如下：

GB 3847—1999——《压燃式发动机和装用压燃式发动机的车辆排气可见污染物限值及测试方法》；

GB 14761—1999——《汽车排放污染物限值及测试方法》；

GB 17691—1999——《压燃式发动机和装用压燃式发动机的车辆排气污染物限值及测试方法》；

GB/T 17692—1999——《汽车用发动机净功率测试方法》。

北京市于 1999 年 1 月 1 日率先实施了相当于欧Ⅰ排放法规限值的地方标准 DB 11/105—1998——《轻型汽车排气污染物排放标准》。2000 年 1 月 1 日起全国实施的 GB 14761—1999 等法规，基本等效采用了标准欧Ⅰ阶段的排放标准和测试规范（15 工况 + EUDC）。

2001 年，我国颁布了三项排放标准：GB 18352.1—2001《轻型汽车污染物排放限值及测量方法（Ⅰ）》、GB 18352.2—2001《轻型汽车污染物排放限值及测量方法（Ⅱ）》代替 GB 14761—1999，分别从 2001 年 4 月 16 日、2004 年 7 月 1 日起实施；GB 17691—2001《车用压燃式发动机排气污染物限值及测试方法》代替 GB 17691—1999。明确标准的限值和测试方法等同于欧Ⅰ和欧Ⅱ法规，使我国的排放标准体系实现了与国际接轨。GB 18352.1—2001 等排放标准的实施，明显缩短了我国与国外汽车污染物排放标准的差距，使我国的汽车污染物排放标准达到了欧洲 20 世纪 90 年代的水平。但是，欧洲从 2000 年已开始实施更加严格的欧Ⅲ排放法规，于 2005 年实施欧Ⅳ排放法规。中国与欧洲汽车排放标准实施日期的比较见表 8 - 11。

表 8 - 11　中国与欧洲汽车排放标准实施日期的比较

V 标准	中国实施年份	欧洲实施年份	相差时间/年
国 I 前（欧 0）	1990	1973	17
国 I（欧 I）	2000	1992	8
国 II（欧 II）	2004	1996	8
国 III（欧 III）	2007	2000	7
国 IV（欧 IV）	2010	2005	5

此外，我国从 2000 年 1 月 1 日起还实施了 GB 17930—1999（《车用无铅汽油》），为实施相当于欧 I 排放法规的国家标准创造了条件。除对定型和新生产汽车实施强制性的排放标准外，还从 2001 年 7 月 1 日起实施了 GB 18285—2000（《在用汽车污染物限值及测试方法》），进一步加强了对汽车排放的控制。

2002 年 11 月 27 日，我国颁布了 GB 14762—2002（《车用点燃式发动机及装用点燃式发动机汽车排气污染物排放限值及测量方法》），从 2003 年 1 月 1 日起实施。本标准规定了点燃式发动机在两个实施阶段的型式核准和生产一致性检查的排放限值和测量方法。

2005 年，我国颁布了以下排放标准，标准规定我国将在 2007 年和 2010 年分别实施中国 III、IV 阶段机动车排放标准：

GB 18352.3—2005——《轻型汽车污染物排放限值及测量方法（中国 III、IV 阶段）》；

GB 17691—2005——《车用压燃式、气体燃料点燃式发动机与汽车排气污染物排放限值及测量方法（中国 III、IV、V 阶段）》；

GB 3847—2005——《车用压燃式发动机和压燃式发动机汽车排气烟度排放限值及测量方法》；

GB 18285—2005——《点燃式发动机汽车排气污染物排放限值及测量方法（双怠速法及简易工况法）》；

GB 11340—2005——《装用点燃式发动机重型汽车曲轴箱污染物排放限值及测量方法》；

GB 14763—2005——《装用点燃式发动机重型汽车燃油蒸发污染物排放限值及测量方法（收集法）》。

其中，GB 18352.3—2005 和 GB 17691—2005 两项标准包括了使用各类燃料的轻型汽车和使用柴油、NG/LPG 气体燃料发动机的重型汽车的工况法排放，但未包括重型汽油机（车）。

虽然国内重型汽车绝大多数已采用柴油机和 NG、LPG 发动机作为动力，但尚有少量重型汽油车（汽车总质量 GVM > 3.5t）在生产、销售和使用。为完善我国的机动车排放标准体系，环境保护部于 2008 年制定了重型汽油机（车）国 III、IV 的工况法排放标准，即 GB 14762—2008《重型车用汽油发动机与汽车排气污染物排放限值及测量方法（中国 III、IV 阶段）》。该标准是对 GB 14762—2002 中汽油发动机（车）部分的修订。新标准规定了我国第 III、IV 阶段重型车用汽油发动机与汽车排气污染物的排放限值及测量方法，以及第 III 阶段车载诊断系统（OBD）的技术要求及试验方法，还规定了排气污染物型式核准的要求、车辆生产一致性和在用车符合性的检查和判定方法。该标准的实施，对排放限值、试验方法及 OBD 的安装等提出了严格要求，由国 II 阶段到国 III 阶段，重型汽油车单车排气污染物的排放量将削减 60% 左右，而国 III 到国 IV 可削减 40%。

GB 14762—2008 的制定，完善了我国机动车的排放标准体系，与 GB 18352.3—2005 和

GB 17691—2005 一起，可对装用汽油、柴油和 NG/LPG 气体燃料发动机的各类轻型、重型汽车排气污染物的排放量进行全面、有效的控制。

8.5 我国汽车排放测试规范

汽车排放检测分为型式核准检查试验、生产一致性检查试验、在用车符合性检查和在用汽车检测。其中，型式核准检查试验适用于新设计的车型；生产一致性检查试验适用于对成批生产的车辆进行的抽样试验；在用车符合性检查是指在新车投入使用一定时期内或行驶一定里程后，对污染物控制装置的功能所进行的检查试验；在用汽车检测是指按有关规定的要求对在用汽车的技术状况所进行的年检及抽样检测。不同的汽车排放检测试验应采用相应的检测标准。

8.5.1 新车型式核准和生产一致性检测规范

我国 GB 18352.3—2005《轻型汽车污染物排放限值及测量方法（中国Ⅲ、Ⅳ阶段）》规定，汽车制造企业生产、销售汽车必须获得国家的污染物排放控制性能型式核准。核准的内容包括：一种车型的排气污染物，曲轴箱污染物，蒸发污染物，污染控制装置耐久性，低温冷起动后排气中 CO 和 HC 的排放量，双怠速的 CO、HC 排放量和高怠速的 λ 值，以及车载诊断系统等方面。

1. 轻型汽车排放测试方法

由于我国轻型汽车排放标准和车用压燃式发动机排气污染物排放标准等效地采用了欧洲排放法规，因此，其试验规范也等同于欧洲汽车排放试验规范。GB 18352.3—2005 规定，我国轻型汽车试验用运转循环由 1 部（市区运转循环）和 2 部（市郊运转循环）组成，其运转方式如图 8-13 所示。连续进行 4 个 ECE15（市区运转循环，1 部），再加 1 个 EUDC（市郊运转循环，2 部）。完成一个试验运行的有效时间为 1180s（195s×4＋400s），最高车速为 120km/h，理论行驶里程为 11.007km，平均车速为 33.58km/h（其中 1 部的平均车速为 19km/h，2 部的平均车速为 62.619km/h）。单个市区运转循环和市郊运转循环的工况分解见表 8-12 和表 8-13。

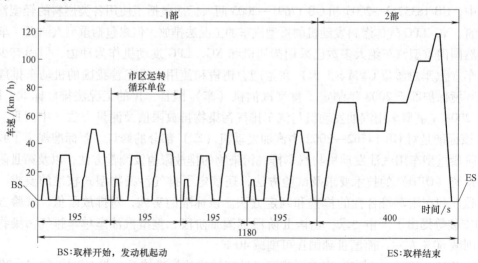

图 8-13　轻型汽车试验用运转循环

表 8 - 12 单个市区运转循环试验工况分解

操作序号	操作	工况	加速度 /(m/s²)	车速 /(km/h)	每次时间 操作/s	每次时间 工况/s	累计时间/s	手动换挡时 使用的挡位
1	急速	1			11	11	11	6s·PM + 5s·K₁①
2	加速	2	1.04	0～15	4	4	15	1
3	等速	3		15	8	8	23	1
4	减速	4	-0.69	15～10	2	5	25	1
5	减速/离合器脱开		-0.92	10～0	3		28	K₁
6	急速	5			21	21	49	16s·PM + 5s·K₁
7	加速	6	0.83	0～15	5	12	54	1
8	换挡				2		56	
9	加速		0.94	15～32	5		61	2
10	等速	7		32	24	24	85	2
11	减速	8	-0.75	32～10	8	11	93	2
12	减速/离合器脱开		-0.92	10～0	3		96	K₂
13	急速	9			21	21	117	16s·PM + 5s·K₁
14	加速	10	0.83	0～15	5	26	122	1
15	换挡				2		124	
16	加速		0.62	15～35	9		133	2
17	换挡				2		135	
18	加速		0.52	35～50	8		143	3
19	等速	11		50	12	12	155	3
20	减速	12	-0.52	50～35	8	8	163	3
21	等速	13		35	13	13	176	3
22	换挡	14			2	12	178	
23	减速		-0.86	35～10	7		185	2
24	减速/离合器脱开		-0.92	10～0	3		188	K₂
25	急速	15			7	7	195	7s·PM

① PM—变速器置空挡，离合器接合；K₁、K₂—变速器置1挡或2挡，离合器脱开。

表 8 - 13 市郊运转循环试验工况分解

操作序号	操作	工况	加速度 /(m/s²)	车速 /(km/h)	每次时间 操作/s	每次时间 工况/s	累计时间/s	手动换挡时 使用的挡位
1	急速	1			20	20	20	K₁①
2	加速	2	0.82	0～15	5	41	25	1
3	换挡				2		27	—
4	加速		0.62	15～35	9		36	2
5	换挡				2		38	—
6	加速		0.52	35～50	8		46	3
7	换挡				2		48	—
8	加速		0.43	50～70	13		61	4

（续）

操作序号	操作	工况	加速度/(m/s²)	车速/(km/h)	每次时间 操作/s	每次时间 工况/s	累计时间/s	手动换挡时使用的挡位
9	等速	3		70	50	50	111	5
10	减速	4	-0.69	70～50	8	8	119	4s·5+5s·4
11	等速	5		50	69	69	188	4
12	加速	6	0.43	50～70	13	13	201	4
13	等速	7		70	50	50	251	5
14	加速	8	0.24	70～100	35	35	286	5
15	等速	9		100	30	30	316	5②
16	加速	10	0.28	100～120	20	20	336	5②
17	等速	11		120	10	10	346	5②
18	减速	12	-0.69	120～80	16		362	5②
19	减速		-1.04	80～50	8	34	370	5②
20	减速/离合器脱开		-1.39	50～0	10		380	K₅①
21	怠速	13			20	20	400	PM①

① PM—变速器置空挡，离合器接合；K₁、K₅—变速器置1挡或5挡，离合器脱开。
② 如果车辆装有多于5挡的变速器，则使用附加挡位时应与制造厂推荐的相一致。

在常温下进行冷起动排气污染物试验时，应将被测试车辆在 20～30℃ 的室温下停放 6h 以上；在低温下进行冷起动排气污染物试验时，应将被测试车辆在 -10～-4℃ 的环境内放置 12～36h。冷起动时或起动前即开始用定容取样法取样，用红外线分析仪测定 CO、CO_2 的排放量，用氢火焰离子化分析仪或加热型氢火焰离子化分析仪（适用于压燃式发动机）测定 HC 的排放量，用化学发光分析仪测定 NO_x 的排放量，用滤纸称重法测量颗粒物的排放量。用临界文丘里管测量稀释后的排气流量时，可测得一个试验循环排气污染物的单位为 g/试验，除以一个试验循环汽车行驶的里程，即可换算为 g/km。

2. 重型柴油车测试方法

我国重型车用柴油机采用欧洲重型柴油车 13 工况试验规范，见表 8-14。

表 8-14 欧洲重型柴油车 13 工况试验规范

工况	发动机转速	负荷（%）	加权系数	工况	发动机转速	负荷（%）	加权系数
1	怠速	0	0.25/3	8	额定转速	100	0.10
2	中速	10	0.08	9	额定转速	75	0.02
3	中速	25	0.08	10	额定转速	50	0.02
4	中速	50	0.08	11	额定转速	25	0.02
5	中速	75	0.08	12	额定转速	10	0.02
6	中速	100	0.25	13	怠速	0	0.25/3
7	怠速	0	0.25/3	—	—	—	—

3. 柴油车烟度测试方法

对于车用压燃式发动机和装用压燃式发动机的汽车，其排气烟度的测量可采用全负荷稳定转速试验和自由加速烟度试验，用不透光烟度计检测发动机排气的光吸收系数。

采用全负荷稳定转速试验时，要进行足够数量的转速工况点的测量，其范围在最高额定转速和最低额定转速之间且适当分布，其测点必须包含最大功率转速和最大转矩转速。而对于许多高强化的增压柴油机，由于其在加速过程中所排放废气的烟度很高，因此，稳态烟度检测不能反映柴油机排放特性的全貌。

为了客观地反映柴油车的排烟特性，对非稳态烟度的测定可采用自由加速法试验程序。自由加速法是指在柴油机从急速状态突然加速到高速空载转速的过程中进行排气烟度测定的一种方法。由于自由加速法不需对柴油机加载，因此适用于检测站对在用柴油车的年检及环保部门对柴油车的检测。

8.5.2　在用车排放测试规范

GB 18285—2005 和 GB 3847—2005 规定了在用汽油汽车和柴油汽车的排放污染物限值及测量所应满足的要求。标准规定：我国在用汽车采用急速法、双急速法、加速模拟工况法（稳态工况法）、瞬态工况法和简易工况法检测汽油发动机车辆的排放污染物，用全负荷稳定转速试验法和自由加速试验法检测柴油机的可见污染物。

1. 急速法和双急速法

急速工况是汽车最常处于的工况，是指发动机在不输出功的情况下，以最低转速运转的稳定工况。起动后的暖机时刻、在十字路口等红灯的时刻及堵车时刻，汽车均处于急速工况。急速法检测能反映车辆在急速状态下空负荷的排放情况，此时发动机的空燃比低，混合气浓，主要产生 CO 和 HC。这种检测方法操作方便快捷，成本低廉，因此广泛应用于检测场车辆年检、环保部门进行路检及修理厂对车辆进行检修工作等方面，以帮助环境监管人员和车辆维修人员判断发动机是否处于正常的工作状态。

急速法的测量过程如下：

1）发动机由急速加速到额定转速的 70%，维持 60s 后，降至急速状态。

2）将取样管插入排气管中，深度不小于 400mm，并固定于排气管上。

3）在发动机急速状态维持 15s 后开始读数，读取 30s 内的最低值及最高值，其平均值即为测量结果。

4）若为多排气管，则取各管最大测量值的算术平均值。

为了监控由催化转化器效率降低造成的汽车排放恶化，近年来各国普遍采用了双急速法。我国在用汽车排放标准 GB 18285—2005 规定，排放测量采用的双急速法是参照国际标准化组织 ISO 3929 中制定的双急速排放测量程序进行的。双急速法的程序如下：

1）在发动机上安装转速计、点火正时仪、冷却水和润滑油测温计等测试仪器。

2）发动机由急速状态加速至额定转速的 70%，运转 30s 后，降至高急速（即额定转速的 50%），轻型汽车高急速转速规定为（2500±100）r/min，重型汽车高急速转速规定为（1800±100）r/min。

3）将取样管插入排气管中，深度不小于 400mm，并固定于排气管上。

4）发动机在高急速状态维持 15s 后开始读数，由具有平均值功能的仪器读取 30s 内的平均值，或者人工读取 30s 内的最低值和最高值，其平均值即为高急速排放测量结果。

5）发动机从高急速降至急速状态，在急速状态维持 15s 后开始读数，由具有平均值功能的仪器读取 30s 内的平均值，或者人工读取 30s 内的最低值及最高值，其平均值即为怠速排放测量结果。对于使用闭环控制电子燃油喷射系统和三效催化转化器技术的汽车，还应同时读取过量空气系数的数值。

6）若为多排气管，则取各排气管高怠速排放测量结果的平均值和怠速排放测量结果的平均值。

双怠速法测试图如图 8-14 所示。由于怠速和高怠速时测量的是车辆在空载状况下的排放浓度，不能真实反映车辆行驶时的实际排放水平；又由于采用怠速法检测时，车辆处于无负载状态，而 NO_x 排放是汽车在高温度高负荷情况下的产物，因此，采用怠速法检测时不能真实反映 NO_x 的排放量。

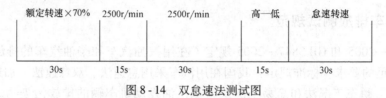

图 8-14 双怠速法测试图

2. 柴油车自由加速工况烟度测试方法

自由加速工况烟度测试是一种非稳态烟度测量，在柴油机怠速运转状态下迅速但不猛烈地将加速踏板踩到底，使喷油泵供给最大油量并保持该位置，发动机达到最高空转转速，维持 4s 后松开加速踏板，使车辆恢复至怠速，重复操作至少六次。前两次（或两次以上）用于吹净排气系统，用不透光烟度计测量并记录最后连续四次的光吸收系数，如果四次测量的光吸收系数值差均在 $0.25m^{-1}$ 的带宽内，则其平均值即为自由加速烟度值。测试规范如图 8-15 所示。

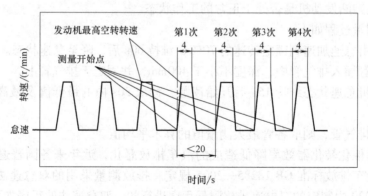

图 8-15 自由加速工况烟度测试规范

自由加速法在操作时，由于"将加速踏板迅速踩到底"的速度与力度掌握不同，对"维持 4s 后松开"的时间长短掌握有差异，使得测量的不确定性较大，重复性差。自由加速不带负荷，不是汽车行驶的真实工况，也不是汽车短时间停驶维持怠速的工况，而且有时会出现冒黑烟和抽气泵开始抽气的时间不同步的现象，这时测量不到最大烟度值。

3. 简易工况法

无论是怠速法、双怠速法还是自由加速法，其共有的突出问题是在车辆无载荷时进行检测，因此，检测出的排放结果与车辆实际运行时的排放状态仍然存在较大差异。为了准确全面地反映车辆的实际排放水平，测量时可将车辆置于底盘测功机上，施加一定量的载荷，模拟车辆在道路上行驶的车况，抽取此时的尾气排放并测量其结果，这就是简易工况法。国内简易工况法主要有以下几种：汽油车稳态加载工况法（ASM）、汽油车瞬态工况法（IM195）和瞬态加载简易工况法（IM240，VMAS）、汽油车简易瞬态工况法（IG195）、柴油车加载减速（Lug Down）烟度法。

（1）稳态加载工况法（ASM）　底盘测功机上由 ASM5025 和 ASM2540 两种工况组成的试验运转循环，如图 8 - 16 和表 8 - 15 所示。其测试过程如下：

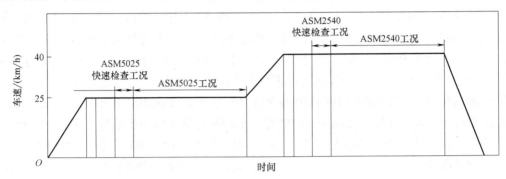

图 8 - 16　稳态加载工况法试验运转循环

表 8 - 15　稳态加载工况法试验运转循环表

工况	运转次序	速度/（km/h）	操作时间/s	测试时间/s
ASM5025	1	25	5	—
	2	25	15	
	3	25	25	10
	4	25	90	65
ASM2540	5	40	5	—
	6	40	15	
	7	40	25	10
	8	40	90	65

1）将车辆的驱动轮置于底盘测功机的转鼓上，将五气分析仪的取样探头插入排气管并固定，深度为 400mm，对独立工作的多排气管应同时取样。

2）ASM5025 工况。车辆经预热后，加速至 25km/h，底盘测功机以车辆速度为 25km/h、加速度为 1.475m/s² 时的输出功率的 50% 为设定功率对车辆加载，工况计时器开始计时（$t = 0$s），在车辆保持（25 ± 1.5）km/h 等速 5s 后开始检测。若底盘测功机的转速和转矩偏差超过设定值的时间大于 5s，则检测应重新开始。然后系统预置 10s 后开始快速检测工况，在计时器 $t = 15$s 时，分析仪开始测量，以每秒钟测量一次的速度，连续测量 10s（$t = 25$s），并根据稀释修正系数及湿度修正系数计算 10s 内的平均值，将其作为排放测试结果。

在测量过程中，若任意连续 10s 内第 1s 到第 10s 的车速变化相对于第 1s 小于 ±0.5km/h，则测试结果有效。若快速检测工况 10s 内的排放平均值经修正后小于或等于限值的 50%，则测试合格，检测结束；否则应进行至 90s 工况。若在此期间内所有检测污染物连续 10s 内的平均值低于或等于限值，则该车应判定为 ASM5025 工况合格，继续进行 ASM2540 工况测试；否则判定不合格，检测结束。

3）ASM2540 工况。车辆由 25km/h 直接加速至 40km/h，底盘测功机以车辆速度为 40km/h、加速度为 1.475m/s^2 时的输出功率的 25% 为设定功率对车辆加载，工况计时器开始计时（$t=0$s），车辆稳定在（40±1.5）km/h 连续 5s 后开始检测。若底盘测功机的转速和转矩偏差超过设定值的时间大于 5s，则检测应重新开始，系统将按分析仪的最长响应时间预置 10s 后开始快速检测工况，计时器 $t=15$s 时，分析仪开始测量，以每秒钟测量一次的速度连续测量 10s（$t=25$s），并按规定修正后取平均值，作为排放测试结果。

在测量过程中，若任意连续 10s 内第 1s 到第 10s 的车速变化相对于第 1s 小于 ±0.5km/h，则测试结果有效。若快速检测工况 10s 内的排放平均值经修正后小于或等于限值的 50%，则测试合格，检测结束；否则应进行至 90s 工况。若在此期间内所有检测污染物连续 10s 内的平均值低于或等于限值，则该车应判定为合格；若任何一种污染物在连续 10s 内的平均值超过限值，则判定为不合格。

（2）瞬态工况法（IM195）　瞬态工况法是指采用试验室级别的分析仪器检测稀释后排气中的低浓度污染物（CO、HC、NO$_x$、CO$_2$）排放量，还要配备带有多点载荷设定的功率吸收装置和惯性飞轮组的底盘测功机，以模拟车辆的加速惯量和实时道路载荷的吸收功率。

汽车在底盘测功机上完成一个市区运转循环（ECE15），如图 8-13 所示。完成一次试验，运行时间为 195s，理论行驶里程为 1.013km，平均车速为 19km/h。

测试时，试验车辆的工作温度应满足出厂规定，用定容取样、不分光红外线分析仪测定 CO、CO$_2$ 的排放量；用氢火焰离子化分析仪或加热型氢火焰离子化分析仪（用于压燃式发动机）测定 HC 的排放量；用化学发光分析仪测定 NO$_x$ 的排放量。采用临界流量文丘里管测量稀释后的排气流量，将测出的一个试验循环排气污染物的排量（g/试验），除以一个试验循环汽车行驶的里程（km/试验），即可换算单位里程排放质量（g/km）。

（3）简易瞬态工况法（IG195）　与 IM195 一样，汽车在底盘测功机上完成一个市区运转循环（ECE15）。测试时，试验车辆的工作温度应满足出厂规定，将车辆置于底盘测功机转鼓上，将五气分析仪的取样探头插入排气管，深度不小于 250mm，采用 195s 的排放测试，行驶速度有怠速、加速、减速和匀速等工况，是一个"瞬态"过程。用 NDIR 分析仪测定 CO、CO$_2$ 和 HC，用电化学分析仪测定 NO$_x$。五气分析仪每秒至少取样一次，计算机将对取样数据按每秒平均值计算排放含量。气体流量分析仪对着排气管，测量稀释后的排气流量和稀释前后排气中的氧含量，从而确定稀释比；然后通过稀释比和由气体流量计测得的排气流量，计算出每秒的排气体积；接着根据排气体积和由五气分析仪测得的排气各成分的含量，计算出车辆每秒排放出的污染物质量。计算机再按车辆单位时间的行驶里程进行计算，即可得到完成一个试验循环排气污染物的单位里程排放质量（g/km）。

汽油车的这三种简易工况法各有利弊，其比较见表 8-16。

表 8 - 16 汽油车三种简易工况法的比较

检测方法	优 点	缺 点
瞬态工况法	测量精确，与新车认证检测结果相关性好，能有效检测 NO_x 的排放量	设备成本高，维修复杂
简易瞬态工况法	设备成本适中，测量较准确，与新车认证检测结果有关联性，可以检测 NO 的排放量	技术较新，没有大规模使用经验
稳态工况法	设备成本较低，测量稳定，技术成熟，操作较简便，能检测 NO 的排放量	浓度测量与新车认证检测结果的关联性较差

（4）柴油车加载减速烟度法（Lug Down） 香港地区于 2000 年 6 月颁布了修订后的柴油车加载减速排放限值和测量方法，将柴油车分为 5.5t 以下级和 5.5t 以上级两个级别。

GB 3847—2005 给出了压燃式发动机汽车加载减速法排放检测方法，该方法在三个加载工况点测试烟度。三个测量点分别为 A、B、C 点，如图 8 - 17 所示。该方法模拟柴油车的实际工作状况，与柴油车的自由加速法相比，可较准确地检测柴油车的实际烟度排放。

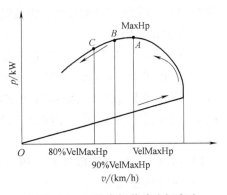

图 8 - 17 柴油车加载减速烟度法

测试数据包括轮边功率（汽车在底盘测功机上运转时驱动轮实际输出功率的测量值）、发动机转速和排气烟度。只有当测得的最大轮边功率大于或等于制造厂规定的发动机额定功率值的 50%，测得的最大发动机功率转速不超过制造厂规定值的 ±10%，三个测量点的烟度测试值均不得超过表 8 - 17 中规定的相应限值时，该车的烟度排放测试才判定为合格。测试设备主要包括底盘测功机、不透光烟度计和发动机转速计，由计算机控制系统集中控制。底盘测功机主要由滚筒、功率吸收单元（PAU）和惯量模拟装置等组成；不透光烟度计采用的是分流式内置不透光测量的原理。

表 8 - 17 柴油车加载减速工况烟度限值

分类	车辆注册登记时间	光吸收系数 k（或烟度值 HSU）
Ⅰ类	~2002. 12. 31	$1.61 \mathrm{m}^{-1}$（50）
Ⅱ类	2003. 01. 01 ~ 2005. 12. 29	$1.19 \mathrm{m}^{-1}$（40）
Ⅲ类	2005. 12. 30 ~	$0.80 \mathrm{m}^{-1}$（29）
Ⅳ类	2008. 03. 01[①]	$0.50 \mathrm{m}^{-1}$（19）

① 针对公交、环卫、邮政车辆和改造的柴油车。

8.5.3 汽油车非排气污染物的测量与分析

1. 曲轴箱排放物

GB 18352.3—2005《轻型汽车污染物排放限值及测量方法（中国Ⅲ、Ⅳ阶段）》中的附录 E《曲轴箱污染物排放试验（Ⅲ型试验）》对曲轴箱排放物的试验方法作了详细规定。试验条件见表 8 - 18，让发动机在怠速、对应车辆以（50 ± 2）km/h 速度行驶的转速和负荷，以及同样转速但负荷加大 70% 三种工况下运转。

表 8 - 18   曲轴箱污染物排放测试运转工况

工况号	车速/（km/h）	底盘测功机吸收的功率
1	怠速	无
2	50 ± 2（3 挡或前进挡）	相当于Ⅰ型试验 50km/h 下的设定状况
3	50 ± 2（3 挡或前进挡）	第 2 号工况的设定值乘以系数 1.7

试验时，发动机的缝隙或孔应保持原状，在适当位置测量曲轴箱内的压力，如在机油标尺孔处使用倾斜式压力计进行测量。若在上述各测量工况下测得的曲轴箱内的压力均不超过测量时的大气压力，则认为汽车曲轴箱污染物排放满足要求。

2. 蒸发排放物

目前世界各国对汽油车燃油蒸发污染物的测量方法有两种，即收集法和密闭室法（SHED）。密闭室法是 GB 18352.3—2005《轻型汽车污染物排放限值及测量方法（中国Ⅲ、Ⅳ阶段）》附录 F《蒸发污染物排放试验（Ⅳ型试验）》中规定的试验方法。蒸发污染物排放试验用于确定由于昼间温度波动、停车期间热浸和城内运转所产生的碳氢化合物。试验包括下列阶段：

1）由一个运转试验循环 1 部和一个运转试验循环 2 部组成的试验准备。

2）测定热浸损失。

3）测定昼间换气损失。

密闭室法的测试系统如图 8 - 18 所示。蒸发排放测量用的密闭室是一个气密性很好的矩形测量室，试验时可用来容纳车辆。车辆与密闭室内的各墙面应留有距离，封闭时应能达到气密性的相关要求，其内表面不应渗透碳氢化合物。至少有一个墙内表面应装有柔性的不渗透材料，以平衡由温度的微小变化而引起的压力变化。试验期间，温度调节系统应能控制密闭室内部的空气温度，使其跟随规定的温度 - 时间曲线变化，且整个试验期间的平均误差在 ±1K 内。

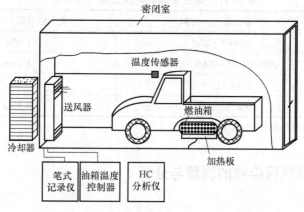

图 8 - 18   燃油蒸发污染物密闭室法测试系统

在昼间换气排放试验中的任何时间，密闭室内表面的温度既不得低于 278K（5℃），也不得高于 328K（55℃）；在热浸试验期间，密闭室内表面的温度既不得低于 293K（20℃），也不得高于 325K（52℃）。因此，密闭室壁面的设计应有良好的散热性。试验时，应使用符合规定的基准燃料；保证车辆的技术状况良好，试验前已经进行至少 3000km 的行驶；装在车辆上的蒸发控制系统在此期间工作正常；炭罐经过正常使用，无异常吸附和脱附。

密闭法的测试程序十分繁琐，其主要过程如下：首先把车辆的燃油箱加到标称容量的（40±2）%，在室内经（60±2）min 把燃油温度从（289±1）K 均匀加热，温度升高（14±0.5）K，测量加热前后室内的 HC 含量，确定昼间换气损失；然后把车辆从密闭室中取出，在底盘测功机上进行一个市区运转试验循环（1 部）和一个市郊运转试验循环（2 部），再回到密闭室内（温度范围为 296~304K）热浸 1h，测量热浸损失。由于运转蒸发损失很小，在试验过程中未测量。将昼间换气损失和热浸损失测定的 HC 的排放质量相加，即可作为蒸发排放物的试验结果。

第9章　车用低排放燃料及新型动力系统

随着全球环保意识的不断提高，以及汽车污染物排放法规的不断强化，促使汽车制造业和石油炼制业从开发新型动力系统、提高燃料质量和使用代用燃料等多方面来减少汽车的有害排放物。

9.1　燃料品质对内燃机排放的影响

汽车排放受诸多因素的影响，除燃烧室形状、燃油供给方式、废气再循环等发动机技术和三效催化剂、氧化催化剂、稀燃 NO_x 吸附还原催化剂等排气后处理系统技术外，燃油的成分和质量对排放也有重要影响。燃料品质对排放的影响有两方面，一方面是直接影响发动机的原始排放，另一方面是影响发动机排气后处理系统的工作效率。

9.1.1　对 CO、CO_2、HC 和 NO_x 的影响

1. 辛烷值的影响

辛烷值是表示汽油抗爆性的指标，它不仅反映燃料抗爆性的强弱，而且对汽油机的排放有影响。汽油的辛烷值高，则其抗爆燃能力强，并且随着辛烷值的提高，CO 和 HC 的排放量随之降低；辛烷值低可能引起较强的爆燃，并增加 NO_x 的排放量，特别是在较稀混合气的情况下更加显著。较低的辛烷值限制了发动机的压缩比，导致发动机热效率低，总的污染物排放量增加，特别是 CO_2 的排放量也随之上升。

为提高汽油的辛烷值，可以在燃油中加入含氧的组分甲基叔丁基醚（MTBE）、乙基叔丁基醚（ETBE）或乙醇等。对于化油器式发动机和开环控制的发动机，在燃油中加入含氧化合物可使排放量降低；但对于采用闭环控制的、燃用理论空燃比的发动机，含氧化合物的加入，则会因富氧而干扰氧传感器闭环控制系统的工作，使发动机的混合比偏离理论值而变得稍稀，从而使催化器的转换效率降低，NO_x 的排放量增加。对于稀燃发动机，如果添加的含氧组分的比例过大，则可能导致发动机的混合气过稀，使其工作稳定性变差，导致排放增加。通用汽车公司的研究表明，燃烧添加 10%（体积分数）乙醇的汽油的低排放汽车（LEV），其 HC 蒸发排放量增加 12% 以上。

人们曾经想使用甲基环戊二烯三羰基锰（MMT）代替甲基叔丁醚以提高汽油的抗爆性，但使用这种添加剂在许多国家是有争议的。汽油中的 MMT 在燃烧后以氧化锰等形式排出，同时沉积在燃烧室和排气系统内。而锰沉淀物会使火花塞失火，增加排放量；它沉积在催化器上会引起催化器表面的堵塞，使催化剂的起燃特性和稳态转化效率均变差；同时，沉积在催化剂表面的锰沉积物有足够的氧存储作用，可能造成催化器监测器的误报。

在无铅汽油中加入铁化合物（如二茂铁）可提高辛烷值，但铁基添加剂燃烧后产生的铁氧化物沉积在催化剂和氧传感器上，使得排放控制系统的功能变差，污染物排放量上升。

2. 十六烷值的影响

柴油的十六烷值对柴油机燃烧的滞燃期有很大影响。如果十六烷值较低，则滞燃期较长，初期预混燃烧的燃油量增加，初期放热率峰值和最高燃烧温度较高，使 NO_x 的排放量增加；如果十六烷值较高，可推迟喷油，这样有利于在保持燃油经济性的条件下降低 NO_x 的排放量。另外，高十六烷值的柴油易于自燃，可降低柴油机 CO 和 HC 的排放量。十六烷值对 PM 排放量的影响比较复杂，在不同条件下可能得出相反的结果。

十六烷值也影响柴油机的蓝烟和白烟的排放，它们是在柴油机冷起动时或在高海拔地区运转时，由因大气压力下降而产生的未燃烧柴油液滴组成的排气烟雾。当十六烷值下降时，柴油机的冷起动性能变差，柴油机容易排气冒白烟，导致排放增加。

3. 硫含量的影响

硫天然存在于原油中，如果炼油过程中未进行脱硫处理，则汽油将受其污染。硫可降低三效催化转化器的效率，对氧传感器也有不利的影响，从而会使车用汽油机排放增加。不论发动机的技术水平和状态如何，当汽油中硫的质量分数从 10^{-4} 降到 10^{-5} 数量级时，HC、CO 和 NO_x 等均有显著的下降。高硫汽油会引起车载诊断系统的混乱和误报。

4. 烯烃的影响

在许多情况下，烯烃是汽油提高辛烷值的理想成分。但烯烃的热稳定性差，导致其易形成胶质，并沉积在进气系统中，影响燃烧效果，增加排放。活泼烯烃是光化学烟雾的前体物，它蒸发排放到大气中会引起光化学反应，进而引起光化学污染。我国许多城市在夏季、秋季发生过空气臭氧浓度超标的光化学烟雾型空气污染，这与使用高烯烃汽油有直接关系。

5. 芳香烃的影响

芳香烃具有很高的辛烷值（RON > 100，MON > 95），所以添加芳香烃组分，是炼油工业为使汽油达到现代车用汽油所需要的抗爆性水平而使用的一种手段。随着汽油的无铅化，这种增加汽油中芳香烃含量的趋势正在加强。但由于芳香烃分子的结构比烷烃稳定，燃烧速度较慢，在其他相同条件的情况下，将导致较高的未燃 HC 排放量。当将含芳香烃多的高级汽油改为烷烃汽油时，HC 的排放量明显下降。芳香烃具有较高的碳氢质量比，因而有较高的密度和较高的 CO_2 排放量。汽油中芳香烃的质量分数从 50% 降到 20%，其 CO_2 排放量可减少 5% 左右。芳香烃的燃烧温度高，从而增加了 NO_x 排放量。重的芳香烃和其他高分子重化合物都有可能在汽油机燃烧室表面形成沉积物，增加排气中 HC 和 NO_x 的排放量。现代车用汽油正逐步限制芳香烃的含量，特别是对苯含量的限制尤为严格。

6. 蒸发性的影响

汽油从液态变为气态的性质称为汽油的蒸发性。汽油能否在进气系统中形成良好的可燃混合气，其蒸发性是主要的影响因素。汽油的蒸发性一般用蒸馏曲线（馏程）和在 37.8℃时测得的雷德蒸气压 RVP 表示。汽油的雷德蒸气压 RVP 应根据季节和使用地区的气候条件适当加以控制。高温时要严格控制 RVP，尽量减少热油产生的问题，如燃油供给系统的气阻和蒸发排放控制系统炭罐的过载。在高温下控制 RVP，对减少发动机及加油时的蒸发排放也有影响。低温时，要有足够的 RVP，以得到好的起动性能和暖机性能。汽油的挥发性对 NO_x 的排放量没有影响，对 CO 排放量的影响也很小。

9.1.2 对碳烟和颗粒物的影响

1. 硫含量的影响

一般柴油中含有比汽油高得多的硫分。柴油中的硫在柴油机中燃烧后，以 SO_2 的形式随排气排出，其中一部分 SO_2（约 2% ~ 3%）被氧化成 SO_3，然后与水结合形成硫酸和硫酸盐。由于硫酸盐是非常吸水的，在环境大气的平均相对湿度为 50% 的情况下，每 1g 硫酸盐可吸 1.3g 水，所以，在滤纸上沉积的硫酸盐含有 53% 的水和 47% 的干硫酸盐。当柴油中硫的质量分数从 3×10^{-3} 减小到 5×10^{-4} 时，柴油机的 PM 排放量可下降 10% ~ 15%。有一项估计是柴油中的硫的质量分数每下降 0.1%，柴油机的 PM 比排放会下降 $0.02 \sim 0.03 g/(kW \cdot h)$。

现在正在开发的能从发动机富氧排气中降低 NO_x 排放量的 $DeNO_x$ 催化剂，对柴油的硫含量极为敏感，特别是吸附还原性催化剂极易因硫中毒而失效。柴油机用氧化性催化剂易于把 SO_2 氧化成 SO_3，导致硫酸盐的量大大增加。所以，从柴油机排气催化净化的角度出发，降低柴油的硫含量是极为必要和迫切的；降低柴油的硫含量也有助于减少柴油机排气中难闻的气味。但降低硫含量是通过在炼油工艺中加氢生成硫化氢来实现的，这个过程增加了炼油的能耗和 CO_2 的排放量，同时提高了成本。

2. 芳香烃的影响

柴油的芳香烃含量直接影响其十六烷值，两者之间有逆变关系，只有添加十六烷值改善剂才能打破这种关系。例如，添加 0.5%（质量分数）的辛基硝酸酯，可使十六烷值从 42 提高到 52。芳香烃是柴油中的有害成分，其燃烧时冒烟倾向严重，所以当柴油中芳香烃的体积分数增加时，柴油机 PM 排放的质量浓度将急剧增加。

3. 粘度、密度及馏程的影响

当柴油的粘度增加时，喷油时油束的雾化变差，燃烧恶化，碳烟排放增加。柴油的密度较高，会导致 PM 排放量增加，因为柴油密度超过柴油机标定范围会造成过度供油效应。柴油的馏程也影响柴油机的 PM 排放量，较重的馏分组成会使柴油喷注雾化变差，使蒸发迟缓，易形成局部过浓的混合气，产生较多的 PM。

4. 添加剂的影响

在柴油中加入少量碱土金属或过渡金属（Ba、Ca、Fe、Mn 等）的环烷酸盐或硬脂酸盐，可显著降低柴油机排气的烟度，这类添加剂被称为消烟剂。消烟效果主要取决于阳离子（金属）的类型，而阴离子的影响很小。Ba 的效果很好，其次为 Ca、Mn 等。虽然 Ba 对降低烟度的效果明显，但排气的 PM 含量则先随着 Ba 的增加快速下降，然后又逐渐上升，这主要是由 Ba 的氧化物造成的。当柴油的硫含量较高时，由于会形成较多的 $BaSO_4$，有时甚至会使 PM 的排放量不降反升。消烟剂使 PM 粒度分布向较小尺寸方向移动，导致环境效应更加恶化。由于这些理由及这类重金属大多数对人体有害，所以现在不推荐使用消烟剂。

柴油中还可能加有有机添加剂，如可缩短滞燃期的十六烷值改善剂及稳定剂、表面活性剂等，它们一般都能改善柴油机的排放状况。

9.1.3 对臭氧的影响

臭氧是大气中的一种微量元素，对流层中的臭氧占大气中臭氧的 10% 左右，其化学活性高，在对流层的光化学反应中起着重要作用。臭氧作为对流层中的一种主要氧化剂，其变化和分布直接影响其他成分的寿命和分布，进而影响平流层大气的化学组成的分布。

近地面臭氧是毒性很大的空气污染物，是光化学烟雾的主要成分之一。不同的有机化合物有不同的生成臭氧活性 MIR（单位质量有机物生成臭氧的质量）。测量结果显示，烷烃和醇类的 MIR 较低；不饱和链烃和芳香烃的 MIR 较高，它们在燃油中的含量应加以限制；作为排放物的醛类也有与烯烃类似的较高 MIR 值。

在发动机燃烧过程中产生的有害排放物中，主要是碳氢化合物（HC）和氮氧化物（NO_x）参与光化学反应，它们对空气中臭氧的生成有重要影响。

普通汽油由于组分中含有大量的长链烷烃、烯烃及芳香烃，其 NO_x 的排放量相对较高，同时使用过程中的蒸发损失严重，因此，使用普通汽油时容易导致臭氧的生成。长链烷烃在热及氧的作用下生成烷基自由基，烷基自由基的形成需要在一定的条件下进行，如热裂、紫外光照射等，因此，在光照情况下生成臭氧的可能性大大增加。

研究表明，车用汽油中烯烃的质量分数从 20% 降至 5%，会使大城市中臭氧生成率下降 20% ~ 30%。减少小分子烯烃质量分数的效果尤为明显。

柴油机排放以 PM 为主，包括干碳烟、可溶性有机物和硅酸盐。可溶性有机物中含有未燃的燃料及润滑油成分，其中以烷烃类为主，但其排放量相对较小，因此对臭氧的影响也较小。

9.2　石油燃料的改善

石油燃料的质量对汽车排放的影响显而易见，控制燃料的组成，提高燃料的质量可以直接减少汽车排气中的有害排放物，改善大气环境，并且能够为有关排气后处理新技术的应用创造有利条件。在减少排气有害排放物方面，提高燃料的质量比严格执行排放法规更快捷方便，严格的排放法规一般只针对新车，而油品质量的提高可以惠及所有在用的车辆，对于减少汽车排放污染能起到立竿见影的效果。

9.2.1　汽油的改善

汽油品质的提高主要体现在降低含硫量、烯烃含量、芳香烃含量及 MTBE 的替代组分四个方面。

严格限制硫含量可以减少汽车的有害排放。例如，若汽油的硫质量浓度从 $450\mu g/g$ 降至 $50\mu g/g$，则 HC 的排放量减少 18%，CO 的排放量减少 19%，NO_x 的排放量减少 9%，有毒物减少 16%，同时可减少大气对流层中的臭氧含量，并且不影响燃料的经济性。由于硫会毒化对排放起净化作用的催化剂，损害氧传感器和车载诊断系统的性能，因此，采用先进技术的低排放车辆对硫更加敏感。例如，使用稀土催化转化器时，要求硫的质量浓度小于 $300\mu g/g$。因此，在各国的汽油标准中，硫含量均呈下降趋势。欧洲排放体系对汽油硫含量的要求对比见表 9 - 1。我国规定硫的质量分数在 0.05% 以下。

表 9-1 欧洲排放体系对汽油硫含量的要求对比

项目	1993 年	1998 年	2000 年	2005 年	2009 年
汽车排放标准	欧 I	欧 II	欧 III	欧 IV	欧 V
硫含量[1]（$\times 10^{-6}$）	1000	500	150	50	10
苯含量[2]（%）	5	5	1	1	1
芳香烃含量[2]（%）	—	—	42	35	35
烯烃含量[2]（%）	—	—	18	18	18
氧含量[1]（%）	2.5	2.5	2.7	2.7	2.7
铅含量/（mg/L）	13	13	5	5	5

① 指质量分数，后同。
② 指体积分数，后同。

苯是致癌物质，它通过蒸发或燃烧进入大气中，对人类健康有直接影响，所以降低苯含量对环境是有利的。

芳香烃是一种具有较高辛烷值和热值的汽油调和组分，但是其燃烧后会导致苯的形成，并增加 CO_2 的排放，所以我国规定，汽油中芳香烃的含量应控制在 40%（体积分数）以下。

烯烃是另一种具有较高辛烷值的汽油调和组分，但是其化学性质活泼，挥发到大气中后，会促进光化学烟雾的形成。另外，烯烃对热不稳定，易在发动机进气系统和其他部位形成积炭。目前，我国车用汽油的主要组分为直馏汽油、催化裂化汽油（FCC 汽油）和重整汽油。在这三种汽油组分中，FCC 汽油约占 70% ~ 85%，占主导地位，详见表 9-2。与美国和欧洲相比，我国 FCC 汽油所占比例明显偏高，这使最终调和汽油的烯烃含量达到 30% ~ 35%，而美、日等国家调和汽油的烯烃含量一般为 13% ~ 20%。国家标准规定，烯烃含量应控制在 30%（体积分数）以下，芳香烃与烯烃的总含量应控制在 60% 以下。

表 9-2 国内外汽油组分构成对比

组分	中国	欧洲	美国
催化裂化汽油	73.8	27.0	35
重整汽油	16.4	47.2	35
直馏汽油	1.1	8.0	
异构汽油	0.4	5.1	30
烷基化油	0.4	4.2	
MTBE	2.0	2.0	
其他成分	5.9	6.5	

汽油中加入含氧化合物可以减少尾气中 CO 的排放，但含氧化合物的体积热值比汽油低，大量加入会影响汽车发动机的性能。我国规定，汽油中氧的质量分数不大于 2.7%。

9.2.2　柴油的改善

提高柴油品质的措施主要有：提高十六烷值、降低硫含量和降低芳香烃含量。

十六烷值是衡量燃料在压燃式发动机中着火延迟期的指标，十六烷值高，则着火延迟期短；如果十六烷值低于45，则会引起柴油机工作粗暴、最高燃烧压力增加和 NO_x 排放量的增加。满足未来排放标准的轿车用柴油机，要求其所使用的柴油十六烷值不低于49。这里要区别十六烷值和十六烷指数两个概念：十六烷值是指柴油在规定的试验发动机上测得的有关柴油压缩着火性的一个相对性参数；而十六烷指数是指燃料中固有的十六烷，由被测燃料特性计算得出。固有的十六烷和加入十六烷改善剂后的十六烷对柴油机的影响不同，为避免添加剂的剂量过多，应尽量减少十六烷值与十六烷指数之间的差值。

低排放柴油的标志性特征是降低了柴油中的硫含量。这是因为，柴油机排气 PM 中的硫酸盐随硫含量成正比地增加，而且高硫柴油失去了应用氧化型催化剂降低 PM 排放量的可能性。所以，欧洲经济委员会规定，从1994年10月1日起，柴油中硫的质量分数的上限为0.2%；从1996年10月1日起，柴油中硫的质量分数的上限为0.05%。将柴油中硫的质量分数从0.2%降到0.05%，可使 PM 排放量下降7%～12%。从2000年起，欧洲柴油中硫的质量浓度的最高上限为350mg/kg；从2005年起，柴油中硫的质量浓度的上限为50mg/kg。柴油含硫量的降低不仅降低了 PM 的排放量，而且使在柴油机上应用催化器成为了可能。欧洲排放体系对柴油硫含量的要求对比见表9-3。

表9-3　欧洲排放体系对柴油硫含量的要求对比

项目	1993年	1998年	2000年	2005年	2009年
汽车排放标准	欧Ⅰ	欧Ⅱ	欧Ⅲ	欧Ⅳ	欧Ⅴ
十六烷值	49	49	51	51	51
十六烷值指数	46	46	46	46	46
硫含量（$\times 10^{-6}$）	2000	500	350	50	10
多环芳香烃值			11	11	8
密度/（kg/m^3）	820～860	820～860	820～845	820～845	820～845

芳香烃含量直接影响柴油的密度和粘度。过高的芳香烃含量会使柴油机的喷油量降低，雾化变差，重芳香烃的含量过高，会导致颗粒物排放的增加，所以要限制柴油中芳香烃的含量，特别是多环芳香烃的含量。

缩小低排放柴油的密度变化范围，可以保证燃油质量供给的稳定性。

9.3　代用燃料

为应对世界范围内的石油危机，提高燃料供应的安全性，实现石油资源枯竭后燃料品种的平稳过渡，减少汽车的排气污染及保护环境等，代用燃料的研究和应用越来越受到世界范围内研究者的重视。

代用燃料是指可以替代常规汽油和柴油在汽车上燃用的燃料，主要包括含氧燃料、生物柴油、天然气和液化石油气、氢气等。常用代用燃料与汽油、柴油的物理、化学特性的比较见表9-4。

表9-4　常用代用燃料与汽油、柴油的物理、化学特性的比较

特征	汽油	柴油	甲醇	乙醇	CNG	LPG	DME
分子式	$C_5 \sim C_{12}$	$C_{10} \sim C_{21}$	CH_3OH	C_2H_5OH	CH_4	$C_3H_8 + C_4H_{10}$	CH_3O-CH_3
沸点/℃	30 ~ 200	180 ~ 360	64.7	78	125.7	—	-24.9
37℃蒸气压/kPa	55 ~ 103	<1.37	31.62	15.81	55 ~ 103	1162.8	797.4
辛烷值（RON）	89 ~ 98	20 ~ 30	111	108	130	102 ~ 105	—
十六烷值	0 ~ 10	40 ~ 55	3 ~ 5	8	低	低	>55
自燃温度/℃	420	≈250	465	426	650	440 ~ 500	235
理论空燃比	14.2 ~ 15.1	14.3	6.4	9.0	16.4	15.53	8.9
点火极限（稀）（%）	1	1.4	7.3	4.3	5.0	2.4	3.4
点火极限（浓）（%）	6.0	7.6	36.9	19.0	13.9	9.5	18.0
低热值/（MJ/kg）	43.97	42.5 ~ 44.4	20.26	27.20	50.00	46.42	27.60
蒸发热/（kJ/kg）	297	250	1101	862	—	—	410
化学计量比混合气热值/（kJ/kg）	3810	3789	3906	3806	3400	3730	3750
密度/（$\times 10^3$ kg/m）	0.679	0.86	0.779	0.725	—	0.506	0.66

9.3.1　含氧燃料

含氧燃料主要包括以甲醇（CH_3OH）和乙醇（C_2H_5OH）为代表的醇类燃料，以及以二甲醚（Dimethyl Ether，DME）为代表的醚类燃料。

1. 醇类燃料

醇类燃料主要有甲醇和乙醇。甲醇可以从天然气、煤、生物中提取，乙醇主要是含有糖或淀粉的农作物经发酵后制成的，它们都是液体燃料。醇类燃料具有辛烷值高、汽化热大、热值较低等特点。作为汽车燃料，醇类燃料自身含氧，在发动机燃烧中可提高氧燃比，CO和HC的排放量较汽油和柴油的低，几乎无碳烟排放；另外，由于其汽化热高，因此，可降低进气温度，提高充气效率，使最高燃烧温度降低，发动机的NO_x排放量也较低。

从表9-4所列的醇类燃料的性质可以看出，其具有以下特点：

1）醇类燃料的低热值比汽油低，甲醇仅为汽油的46%，乙醇为汽油的62%；但甲醇、乙醇燃烧时的理论空燃比也低，甲醇为汽油的43%，乙醇为汽油的60%。因此，当在汽油机上燃用甲醇、乙醇时，应增大循环供油量，从而使混合气的热值大体与汽油空气混合气相等或略高，这样可使发动机在燃用醇类燃料时的动力性能不降低，甚至可以提高。

2）醇类燃料的蒸发热比汽油大得多，甲醇为1101kJ/kg，乙醇为862kJ/kg，甲醇为汽油的3.7倍，乙醇为汽油的2.9倍，从而其混合气在燃料蒸发时的温降大（甲醇为汽油的7倍，乙醇为汽油的4.16倍）。醇类燃料较大的混合气温降有利于提高发动机的充量系数和动力性，但不利于燃料在低温下的蒸发，造成当环境温度较低时，发动机冷起动困难和暖机时间长。但这一点有利于降低NO_x的排放量。

3）醇类燃料的辛烷值高，甲醇为111，乙醇为108。在汽油机上使用时，可以提高压缩

比，有利于提高发动机的动力性能和经济性能。醇类燃料的十六烷值低，在柴油机上使用时，需要采用助燃措施，如加装电热塞等。

4）甲醇和乙醇分子的含氧量分别为 50% 及 34.2%，它们的理论空燃比比汽油和柴油的都低。内燃机掺烧醇燃料，会产生稀释效应，使混合气的空燃比增大，燃烧更完善，排气中 CO 的含量减少。

（1）甲醇　甲醇作为车用燃料有以下优点：

1）甲醇可从煤或天然气中提炼，它可以大规模专门生产，也可以利用现有的氮肥厂设备联产或采用多联产，生产成本低。

2）甲醇是液体燃料，可以沿用石油燃料的运输储存系统，基础设施投入少。

3）燃用甲醇燃料可以提高发动机动力性能、经济性能，其有害排放物低，是一种清洁代用燃料。

甲醇的主要缺点是：

1）有毒、不可饮入口中或溅入眼中，须对甲醇燃料加强管理并严格遵守操作规程。

2）排气中有未燃醇和醛有害气体排放物，需进行排气后处理。其中，未燃醇在环境中存在的时间短，可以被带氧微生物分解。

3）甲醇对有色金属、橡胶有腐蚀作用，需对燃油系统在结构上与材料上采取措施，如采用耐溶胀的硫化橡胶、不锈钢制油箱及聚四氟乙烯燃油管道等。

（2）乙醇　乙醇（酒精）的来源有三种，即剩余粮食、能源作物和秸秆。巴西和美国分别利用本国生产的甘蔗和玉米大量生产乙醇作为车用燃料。美国政府从 20 世纪 90 年代起，一直以每年 7 亿美元的巨额补贴来维持每年 50 亿升的乙醇产量（约 400 万 t），且其产量还在逐年增加，用来作为汽油的替代燃料和辛烷值及氧的添加剂（在汽油中加 10% 左右的乙醇）。

乙醇作为内燃机代用燃料有以下优点：

1）辛烷值高（108 左右），可以代替目前正在使用的无铅抗爆添加剂甲基叔丁基醚（MTBE）。乙醇无毒，对环境无危害，而 MTBE 则被怀疑会污染地下水和致膀胱癌等，美国于 2004 年已全面禁用。

2）乙醇是含氧燃料，蒸发热高，发动机燃用乙醇可以实现无烟排放，并能大幅度降低 CO、HC、NO 的排放量。

火花点火发动机可以燃用纯乙醇或乙醇和汽油的混合燃料（掺烧比例大时需要加助溶剂），压燃式发动机也可以燃用乙醇，但需要采用助燃措施。

乙醇作为车用代用燃料的缺点主要是其生产成本高。虽然利用阶段性产量过剩、存放期过长甚至霉变的粮食制取乙醇可以在一定程度上缓解粮食过剩和燃料不足的矛盾，但由于我国可耕地面积少，人口多，粮食来源不稳定，生产乙醇过程耗能大（生产乙醇的耗能量接近乙醇发出的能量）、耗粮大，而且有大量 CO_2 排放，因此，利用粮食生产乙醇的活动只能适度开展。此外，将乙醇作为燃料或辛烷值添加剂时，政府要考虑给予补贴，否则在市场经济条件下将难以推广应用。

利用能源作物（如甜高粱的茎秆、木薯等）制乙醇也是可行的，其生产成本比用粮食制乙醇低 1000 元/t 左右。用秸秆制乙醇是将秸秆通过酶水解成单糖，然后发酵成乙醇，由于酶的成本高，且秸秆收集比较困难，因此世界上未大规模生产。秸秆比较适宜在汽化生成沼气后，作为民用燃料。

2. 醚类燃料

二甲醚属于煤炭转化和深层加工产品，其十六烷值高，具有良好的压燃特性，非常适用于压燃式发动机（柴油机）。二甲醚本身含氧且在常温常压下为气态，所以能迅速与新鲜空气形成良好的混合气，在压燃式发动机上燃用能够实现高效、超低排放、燃烧柔和且无烟。而且二甲醚的饱和蒸气压力低于液化石油气和天然气，在储存运输方面具有比液化石油气、天然气等更安全的特点。因此，二甲醚被看做压燃式发动机的理想燃料。

研究表明，二甲醚替代柴油作为汽车的燃料能够实现超清洁排放，其燃烧柔和无烟，可以满足国Ⅲ排放标准，并有潜力达到国Ⅳ排放标准，表9-5为二甲醚发动机排放与国Ⅲ、国Ⅳ标准的对比。同时，其燃烧噪声比原柴油机低 $10 \sim 15dB$（A）。

表9-5 二甲醚发动机排放量与国Ⅲ、国Ⅳ标准的对比 ［单位：$g/(kW \cdot h)$］

阶段	CO	HC	NO_x	PM
国Ⅲ	2.1	0.66	5.0	0.10
国Ⅳ	1.5	0.46	3.5	0.02
二甲醚	0.787	0.129	4.014	0.05

表9-6为二甲醚燃料与柴油理化性质的对比。从表中可以发现二甲醚燃料的优势在于：二甲醚的十六烷值及汽化热比柴油高，其分子中含有 34.8% 的氧元素。其劣势是二甲醚的低热值比柴油低，只有柴油的 66.9%；液态二甲醚的粘度为 $0.22mPa \cdot s$，只有柴油的 5%。

表9-6 二甲醚燃料与柴油理化性质的对比

特性	二甲醚	柴油
化学分子式	$CH_3 - O - CH_3$	C_xH_y
沸点/℃	-24.9	$180 \sim 360$
液态密度/（g/cm^3）	0.668	0.84
理论空燃比	9	14.6
十六烷值	$55 \sim 56$	$40 \sim 55$
汽化热/（kJ/kg）	460	290
低热值/（MJ/kg）	28.43	42.5
自燃温度/℃	235	250
粘度/mPa·s	0.22	$3.7 \sim 4.0$
碳质量分数（%）	52.2	86
氢质量分数（%）	13	14
氧质量分数（%）	34.8	0

二甲醚与 CO_2、CH_4 和 N_2O 三种气体相比，其全球变暖潜能值较低。表9-7显示二甲醚在对流层的存在时间是 5.1 天，所以二甲醚的全球变暖潜能值在 20 年的时间范围内是 1.2，在 100 年的时间范围内是 0.3，在 500 年的时间范围内是 0.1。由这些数据可以看出，二甲醚相对其他几种物质对环境是友好的。

表 9 - 7　全球变暖潜能值

物质	20 年	100 年	500 年
二甲醚	1. 2	0. 3	0. 1
CO_2	1	1	1
CH_4	56	21	6. 5
N_2O	280	310	170

二甲醚既可以用煤、天然气来制取，也可以利用生物质来制取，其原料来源广泛。二甲醚的常用制备方法分为二步法与一步法两种，如图 9 - 1 所示。

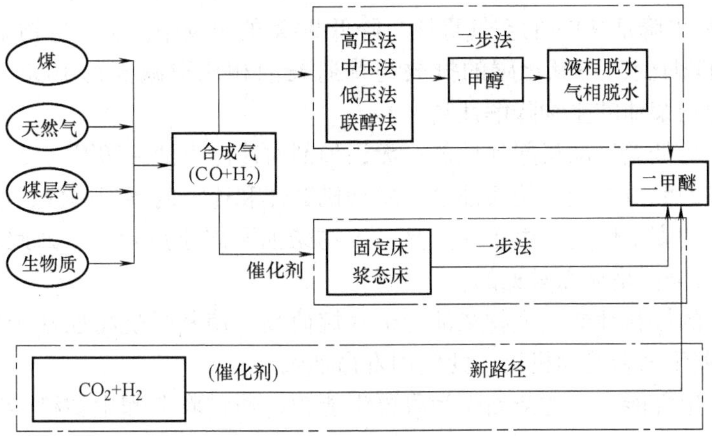

图 9 - 1　二甲醚的制备方法

（1）二步法　以煤炭为例，先制得水煤气（合成气），由水煤气制得甲醇，再由甲醇脱水得到二甲醚。该工艺目前已成熟应用。

（2）一步法　由煤、天然气或煤层气制得合成气，合成气通过催化剂，在浆态床反应器中直接合成转换为二甲醚。该工艺目前在美国、日本、丹麦等国开发成功，但仅处于中试阶段。该工艺的流程短、设备效率高、操作压力低和 CO 单程转化率高，是当前世界上开发大型装置的重点技术与研究方向。

目前，更为先进的制备二甲醚的方法是 CO_2 加氢直接合成二甲醚，由于该方法采用的原料是地球上分布最多的碳资源 CO_2，而 CO_2 是造成地球温室效应，引起人类生态失衡的污染物；以 CO_2 为原料加 H_2 合成二甲醚的方法简单，而且可以减少碳排放，因此引起了很多研究者的关注。

9.3.2　生物燃料

生物燃料（Biofuel）泛指由生物质组成或萃取的固体、液体或气体燃料，它可以替代由石油制取的汽油和柴油，是可再生能源开发利用的重要方向。所谓的生物质是指利用大气、水、土地等通过光合作用而产生的各种有机体，即一切有生命的、可以生长的有机物质，包括动物和微生物。生物燃料主要有生物乙醇、生物甲醇、生物二甲醚和生物柴油，下面主要介绍生物柴油。

生物柴油（Biodiesel）是指以油料作物、野生油料植物和工程微藻等水生植物油脂，以及动物油脂、餐饮垃圾油等为原料油，通过酯交换工艺制成的可代替石化柴油的可再生性柴油燃料。生物柴油是生物质能的一种，它是生物质利用热裂解等技术得到的一种长链脂肪酸的单烷基酯。生物柴油是含氧量极高的复杂有机成分的混合物，这些混合物主要是一些相对分子质量大的有机物，几乎包括所有种类的含氧有机物，如醚、酯、醛、酮、酚、有机酸和醇等。

生物柴油具有以下优点：

1）具有优良的环保特性。由于生物柴油的硫含量低，使得二氧化硫和硫化物的排放低，与普通柴油相比，可减少约30%（有催化剂时为70%）；生物柴油中不含会对环境造成污染的芳香族烷烃，因而其废气对人体的损害低于普通柴油。检测表明，与普通柴油相比，使用生物柴油可降低90%的空气毒性，降低94%的患癌率。由于生物柴油的含氧量高，因此，其燃烧时排烟少，一氧化碳的排放与普通柴油相比可减少约10%（有催化剂时为95%）。另外，生物柴油的生物降解性高。

2）具有较好的低温发动机起动性能，无添加剂时冷滤点达-20℃。

3）具有较好的润滑性能。使喷油泵、发动机缸体和连杆的磨损率低，使用寿命长。

4）具有较好的安全性能。由于闪点高，生物柴油不属于危险品。因此，其在运输、储存、使用方面的安全性是显而易见的。

5）具有良好的燃料性能。生物柴油的十六烷值高，使其燃烧特性好于柴油；燃烧残留物呈微酸性，使催化剂和发动机机油的使用寿命加长。

6）具有可再生性能。生物柴油作为可再生能源，通过农业和生物科学家的努力，其可供应量不会枯竭。

7）无需改动柴油机，可直接添加使用；同时无需另添设加油设备、储存设备，操作人员不需进行特殊技术训练。

8）生物柴油以一定比例与石化柴油调和使用，可以降低油耗、提高动力性，并降低尾气污染。

生物柴油的优良性能使得采用生物柴油的发动机的废气排放指标可以满足国Ⅲ排放标准，而且生物柴油燃烧时排放的二氧化碳远低于该植物生长过程中所吸收的二氧化碳，从而改善了由二氧化碳的排放而导致的全球变暖这一重大环境问题。

生产生物柴油的能耗仅为生产石油柴油的25%，可显著减少燃烧污染排放；生物柴油无毒，生物降解率高达98%，降解速率是石油柴油的2倍；生产生物柴油所使用的植物可以改善土壤，保护生态，减少水土流失；利用餐饮废油脂生产生物柴油，可以减少废油直接进入环境或重新进入食用油系统的情况，有较大的环境价值和社会价值。

生物柴油是典型的"绿色能源"，大力发展生物柴油对经济的可持续发展，推进能源替代，减轻环境压力，控制城市大气污染等具有重要的战略意义。

9.3.3 气体燃料

气体燃料曾是内燃机的主要燃料，煤气机是最早的内燃机。由于气体燃料的能量密度小（单位体积的热值低）且储运不便，致使液体燃料逐步取代了气体燃料。但在气体燃料资源丰富的国家和地区，其在内燃机上的使用一直没有停止过。

近年来，随着石油资源的逐渐枯竭，气体燃料开采量的加大，远距离输送、净化脱水及储运技术的提高，气体燃料液化技术和液化气体燃料电控喷射技术等的发展，特别是随着对内燃机排放指标要求的日益严格，气体燃料在内燃机上的使用又进入了一个新的发展时期。目前在内燃机上使用的气体燃料有天然气、液化石油气、沼气和煤气等，其中以天然气和液化石油气为主。表 9 - 8 为车用气体燃料的主要理化性质。

表 9 - 8　车用气体燃料的主要理化性质

项目	汽油	柴油	天然气	液化石油气
沸点（常压）/℃	30 ~ 220	180 ~ 370	-161.5	-0.5
车上的存储状态	液态	液态	气态（CNG）或液态（LPG）	液态
密度/×10^3（kg/m³）	0.72 ~ 0.75	0.83	0.42（气态）0.72（液态）	0.54
雷德蒸气压/kPa	62.0 ~ 82.7			358.5
低热值/（MJ/kg）	44.52	43	49.54	45.31
汽化热/（kJ/kg）	297	250		丙烷：358.2 丁烷：373.2
辛烷值（RON）	90，93，97		130	94
十六烷值	27	40 ~ 60		
闪点/℃	-43	60	-161.5	丙烷：-41 丁烷：0 ~ 2
自燃点/℃	420	250	700	丙烷：450 丁烷：400
最低点火能量/MJ	0.25		0.28	
相对分子质量	100 ~ 115	226	16	丙烷：44 丁烷：58
在空气中的可燃范围体积比（%）	1.3 ~ 7.6		5 ~ 15	丙烷：2.4 ~ 9.6 丁烷：1.8 ~ 9.6
化学计量比	14.8	14.5	16.75	丙烷：15.66 丁烷：15.45

1. 天然气

意大利在 20 世纪 30 年代就开始使用天然气汽车；第二次石油危机后，天然气汽车在新西兰被广泛使用；近年来，使用天然气汽车的国家越来越多。天然气是各种代用燃料中最早使用且是目前使用最广泛的一种。

天然气主要来源于油田，它是地表下岩石储集层中自然存在的、以轻质碳氢化合物为主体的气体混合物。其主要成分是甲烷 CH_4，随产地不同，甲烷的含量为 83% ~ 99%，其余为乙烷、丙烷、丁烷及少量其他物质。

天然气可以以压缩天然气（Compressed Natural Gas，CNG）和液化天然气（Liquefied Natural Gas，LNG）的方式在汽车上加以应用，其中，采用压缩天然气方式的较多。压缩天然气是将天然气压缩至 20MPa 存储在专用钢瓶中，经减压器减压后供给发动机燃烧；液化天然气是将天然气压缩、冷却，在 -160℃ 以下液化而成，存储在具有双金属壁的绝热钢瓶中，且储气瓶的体积比压缩天然气的储气瓶小，续驶里程长，但技术要求高。我国车用压缩天然气技术要求（GB 18047—2000）见表 9-9。

表 9-9　车用压缩天然气技术要求

项目	质量指标
高位发热值/（MJ/m³）	≥31.4
总硫质量浓度（以硫记）/（mg/m³）	≤200
硫化氢质量浓度/（mg/m³）	≤15
二氧化碳摩尔分数/（%）	≤3.0
氧气摩尔分数(%)	≤0.5
水露点	在汽车驾驶的特定地理区域内，在最高操作压力下，水露点不应高于 $-13℃$；当最低气温低于 $-8℃$ 时，水露点应比最低气温低 5℃

注：本标准中气体体积的标准参比条件是 101.325 kPa，20℃。

（1）天然气的性能指标　由于天然气是多组分的混合气体，且组分可能在一定范围内变化，因此其性能参数也不是一个固定值。评价天然气的性能参数主要有热值、辛烷值、十六烷值、化学计量空燃比、点火温度等。常用天然气与液体燃料（汽油、柴油）性质的比较见表 9-4。由表可知，天然气具有以下特点：

1）热值高。甲烷含量高的天然气的低热值比汽油高，当甲烷的含量达到 80% 时，天然气的低热值与汽油相当。因为天然气的密度低，所以理论混合气的热值比汽油稍低。

2）碳排放少。燃料分子中的碳原子数少，单位发热量的 CO_2 排放量比较少。

3）抗爆性能好。天然气的主要成分是甲烷，甲烷的研究法辛烷值为 130，具有很强的抗爆性能。研究表明，燃用天然气的专用型发动机应采用的合理压缩比为 12，提高压缩比可以大幅度地提高天然气汽车的动力性和燃料经济性。

4）混合气发火界限宽。天然气与空气混合后具有很宽的发火界限，为发动机稀燃技术提供了保证，有利于提高发动机的燃料经济性，减小有害排放物。

5）点火温度高。同样条件下需要更高的点火能量，不利于可燃混合气的点火。

（2）天然气的排放性能　天然气在汽车上与空气混合时是气态，因此与汽油、柴油相比，其混合气更均匀，燃烧更完全。另外，天然气的主要成分——甲烷中只有一个碳分子，从理论上讲，其燃烧产物中的 CO 较少。表 9-10 是我国改装某一压缩天然气汽车的排放试验结果，表明压缩天然气的 CO 和 HC 排放较汽油明显降低。但是燃用 CNG 排放的甲烷增加。甲烷是一种温室气体，它对大气的增温潜力是 CO_2 的 32 倍，甲烷在大气中的存在时间一般为 10 年，比 CO_2 存在的时间短 1/10。此外，使用中发现纯压缩天然气汽车 NO_x 排放高。改装的两用燃料（汽油 - CNG 或柴油 - CNG）汽车如果调整使用不当，各种污染物排放并不低，而且汽车动力性下降。

表 9-10　改装压缩天然气汽车的排放试验结果

污染物	轻型客车			小轿车		
	汽油	CNG	降低率	汽油	CNG	降低率
CO 体积分数（%）	3.0	0.5	83.3%	1.00	0.15	85%
HC 体积分数（10^{-6}）	1000	800	20%	200	150	25%

2. 液化石油气

LPG 是烃类混合物气体，它主要是由丙烷（C_3H_8）、丁烷（C_4H_{10}）组成的，另外含有少量的丙烯（C_3H_6）、丁烯（C_4H_8）及其他烃类物质，一般是从油气田、炼油厂的乙烯厂的石油气中获得的。由于其热值高，燃烧完全、积炭少、污染物排放低，因此被广泛用作汽车燃料。

（1）液化石油气的物理、化学性质　液化石油气的物理、化学性质与其他燃料的比较见表 9-4。由表可知，液化石油气的特点与天然气相似，具有热值高、抗爆性能好、点火温度高、容易与空气混合等优点。

与汽油、柴油相比，LPG 与空气更易充分混合，其燃烧完全，积炭少，从而使发动机的磨损减少，汽车的使用寿命提高，噪声降低，环境污染减少；加之油气差价较大，可使运输成本降低。另外，与天然气相比，LPG 单位体积的热值高，发动机的动力性好；LPG 携带、使用方便，续驶里程长；LPG 改装费用低，投资较少。因此，液化石油气的社会效益和经济效益都很好。

发动机燃用 LPG 时，其经济性较燃用汽油时有所提高，主要是因为混合气的形成质量好。LPG 和汽油的低热值分别为 46MJ/kg 和 44MJ/kg，假定燃料的质量消耗率与低热值成反比，则 LPG 的消耗只比汽油低 3% ~ 5%。但实际上更低一些，原因在于 LPG 能在更高的空燃比下产生最大转矩，并且发生最大转矩的空燃比比汽油更接近理论空燃比。LPG 燃料的经济性在很大的混合气浓度范围内都比汽油好，尤其是在稀混合气区，其燃料经济性更好。与汽油相比，LPG 的稀限拓宽了，这对于组织稀燃、提高效率、节能、降低排污有重要意义。

（2）液化石油气的规格　车用液化石油气必须保证其使用安全性、抗爆性、良好的起动性能和排放性能。车用液化石油气的主要成分是丙烷和丁烷。丙烷的沸点低，极易汽化，冷起动性好，但热值低；丁烷的沸点高，不易汽化，但热值高。因此，为了保证液化石油气在汽车上的正常使用，要求车用液化石油气有足够的丙烷、丁烷含量。我国对车用液化石油气的具体技术要求见表 9-11。

表 9-11　我国车用液化石油气技术要求（GB/T 19159—2003）

项目		质量指标			实验方法
		1 号	2 号	3 号	
37.8℃蒸气压（表压）/kPa		≤1430	890 ~ 1430	660 ~ 1340	按 GB/T 6602
组分（%）	丙烷	>85	>65 ~ 85	40 ~ 65	按 SH/T 0614
	丁烷及以上组分	≤2.5	—	—	
	戊烷及以上组分	—	≤2.0	≤2.0	
	总烯烃	≤10	≤10	≤10	
	丁二烯（1，3 丁二烯）	≤0.5	≤0.5	≤0.5	
残留物	蒸发残留物含量/(mL/100mL)	≤0.05	≤0.05	≤0.05	按 SY/T 7509
	油渍观察	通过	通过	通过	
密度(20℃或15℃)/(kg/m³)		实测	实测	实测	按 SH/T 0221
铜片腐蚀/级		≤1	≤1	≤1	按 SH/T 0232
总硫含量/(mg/m³)		<270	<270	<270	按 SH/T 0222
硫化氢		无	无	无	按 SH/T 0125
游离水		无	无	无	目测

注：1. 总硫含量为 0℃、101.35kPa 条件下的气态含量。
　　2. 可在测量密度的同时用目测法测定试样是否存在游离水。

饱和蒸汽压是液化石油气最主要的安全指标。表 9-11 中的最高值用于保证在正常使用允许的最高温度条件下，气瓶内液化石油气的压力在气瓶允许的范围内；最低值用于保证在允许的最低使用温度条件下，液化石油气的压力能满足汽车的使用要求。

水分是液化石油气中的有害成分，它会促使硫化物腐蚀气瓶、管路、阀门等金属部件。低温时，含水化合物还会堵塞管道、阀门等处。

（3）液化石油气的排放性能 液化石油气（LPG）与空气混合时也是气态，其混合充分，燃烧完全，因此，根据 LPG 特点设计的发动机可有效地降低排放污染物。燃用 LPG 排放污染物较少，但比燃用 CNG 的排放要多。双燃料液化石油气 – 汽油的排放性能受改装、调整等许多因素的影响，因此排放性能不太稳定。另外，燃用 LPG 和 CNG 的汽车必须采用电喷技术和三效催化转化技术才能取得较低的排放性能，而且必须定期进行检测、维护才能维持其低排放性。汽车燃用汽油、LPG 和 CNG 排放污染物的对比见表 9-12。

表 9-12 汽车燃用汽油、LPG 和 CNG 排放污染物的对比

污染物	汽油	CNG	LPG
非甲烷碳氢	1	0.1	0.5 ~ 0.7
甲烷	1	10	—
一氧化碳	1	0.2 ~ 0.8	0.8 ~ 1.0
氮氧化物	1	0.2 ~ 1.0	1.0

9.3.4 氢燃料

氢是一种理想的、清洁的二次能源，其主要优点有：

1）单位质量的燃烧热值高。每千克氢燃烧后的热量约为汽油的 3 倍、酒精的 3.9 倍、焦炭的 4.5 倍。

2）资源丰富。氢为自然界中存在的最普遍的元素。据估计，它构成了宇宙质量的75%，除空气中含有氢气外，它主要以化合物的形态存在于水中，而水是地球上最广泛而丰富的资源。

3）清洁无污染。与其他燃料相比，氢燃烧时最为清洁，除产生水之外，还产生少量的氮化氢（经适当处理不会污染环境），不会产生诸如 CO、CO_2、HC、铅化物和粉尘等对环境有害的污染物质。从而避免了温室效应和酸雨的产生，符合目前的低碳经济发展的要求。

4）存储多样化。根据氢的特性，可将其以气态、液态或固态的金属氢化物（以金属的方式储氢）等方式储存，可适应储运及各种应用环境的不同要求。

5）减轻燃料自重。液氢燃料的特点是可以减轻燃料自重，以增加运载工具的有效载荷，从全程效益上考虑，其社会总效益优于其他能源。

目前工业制氢的方法有四种：以煤为原料制氢、天然气制氢、重油部分氧化制造氢气和水电解制造氢气。我国 97% 的氢气是由化石燃料生产的，其余的通过水电解法生产。用化石燃料制造氢气会向大气中排放大量的温室气体，对环境不利；水电解制造氢气则不产生温室气体，但是生产成本较高，水电解制氢适合电力资源如水电、风能、地热能、潮汐能及核能比较丰富的地区。

氢的性能优于碳氢燃料,见表9-13。氢比汽油具有更宽的点火界限;其混合比在过量空气系数很大的范围内变动时均可稳定燃烧,因此使用氢燃料的发动机可燃用稀混合气。氢的热效率高,点火能量低,最小点火能量仅为汽油最小点火能量的1/10（0.02MJ）,而且氢的火焰传播速度比碳氢燃料快得多,低温下容易起动。将汽油车改装为氢汽车并不困难,氢汽车的排放物主要是H_2O（水蒸气）、N、O和少量的NO。在常用情况下,低负荷时NO的排放量很少,仅在全负荷时,接近或少量超过汽油机的NO排放量,但也可采取排气后处理措施予以降低。

表9-13　氢气与碳氢燃料性能对比

项目	汽油	甲烷	一氧化碳	氢气
低热值/（MJ/kg）	44.0	49.8	14.59	141.91
燃点/K	740~800	920~1020	900~950	820~870
燃烧温度/K	2470	2300	2640	2500
火焰传播速度（最大值）/（m/s）	1.2	0.34	0.42	3.1
最小点火能量/MJ	0.25	0.28	—	0.02
按可燃极限计算的过量空气系数	0.3~1.35	0.6~2.0	0.1~2.94	0.15~10.0
扩散系数/（cm²/s）	0.08	0.2	4	0.63

氢具有特殊的性质,用氢做内燃机的燃料,会带来诸如早燃、回火和爆燃等异常燃烧的现象,使发动机的正常工作过程遭到破坏。经过科技人员多年的研究,已经解决了上述问题。

目前,氢燃料发动机的研究已经达到了很高的水平。例如,福特公司的氢发动机的压缩比为14~15,其空燃比接近柴油机的水平,热效率比现在的汽油机高15%左右,并有望提高到25%;氢发动机采用了稀薄燃烧技术,有效地降低了发动机的最高燃烧温度,从而使NO的排放量达到极低的程度。氢发动机和汽油机相比有很多优点,见表9-14,其排放物污染少,系统效率高,发动机的寿命也长。

表9-14　氢发动机与汽油机技术经济指标对比

项目	汽油机	氢发动机
CO_x排放量/（g/MJ）	89.0	0
NO_x排放量/（g/MJ）	30.6	28.8[①]
热效率（%）	20~30	40~47
发动机使用寿命（万公里）	30	40

① 表示不加技术处理的数值。

现在,氢作为能源载体已经受到世界各国科学家、工程师、投资家和政府部门等多方的高度关注。随着技术的进步,从21世纪中叶开始,将可能大量使用氢作为发动机的燃料。

9.4　混合动力汽车

国际电工委员会（International Electro-technical Commission,IEC）电动汽车技术委员

会对混合动力车辆的定义为："在特定的工作条件下，可以从两种或两种以上的能量存储器、能量源或能量转化器中获取驱动能量的汽车，其中至少一种存储器或转化器要安装在汽车上。"简而言之，混合动力汽车就是使用蓄电池和辅助能量单元（Auxiliary Power Unit, APU）的电动汽车。

由于环境保护对减少内燃机有害排放物和温室气体 CO_2 排放的迫切要求，混合动力汽车逐渐成为各汽车公司和研究机构的研究重点。其原因主要有两点：

1）混合动力系统的动力由内燃机和电化学电池供给，内燃机的运行工况变化并不与车辆行驶工况的变化成比例。这是由于电池能量存储与放出的补偿作用平缓了内燃机工况的波动，因此，可以使内燃机在最佳工况下工作，使经济性与排放均保持最优。

2）在汽车混合动力系统中，有可能降低对内燃机输出功率的要求，内燃机的尺寸可以缩小，这可能会进一步改善混合动力汽车的经济性能和排放性能。因此，混合动力汽车把内燃机汽车和纯电动汽车的优点结合了起来。

先进的驱动技术是混合动力汽车取得成功并实现其优越性的关键。目前，混合动力汽车产品在美国和日本已经批量上市，今后混合动力汽车技术将取得重大进展，其产品将大批量上市。在世界新生产的汽车中，将有 40% 是混合动力电动汽车，甚至有人认为混合动力汽车有可能成为 21 世纪汽车工业的主导产品。

9.4.1　混合动力汽车发展概况

国外从 20 世纪 70 年代开始进行混合动力汽车的研究与开发。美国的"新一代汽车合作计划"（PNGV）、欧洲的"明日汽车"（The Car of Tomorrow）计划、日本的"先进清洁能源汽车项目"（Advanced Clean Energy Vehicle Project），以及我国的"清洁汽车行动"都是以混合动力汽车的研究与开发为现阶段的主要工作内容。

虽然德国保时捷汽车公司在 1896 年就取得了电动机和汽油机的混合专利，但由于混合动力汽车的结构复杂，技术含量高，实现较为困难，因此，直到 20 世纪 90 年代，各国才相继推出混合气动力概念车或样车。

1997 年，日本丰田汽车公司首先推出了第一款批量生产的混合动力汽车——丰田普锐斯。其他世界汽车巨头也不甘落后，它们通过使用先进的开发手段，采用不同的布置形式、控制策略，在较短的开发周期内将混合动力汽车产品化，也先后推出了自己的混合动力汽车产品。世界知名汽车公司推出的混合动力汽车见表 9-15。

表 9-15　世界知名汽车公司推出的混合动力汽车

汽车厂商	车型	上市时间
丰田汽车公司	普锐斯轿车一代	1997
	普锐斯轿车二代	2003
	汉兰达陆地巡洋舰	2005
	雷克萨斯 RX400h	2005
本田汽车公司	音赛特两座轿车	1999
	思域轿车	2002
	雅阁混合动力版汽车	2005

（续）

汽车厂商	车型	上市时间
通用汽车公司	雪佛兰 Silverado	2005
	GMC—Sierra 皮卡	2005
	土星 VUE 多功能运动型轿车	2005
	通用 Chev Equinox 商务车	2006
	雪佛兰 Tahoe	2007
	吉姆希 Yukon	2007
戴姆勒－克莱斯勒公司	道奇 Durango 运动多功能车	2006
	Dodge Ram 重型卡车	2005
	梅赛德斯－奔驰 S 级	2006
福特汽车公司	Mariner 混合动力汽车	2005
	ESCAPE 多功能越野车	2005
现代汽车公司	混合动力 CLICK	2004
三菱汽车公司	HEV 无阶梯公共汽车	2003

我国目前也非常重视混合动力电动汽车的研究与开发，有关混合动力汽车的研制开始于 20 世纪 90 年代末。

2001 年，中国第一汽车集团公司（以下简称一汽）推出了首款混合动力轿车——红旗 CA7180AE，这是长春第一汽车制造厂汽车研究所、美国电动车亚洲公司、汕头国家电动汽车试验示范区三方共同合作的成果。2005 年，一汽与丰田达成协议，在中国生产和销售混合动力汽车普瑞斯（PRIUS），上海汽车集团也与通用汽车公司研究了发展混合动力汽车生产的问题。

2009 年，厦门金龙汽车集团股份有限公司开发的 XMQ6125GH 系列混合动力客车通过审核，其技术先进、节能降耗效果明显，公司的生产能力和条件、设计开发能力、生产一致性保证能力、产品销售和售后服务等多个系统都满足国家《新能源汽车生产准入管理规则》的相关要求。

2011 年，比亚迪股份有限公司推出了搭载全球首创的双动力混合系统的 F3DM 双模电动汽车（纯电动＋混合动力），将控制发电机和电动机两种混合力量结合，实现了既可充电又可加油的多种能源补充方式。驾驶者通过按键，可以轻松地实现纯电动和混合动力两种模式之间的自由切换。传统的混合动力汽车只能用发动机为蓄电池供电，而比亚迪 F3DM 双模电动汽车在此之外还拥有专业充电站充电和家用充电两种蓄电池供电模式。

采用混联式汽车动力系统的轿车在城市工况下可节油 40% 左右，图 9-2 所示为混合动力汽车与普通汽车在排放性能和经济性能方面的比较。

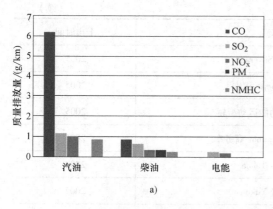 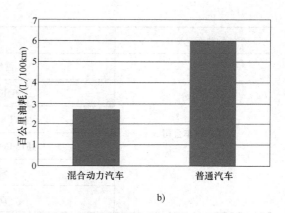

a)   b)

图 9-2 混合动力汽车与普通汽车在排放性能和经济性能方面的比较
a）排放性能 b）经济性能

9.4.2 混合动力汽车的分类及特点

1. 混合动力汽车的分类

（1）按混合动力驱动的连接方式分类 根据混合动力驱动的连接方式，混合动力汽车主要分为以下三类：

1）串联式混合动力汽车。串联式混合动力系统一般由内燃机直接带动发电机发电，产生的电能通过控制单元传到电池，再由电池传输给电动机转化为动能，最后通过变速机构驱动汽车。在这种连接方式下，电池就像一个水库，只是调节的对象不是水量，而是电能。电池对在发电机产生的能量和电动机需要的能量之间进行调节，从而保证车辆正常工作。

串联式混合动力汽车系统的结构如图 9-3 所示，该结构主要由发动机、发电机和驱动电动机三大主要部件总成组成。发动机仅用于发电，发电机发出的电能通过电动机控制器直接输送到电动机，由电动机产生的电磁力矩驱动汽车行驶。发电机发出的部分电能向电池充电，来延长混合动力汽车的行驶里程。另外，电池还可以单独向电动机提供电能以驱动混合动力汽车，并使汽车在零污染的状态下行驶。

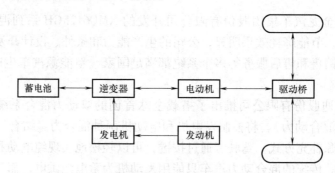

图 9-3 串联式混合动力汽车系统的结构图

串联式混合动力汽车的发动机能够经常保持在稳定、高效、低污染的运转状态，将有害气体的排放控制在最低范围。串联式混合动力汽车从总体结构上看比较简单，易于控制，只有电动机的电力驱动系统，其特点更加趋近于纯电动汽车。三大部件总成在电动汽车上布置起来有较大的自由度，但各自的功率较大，外形较大，质量也较大，因此，在中小型电动汽车上布置有一定的困难。另外，在发动机－发电机－电动机驱动系统中的热能、电能、机械能的能量转换过程中，能量损失较大。发动机发出的能量以机械能的形式从曲轴输出，并立即被发电机转换为电能，由于发电机的内阻和涡流，将产生能量损失，效率为90%～95%；电能随后又被电动机转换为机械能，在电动机和控制器中，能量又进一步损失，平均效率为80%～85%。因此，其能量转换的效率比内燃机汽车的传动效率低，故串联式混合动力驱动系统较适合在大型客车上使用。

2）并联式混合动力汽车。　并联结构有发动机和电动机两套驱动系统。发动机与电动机并联，两个系统既可以同时协调工作，也可以各自单独工作来驱动汽车。电动机可以作为发电机给电池充电，不再需要额外的发电机。在车辆行驶时，以发动机为主要动力源；在车辆起步或加速时，则使电动机工作，作为辅助驱动力；在发动机效率低的低负荷工况下，电动机功能则转变为发电机功能，向蓄电池充电。其次，在车辆制动或下坡减速行驶时，可通过制动能量回收系统进行制动能量回收，进行发电，并向蓄电池充电。并联式混合动力汽车可以在比较复杂的工况下使用，应用范围比较广，但是，其对发动机工作状态的优化和对能量系统的管理则提出了更高的要求。

并联式混合动力汽车的系统结构如图9-4所示，该结构主要由发动机、电动机/发电机两大部件总成组成，有多种组合形式，可以根据使用要求选用。发动机和电动机通过耦合器同时与驱动桥直接连接。电动机可以用来平衡发动机所受的载荷，使其能在高效率区域工作，因为通常当发动机工作在满负荷（中等转速）下时，燃油经济性最好。当车辆在较小的路面载荷下工作时，内燃机汽车的发动机燃油经济性比较差，而并联式混合动力汽车的发动机在此时可以被关闭掉而只用电动机来驱动汽车，或者增加发动机的负荷将电动机作为发电机，给蓄电池充电以备后用（即一边驱动汽车，一边充电）。由于并联式混合动力汽车在稳定的高速下，其发动机具有比较高的效率和相对较小的质量，所以它在高速公路上行驶时具有比较好的燃油经济性。

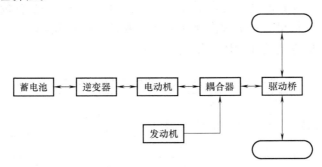

图9-4　并联式混合动力汽车系统结构图

并联式驱动系统有两条能量传输路线，可以同时使用电动机和发动机作为动力源来驱动汽车，这种设计方式可以使其以纯电动汽车或低排放汽车的状态运行，但此时不能提供全部的动力能源。

3）混联式混合动力汽车。混联式混合动力系统的特点在于，内燃机系统和电动机驱动系统各有一套机械变速机构，两套机构或通过齿轮系，或采用行星轮式结构结合在一起，从而可综合调节内燃机与电动机之间的转速关系。与并联式混合动力系统相比，混联式混合动力系统可以更加灵活地根据工况调节内燃机的功率输出和电动机的运转。此连接方式的系统复杂,成本高。

混联式混合动力系统是串联式与并联式的综合,其结构示意图如图9-5所示。发动机发出的功率一部分通过机械传动系统输送给驱动桥,另一部分则驱动发电机发电;发电机发出的电能输送给电动机或蓄电池,电动机产生的驱动力矩通过动力复合装置传送给驱动桥。混联式混合动力系统的控制策略是:在汽车低速行驶时,驱动系统主要以串联方式工作;当汽车高速稳定行驶时,驱动系统则以并联工作方式为主。发动机动力输出到与其相连的行星齿轮机构后,行星架将一部分转矩传送到发电机,将另一部分转矩传送到传动轴,同时,发电机也可以驱动电动机来驱动传动轴。这种机构有两个自由度,可以控制两个不同的速度。此时车辆并不是串联式或并联式,而是两种驱动形式同时存在,这种驱动形式充分利用了两种驱动形式的优点。

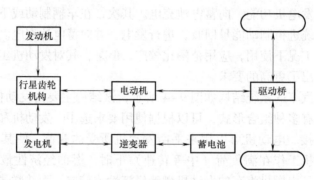

图9-5 混联式混合动力汽车系统结构图

混联式混合动力系统充分发挥了串联式和并联式的优点,能够使发动机、发电机、电动机等部件更好地进行优化匹配,从而在结构上保证了在更复杂的工况下使系统在最优状态下工作,所以更容易实现排放和油耗的控制目标。

与并联式相比,混联式的动力复合形式更复杂,因此其对动力复合装置的要求更高。目前的混联式结构一般以行星齿轮机构作为动力复合装置的基本构架。

三种混合动力组成方式的性能比较见表9-16。

表9-16 三种混合动力组成方式的性能比较

连接方式	经济性				运行性能	
	自动停止怠速	能量回收	高效运行控制	总效率	加速性	高功率持续性
串联式	○	◎	○	○	△	△
并联式	○	○	△	○	○	△
混连式	◎	○	◎	◎	○	○

注:由差到好的顺序为△→○→◎。

(2)按输出功率所占比例分类 根据在混合动力汽车中,电动机的输出功率在整个系统输出功率中占的比例,混合动力汽车还可以分为以下四类:

1)微混合动力汽车。这种混合动力系统是在传统内燃机上的起动电动机(一般为12V)上加装了驱动带来驱动起动电机(Belt-alternator Starter Generator,BSG)。该电动机为发电—起动（Stop – Start）—体式电动机，用来控制发动机的起动和停止，从而避免了发动机的怠速，降低了油耗和排放。从严格意义上来讲，这种微混合动力系统的汽车不属于真正的混合动力汽车，因为它的电动机并没有为汽车行驶提供持续的动力。在微混合动力系统里，电动机的电压通常有两种：12V 和 42V。其中，42V 主要用于柴油混合动力系统。

2）轻混合动力汽车。该混合动力系统采用了集成起动电动机（Integrated Starter Generator，ISG）。与微混合动力系统相比，轻混合动力系统除了能够用发电机控制发动机的起动和停止外，还能够在减速和制动工况下，对部分能量进行回收；在行驶过程中，发动机等速运转，发动机产生的能量可以在车轮的驱动需求和发电机的充电需求之间进行调节。轻混合动力系统的混合度一般在 20% 以下。

3）中混合动力汽车。该混合动力系统同样采用了 ISG 系统。与轻混合动力系统不同，中混合动力系统采用的是高压电动机。另外，中混合动力系统还增加了一个功能：在汽车处于加速或大负荷工况时，电动机能够辅助驱动汽车，从而补充了发动机本身动力输出的不足，更好地提高了整车的性能。这种系统的混合程度较高，可以达到 30% 左右，目前技术已经成熟，应用广泛。

4）完全混合动力汽车。该系统采用了 270 ~ 650V 的高压起动电动机，混合程度更高。与中混合动力系统相比，完全混合动力系统的混合度可以达到甚至超过 50%。技术的发展将使完全混合动力系统逐渐成为混合动力技术的主要发展方向。

2. 混合动力汽车的特点

混合动力汽车是将原动机、电动机、能量存储装置（蓄电池）等组合在一起，它们之间的良好匹配和优化控制，可充分发挥内燃机汽车和电动汽车的优点，避免各自的不足，是当今最具实际开发意义的低排放和低油耗汽车。

（1）混合动力汽车的优点

1）采用混合动力后可按平均需用的功率来确定内燃机的最大功率，此时处于油耗低、污染少的最优工况。当需要大功率而内燃机功率不足时，可由蓄电池来补充；负荷小时，富余的功率可用来发电给蓄电池充电，由于内燃机可持续工作，蓄电池又可以不断充电，故其行程和普通汽车相同。

2）因为有了蓄电池，可以十分方便地回收制动、下坡时的惯性能量。

3）在繁华市区，可关停内燃机，由蓄电池单独驱动，实现"零"排放。

4）有了发动机，可以解决耗能大的空调、取暖、除霜等纯电动汽车的技术难题。

5）可以利用现有的加油站加油，不必进行再投资。

（2）混合动力汽车的缺点　混合动力汽车在长距离高速行驶时，相对传统汽车基本不能省油。

9.4.3　混合动力汽车面临的问题

从技术上讲，电池系统的能量密度问题、电动机系统的体积和响应速度问题，以及传动系统的效率问题是当前混合动力汽车面临的三大难题。除此之外，混合动力汽车还面临以下方面的挑战。

1. 混合动力汽车的电压及电流大幅增加

现在所有的车用电气系统的零部件基本上都是按照 12V 和 24V 两个标准来开发的。但是，现在混合动力汽车要求的电压等级与电流容量都大幅度增加了。例如，当混合动力达到轻混合这个等级时，电压要求一般为 120V～140V，有些甚至会高达 280V 乃至 360V。像这样的高电压及大电流的应用是以前的传统汽车上所没有的，所以，混合动力汽车要求电气系统供应商开发一些全新的零部件，包括高电压大电流零部件、插接器、电缆、线束、配电系统等。

2. 混合动力汽车需要使用电动驱动附件

通常来讲，汽车电子控制还包括动力系统控制、电池控制、底盘控制等诸多应用领域，对于混合动力汽车来讲，在这些领域中，其需要的产品和技术都与传统汽车应用的技术不同。因为传统汽车辅助系统的动力都是靠发动机的动力源来提供的，如空调、助力转向盘等；而混合动力汽车需要解决的问题是必须用电动驱动来代替传统的发动机驱动。就整车集成而言，混合动力汽车的功能比较多，由于它有了第二个动力源，而这个动力源完全是由电子来控制的，因此对安全性能提出了非常高的要求。

3. 对电子系统的性能和功耗提出新要求

混合动力汽车对电子系统的性能和功耗都提出了新的要求，一方面是电子系统，另一方面是电气系统。其中，电子系统方面的挑战可能更大，最集中的表现在于电动机控制系统。电动机控制系统需使用很多电子器件和零部件，如大功率的半导体器件。但是，现在大功率的半导体器件无论是成本、体积，还是它能够处理的能量密度，都无法适应汽车工业的需要。因为在传统意义上，这种大功率的电子器件主要应用在其他工业领域，在性能和成本上的要求没有汽车行业这么苛刻。现在需要解决的问题是如何以最低的成本，设计出能够满足汽车应用苛刻要求的系统。

参 考 文 献

[1] 龚金科. 汽车排放及控制技术 [M]. 北京：人民交通出版社，2007.

[2] 刘巽俊. 内燃机的排放与控制 [M]. 北京：机械工业出版社，2005.

[3] 周庆辉. 现代汽车排放控制技术 [M]. 北京：北京大学出版社，2010.

[4] 陈家瑞. 汽车构造 [M]. 5 版. 北京：人民交通出版社，2006.

[5] 李兴虎. 汽车环境保护技术 [M]. 北京：北京航空航天大学出版社，2004.

[6] 周松，肖友洪，朱元清，等. 内燃机排放与污染控制 [M]. 北京：北京航空航天大学出版社，2010.

[7] 周龙保. 内燃机学 [M]. 3 版. 北京：机械工业出版社，2009.

[8] 蒋德明. 内燃机燃烧与排放学 [M]. 西安：西安交通大学出版社，2001.

[9] 李岳林，王生昌. 交通运输环境污染与控制 [M]. 2 版. 北京：机械工业出版社，2010.

[10] 王建昕，等. 汽车排气污染治理与催化转换器 [M]. 北京：化学工业出版社，2000.

[11] 周玉明. 内燃机废气排放及控制技术 [M]. 北京：人民交通出版社，2001.

[12] 蔡凤田. 汽车排放污染物控制实用技术 [M]. 北京：人民交通出版社，2004.

[13] 崔胜民. 新能源汽车技术 [M]. 北京：北京大学出版社，2009.

[14] 王建昕，帅石金. 汽车发动机原理 [M]. 北京：清华大学出版社，2011.

[15] 林学东. 发动机原理 [M]. 北京：机械工业出版社，2008.

[16] 蔡兴旺. 汽车构造与原理 [M]. 2 版. 北京：机械工业出版社，2010.

[17] 孙逢春，等. 电动汽车——21 世纪的重要交通工具 [M]. 北京：北京理工大学出版社，1997.

[18] 程至远，解建光. 内燃机排放及净化 [M]. 北京：北京理工大学出版社，2004.

[19] 姜伟. 车用柴油机氧化催化转化器的研究 [D]. 长春：吉林大学，2006.

[20] 邓晓光. 车用柴油机氧化催化转化器的模拟计算与试验研究 [D]. 上海：同济大学，2008.

[21] 何喜朝. 柴油机氧化催化转化器的研制 [D]. 武汉：武汉理工大学，2005.

[22] 覃军. 降低柴油机 NO_x 排放的 SCR 系统控制策略研究 [D]. 武汉：武汉理工大学，2007.

[23] 陈卫刚. 汽车工业发展与能源环保的专题研究 [D]. 北京：清华大学，2004.

[24] 何洪文. 混合动力汽车传动系合理匹配的研究 [D]. 长春：吉林工业大学，2000.

[25] 张永红. 基于可变控制技术的均质压燃（HCCI）在汽油机上的实现 [D]. 武汉：武汉理工大学，2006.

[26] 许洪军，等. 柴油机尾气氮氧化物的机外净化技术研究（一）[J]. 内燃机，2004（6）：36 - 38.

[27] 许洪军，等. 柴油机尾气氮氧化物的机外净化技术研究（二）[J]. 内燃机，2005（1）：38 - 40.

[28] 楼狄明，等. 后处理技术降低柴油机 NO_x 排放的研究进展 [J]. 小型内燃机与摩托车，2010（2）：70 - 74.

[29] 管斌，等. 低温等离子体协同 NH_3 - SCR 去除柴油机 NO_x 研究 [J]. 工程热物理学报，2010（10）：1767 - 1771.

[30] 杜伯学，等. 低温等离子体治理柴油机尾气污染的研究进展 [J]. 环境保护科学，2008（3）：12 - 14.

[31] 盛伟鹏，等. 非催化条件下柴油机尾气等离子净化技术的研究进展 [J]. 内燃机车，2011（1）：1 - 5.

[32] 张春润，等. 柴油机排气低温等离子体净化技术 [J]. 小型内燃机与摩托车，2003（6）：29 - 31.

[33] 张桂臻，等. 柴油车尾气四效催化净化技术研究进展 [J]. 现代化工，2008（1）：35 - 38.

[34] 黄震，等. 二甲醚发动机与汽车研究 [J]. 内燃机学报，2008（6）：115 - 125.

[35] 吴域琦，冯向法. 甲醇燃料——最具竞争力的可替代能源 [J]. 中外能源，2007（12）：16 - 23.

[36] 周述志，等. 甲醇是我国能源保障的最佳选择 [J]. 化工管理，2003（6）：26 - 27.

[37] 韩永强，等. 增压中冷轻型车用柴油机 HC 与 SOF 排放的关系 [J]. 内燃机学报，2002（3）：235 - 237.

[38] 田径，等. 基于 EGR 耦合多段喷射技术实现超低排放 [J]. 内燃机学报，2010（3）：228 - 234.

[39] 王浒，等．多次喷射与 EGR 耦合控制对柴油机性能和排放影响的试验研究［J］．内燃机学报，2010（1）：26 - 32.

[40] 田维，等．高压共轨缩口直喷柴油机轨压的优化匹配［J］．内燃机工程，2010（1）：1 - 6.

[41] 王军，等．高压共轨柴油机燃烧匹配研究［J］．内燃机工程，2008（6）：6 - 9.

[42] 彭海勇，等．EGR 对直喷式柴油机冷起动过程着火燃烧的影响分析［J］．内燃机学报，2007（3）：193 - 201.

[43] 林学东，等．重型车用柴油机低排放直喷燃烧系统参数的优化［J］．内燃机学报，2006（6）：518 - 525.

[44] 董尧清，等．柴油机单弹簧和双弹簧喷油器燃油系统喷射特性的仿真研究［J］．内燃机学报，2005（6）：554 - 561.

[45] 傅连学．中国未来的汽车能源［J］．化工技术经济，2005（7）：17 - 19.

[46] 郑胜敏．汽油机稀薄燃烧技术发展分析［J］．城市车辆，2007（6）：46 - 51.

[47] 郑士卓，等．低热值气体燃料层流燃烧特性［J］．北京交通大学学报，2011（1）：108 - 112.

[48] 顾永万，等．稀燃车用催化剂的研究进展［J］．贵金属，2003（4）：63 - 70.

[49] 于善颖，等．车用汽油机稀燃技术及其 NO 排放控制分析［J］．小型内燃机与摩托车，2003（2）：25 - 28.

[50] Miller R K, et al. Design, Ddevelopment and Performance of a Composite Diesel Particulate Filter［J］. Journal of Fuels and Lubricants, 2002, 111：132 - 147.

[51] Fino D, et al. Innovative Means for the Catalytic Regeneration of Particulate Traps for Diesel Exhaust Cleaning［J］. Chemical Engineering Science, 2003, 58（3 - 6）：951 - 958.

[52] Hu Zhunqing, Zhang Xin. Experimental study on Performance and Emissions of Engine Fueled with Lower Heat Value Gas - hydrogen Mixtures［J］. International Journal of Hydrogen Energy, 2012, 37（1）：1080 - 1083.